高等职业院校"十三五"课程改革优秀成果规则教材

金属工艺实训

主　编：宋金虎
副主编：陈伟栋　傅晓庆
参　编：卢洪德　刁希莲　刘新平
　　　　侯文志　董　雪

北京理工大学出版社
BEIJING INSTITUTE OF TECHNOLOGY PRESS

内 容 提 要

金属工艺实训（也称金工实训、金工实习）是高职高专机械类、近机械类各专业的重要实践教学环节。本书按照金属工艺学和实训教材的教学要求编写，在内容上"与实际岗位工作内容紧密结合、融入国家职业资格标准"，在形式上"充分体现基于典型工作过程"的职业教育理念。

本书内容包括金属工艺实训基础知识，铸造，锻压，焊接，钳工，车削加工，铣削加工，刨削、拉削与镗削，磨削加工九个项目，依据由浅入深、由易到难的教学原则进行编排。每个项目按照项目导入、相关知识、项目实施和知识扩展的形式编排；每个项目开始设有项目目标，后面附有思考与实训。

本书可作为高等职业院校、高等专科学校、高级技工学校、技师学院、成人教育学院等大专层次的机械类、近机械类各专业金工实训课程的教材，也可供中等专业学校机械类专业的学生选用，同时可作为技术工人培训用书、广大自学者的自学用书及工程技术人员的参考用书。

版权专有　侵权必究

图书在版编目（CIP）数据

金属工艺实训/宋金虎主编 . —北京：北京理工大学出版社，2016. 12
ISBN 978 - 7 - 5640 - 7567 - 5

Ⅰ.①金…　Ⅱ.①宋…　Ⅲ.①金属加工 - 工艺学 - 高等职业教育 - 教材　Ⅳ.①TG

中国版本图书馆 CIP 数据核字（2017）第 004149 号

出版发行 / 北京理工大学出版社有限责任公司
社　　址 / 北京市海淀区中关村南大街 5 号
邮　　编 / 100081
电　　话 / （010）68914775（总编室）
　　　　　（010）82562903（教材售后服务热线）
　　　　　（010）68948351（其他图书服务热线）
网　　址 / http：//www. bitpress. com. cn
经　　销 / 全国各地新华书店
印　　刷 / 北京高岭印刷有限公司
开　　本 / 787 毫米 ×1092 毫米　1/16
印　　张 / 15. 5　　　　　　　　　　　　　　　　　责任编辑 / 张旭莉
字　　数 / 358 千字　　　　　　　　　　　　　　　文案编辑 / 党选丽
版　　次 / 2016 年 12 月第 1 版　2016 年 12 月第 1 次印刷　　责任校对 / 周瑞红
定　　价 / 37. 00 元　　　　　　　　　　　　　　　责任印制 / 马振武

图书出现印装质量问题，请拨打售后服务热线，本社负责调换

前　言

金属工艺实训（也称金工实训、金工实习）是高职高专机械类、近机械类各专业的重要实践教学环节。本书按照金属工艺学和实训教材的教学要求编写，在内容上"与实际岗位工作内容紧密结合、融入国家职业资格标准"，在形式上"充分体现基于典型工作过程"的职业教育理念。

本书内容包括金属工艺实训基础知识，铸造，锻压，焊接，钳工，车削加工，铣削加工，刨削、拉削与镗削，磨削加工九个项目，依据由浅入深、由易到难的教学原则进行编排。每个项目按照项目导入、相关知识、项目实施和知识扩展的形式编排；每个项目开始设有项目目标，后面附有思考与实训。

在编写本书时，我们从职业教育的实际出发，注重实践性、启发性、科学性，做到概念清晰、重点突出，对基础理论部分，以"必需和够用"为原则，以强化应用为重点，体现了面向生产实际、突出职业性精神和职业教育的特点。

本书可作为高等职业院校、高等专科学校、高级技工学校、技师学院、成人教育学院等大专层次的机械类、近机械类各专业金工实训课程的教材，也可供中等专业学校机械类专业的学生选用，同时可作为技术工人培训用书、广大自学者的自学用书及工程技术人员的参考用书。

本书的学习流程设计，符合学生的认知习惯，并充分体现了"基于典型工作过程"的职业教育教学理念。"金属工艺实训"实践性比较强，建议授课教师根据不同教学内容和特点进行现场教学，教学环境可考虑移到专业实训室、企业生产车间，尽量采用"教、学、做"一体的教学模式。

本书由山东交通职业学院宋金虎担任主编，山东交通职业学院陈伟栋和潍坊工商职业学院傅晓庆担任副主编。具体分工如下：项目一由陈伟栋编写，项目二由卢洪德编写，项目三由刁希莲编写，项目四、项目五由宋金虎编写，项目六由刘新平编写，项目七由傅晓庆编写，项目八由侯文志编写，项目九由董雪编写，宋金虎负责全书的统稿、定稿。宏天重工的徐玉平、福田汽车的王道辉、长城建材的王其科对本书的编写提供了技术支持和建设性意见并参加了部分内容的编写，在此深表感谢！另外，本书在编写过程中，参考了许多文献资料，编者谨向这些文献资料的编著者及支持编写工作的单位和个人表示衷心的感谢。

由于新技术、新工艺不断涌现，再加之编者水平有限，书中难免有疏漏和欠妥之处，恳切希望广大读者批评指正，以求改进。

编　者

目 录

项目一　金属工艺实训基础知识 ··· 1
　一、项目导入 ·· 1
　二、相关知识 ·· 2
　　（一）金属材料常识 ··· 2
　　（二）切削加工的基本知识 ··· 9
　　（三）常用量具的操作技术 ··· 15
　三、项目实施 ·· 20
　　（一）实训准备 ··· 20
　　（二）机床操作技术 ··· 23
　　（三）零件加工后的检验 ·· 23
　四、知识扩展 ·· 24
　　（一）金属材料现场鉴别方法 ·· 24
　　（二）机床的安全操作规程 ··· 26
　思考与实训 ·· 26

项目二　铸造 ·· 28
　一、项目导入 ·· 28
　二、相关知识 ·· 28
　　（一）型砂和芯砂 ·· 28
　　（二）造型及造芯 ·· 31
　　（三）铸铁的熔炼 ·· 33
　　（四）浇注、落砂、清理 ·· 35
　　（五）铸件的结构工艺性及缺陷分析 ··· 36
　　（六）铸造常见缺陷及控制 ··· 39
　三、项目实施 ·· 43
　　（一）实训准备 ··· 43
　　（二）砂型铸造操作技术 ·· 43
　四、知识扩展 ·· 46
　　　　特种铸造 ·· 46
　思考与实训 ·· 48

项目三　锻压 ·· 50
　一、项目导入 ·· 50
　二、相关知识 ·· 50

· 1 ·

金属工艺实训

（一）锻造的生产过程 51
（二）自由锻的基本工序 53
三、项目实施 57
（一）实训准备 57
（二）技能训练 59
（三）锻压操作技术 61
四、知识扩展 63
（一）胎模锻 63
（二）模锻 64
（三）板料冲压 64
思考与实训 70

项目四　焊接 71
一、项目导入 71
二、相关知识 71
（一）焊条电弧焊的焊接过程和电源要求 72
（二）焊条电弧焊的设备和工具 72
（三）焊条电弧焊的工艺 74
三、项目实施 77
（一）实训准备 77
（二）焊条电弧焊的操作技术 78
四、知识扩展 79
（一）气焊 79
（二）气割 80
思考与实训 81

项目五　钳工 82
一、项目导入 82
二、相关知识 83
（一）划线 83
（二）錾削 89
（三）锯削 93
（四）锉削 98
（五）刮削 103
（六）拆卸 106
（七）装配 111
三、项目实施 126
（一）实训准备 126
（二）操作步骤 127
思考与实训 128

项目六　车削加工 129

· 2 ·

一、项目导入 ………………………………………………………………………………… 129
　　二、相关知识 ………………………………………………………………………………… 129
　　　　（一）普通卧式车床 …………………………………………………………………… 129
　　　　（二）车削刀具 ………………………………………………………………………… 131
　　　　（三）工件的安装 ……………………………………………………………………… 132
　　　　（四）车削的特点和加工范围 ………………………………………………………… 134
　　　　（五）车外圆 …………………………………………………………………………… 134
　　　　（六）车端面 …………………………………………………………………………… 136
　　　　（七）车台阶 …………………………………………………………………………… 136
　　　　（八）车槽 ……………………………………………………………………………… 137
　　　　（九）切断 ……………………………………………………………………………… 138
　　　　（十）钻孔 ……………………………………………………………………………… 139
　　　　（十一）车孔 …………………………………………………………………………… 141
　　　　（十二）车圆锥 ………………………………………………………………………… 143
　　　　（十三）车螺纹 ………………………………………………………………………… 144
　　三、项目实施 ………………………………………………………………………………… 147
　　　　（一）实训准备 ………………………………………………………………………… 147
　　　　（二）车削加工操作技术 ……………………………………………………………… 148
　　四、知识扩展 ………………………………………………………………………………… 148
　　　　（一）数控机床的基本概念 …………………………………………………………… 148
　　　　（二）数控车床的操作 ………………………………………………………………… 149
　　　　（三）数控车床加工零件 ……………………………………………………………… 154
　　思考与实训 …………………………………………………………………………………… 156
项目七　铣削加工 ………………………………………………………………………………… 157
　　一、项目导入 ………………………………………………………………………………… 157
　　二、相关知识 ………………………………………………………………………………… 157
　　　　（一）铣床及其附件 …………………………………………………………………… 157
　　　　（二）铣刀 ……………………………………………………………………………… 163
　　　　（三）安装铣刀和工件 ………………………………………………………………… 164
　　　　（四）铣削用量 ………………………………………………………………………… 166
　　　　（五）铣削方式 ………………………………………………………………………… 167
　　　　（六）铣平面和垂直面 ………………………………………………………………… 169
　　　　（七）铣斜面与铣阶台面 ……………………………………………………………… 171
　　　　（八）铣沟槽与切断 …………………………………………………………………… 173
　　　　（九）利用分度装置进行分度，在铣床上加工零件 ………………………………… 178
　　三、项目实施 ………………………………………………………………………………… 179
　　　　（一）实训准备 ………………………………………………………………………… 179
　　　　（二）操作步骤 ………………………………………………………………………… 180
　　四、知识扩展 ………………………………………………………………………………… 181

金属工艺实训

（一）齿轮齿形加工 ·· 181
（二）数控铣床加工特点及组成 ······························ 184
（三）数控铣床基本编程方法和控制面板操作 ·················· 185
（四）数控机床操作 ·· 193
思考与实训 ··· 194

项目八　刨削、拉削与镗削 ································· 196
一、项目导入 ··· 196
二、相关知识 ··· 196
（一）刨削类机床 ·· 196
（二）刨刀及其安装 ······································ 200
（三）工件的安装 ·· 201
（四）刨削的特点和加工范围 ······························ 202
（五）刨平面 ·· 203
（六）刨 V 形槽与 T 形槽 ································· 205
三、项目实施 ··· 206
（一）实训准备 ·· 206
（二）操作步骤 ·· 207
（三）注意事项 ·· 207
四、知识扩展 ··· 207
（一）镗削加工 ·· 207
（二）拉削加工 ·· 211
思考与实训 ··· 214

项目九　磨削加工 ··· 215
一、项目导入 ··· 215
二、相关知识 ··· 215
（一）磨削运动及磨削用量 ································ 215
（二）砂轮 ·· 217
（三）平面磨削加工 ······································ 222
（四）外圆磨削 ·· 227
（五）内圆磨削 ·· 230
三、项目实施 ··· 233
（一）实训准备 ·· 233
（二）操作步骤 ·· 234
思考与实训 ··· 234

参考文献 ··· 236

· 4 ·

项目一　金属工艺实训基础知识

项目目标

- 了解常用金属材料的种类、性能及其改变性能的方法。
- 掌握常用金属材料的应用范围和选择原则。
- 掌握常用金属材料的热处理特点及其应用范围。
- 掌握机械加工方法的实质、工艺特点和基本原理。
- 了解零件的加工工艺过程。
- 具有选择零件加工方法的能力。
- 学会制定简单的制造工艺规程。
- 掌握各种量具的使用方法。

一、项目导入

完成减速器传动轴的选材、加工工艺规程的制定及测量方法的确定。减速器传动轴如图 1.1 所示。

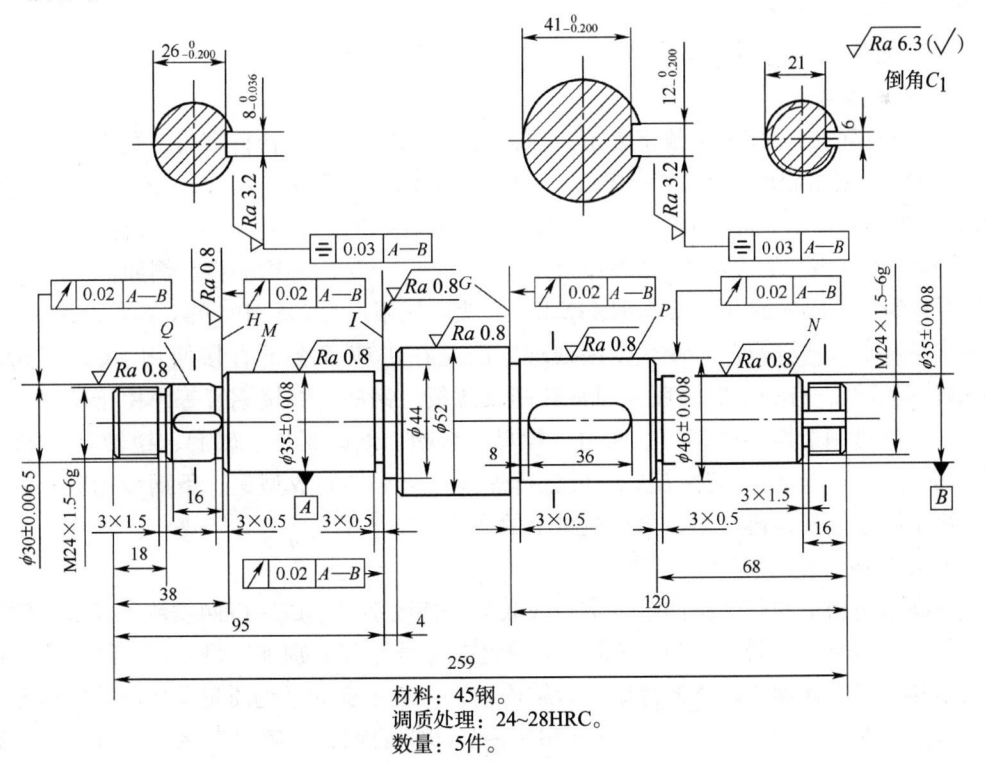

材料：45钢。
调质处理：24~28HRC。
数量：5件。

图 1.1　减速器传动轴

二、相 关 知 识

机械零件的选材是一项十分重要的工作。选材是否恰当，特别是一台机器中关键零件的选材是否恰当，将直接影响到产品的使用性能、使用寿命及制造成本。选材不当，严重的可能导致零件的完全失效。

钢的热处理不仅可改进钢的加工工艺性能，更重要的是能充分发挥钢的潜力，提高钢的使用性能，节约成本，延长工件的使用寿命。

一些相同要求的机械零件，可以采用几种不同的加工工艺过程来完成，但总有一种工艺过程在某一特定条件下是最合理的。一个良好的加工工艺规程能满足零件的全部技术要求，并且生产率高，生产成本低，劳动条件好。

由于在加工过程中有很多因素影响零件的加工精度，所以同一种加工方法在不同的工作条件下所能达到的精度是不同的。但是，任何一种加工方法，只要精心操作，细心测量，并且选用合适的测量工具，都能使加工精度得到较大的提高。

（一）金属材料常识

1. 金属材料的性能

金属材料的性能包括使用性能和工艺性能。使用性能是指材料在使用过程中表现出来的性能，它包括力学性能和物理、化学性能等；工艺性能是指材料对各种加工工艺适应的能力，它包括铸造性能、锻造性能、焊接性能、切削加工性能和热处理性能等。工业中应用最广泛的金属材料是钢铁。

2. 常用金属材料的种类及牌号

（1）碳素结构钢

碳素结构钢的牌号用 Q + 数字表示，"Q"为"屈"汉语拼音首字母，数字表示屈服点数值，如 Q275 表示屈服点为 275 MPa。若牌号后面标注字母 A、B、C、D，则表示钢材质量等级不同，即 S、P 含量不同，A、B、C、D 质量等级依次提高。牌号尾部标字母"F"的表示沸腾钢，标"b"的表示半镇静钢，不标"F"和"b"的为镇静钢。例如，Q235 – A·F 表示屈服点为 235 MPa 的 A 级沸腾钢，Q235 – C 表示屈服点为 235 MPa 的 C 级镇静钢。

碳素结构钢一般情况下都不经热处理，而是在供应状态下直接使用。Q195、Q215、Q235 钢含碳量低，有一定的强度，通常轧制成薄板、钢筋、焊接钢管等，用于桥梁、建筑等钢结构，也可制造普通的铆钉、螺钉、螺母、垫圈、地脚螺栓、轴套、销轴等；Q255 和 Q275 钢强度较高，塑性、韧性较好，可进行焊接，通常轧制成型钢、条钢和钢板，做结构件以及用来制造连杆、键、销、简单机械上的齿轮、轴节等。

（2）优质碳素结构钢

优质碳素结构钢的牌号由两位数字，或数字与特征字母组成。以两位数字表示碳的平均质量分数（以万分之几计）。沸腾钢和半镇静钢在牌号尾部分别加字母"F"和"b"，镇静钢一般不标字母。含锰量较高的优质碳素结构钢，在表示碳的平均质量分数的数字后面加锰元素符号。例如，$w_C = 0.50\%$，$w_{Mn} = 0.70\% \sim 1.00\%$ 的钢，其牌号表示为"50Mn"。高级优质碳素结构钢在牌号后加字母"A"，特级优质碳素结构钢在牌号后加字母"E"。

优质碳素结构钢主要用于制造机械零件，一般都要经过热处理以提高机械性能，而且根据碳的质量分数不同，有不同的用途。08、08F、10、10F 钢，塑性、韧性好，具有优良的冷成型性能和焊接性能，常冷轧成薄板，用于制作仪表外壳、汽车和拖拉机上的冷冲压件，如汽车车身、拖拉机驾驶室等；15、20、25 钢用于制作尺寸较小、负荷较小、表面要求耐磨、芯部强度要求不高的渗碳零件，如活塞缸、样板等；30、35、40、45、50 钢经热处理（淬火+高温回火）后具有良好的综合机械性能，即具有较高的强度和较高的塑性、韧性，用于制作轴类零件；55、60、65 钢经热处理（淬火+高温回火）后具有高的弹性极限，常用作弹簧。

(3) 碳素工具钢

碳素工具钢的牌号是由"碳"的汉语拼音首字母"T"与数字组成，其中，数字表示钢中碳的平均质量分数（以千分之几计）。对于含锰量较高或高级优质碳素工具钢，其牌号尾部表示方法同优质碳素结构钢。例如，T12 钢表示 $w_C = 1.2\%$ 的碳素工具钢。

碳素工具钢生产成本较低，加工性能良好，可用于制造低速、手动刀具及常温下使用的工具、模具、量具等。在使用前要进行热处理（淬火+低温回火）。

碳素工具钢的常用牌号有 T7、T8，用于制造要求有较高韧性、能承受冲击负荷的工具，如小型冲头、凿子、锤子等；T9、T10、T11 用于制造要求有中等韧性的工具，如钻头、丝锥、车刀、冲模、拉丝模、锯条等；T12、T13 钢具有高硬度、高耐磨性，但韧性低，用于制造不受冲击的工具，如量规、塞规、样板、锉刀、刮刀、精车刀等。

(4) 铸造碳钢

许多形状复杂的零件，很难通过锻压等方法加工成形，用铸铁时性能又难以满足需要，此时常用铸钢铸造获取铸钢件，所以，铸造碳钢在机械制造，尤其是重型机械制造业中的应用非常广泛。

铸钢的牌号是由铸钢代号"ZG"与表示力学性能的两组数字组成，第 1 组数字代表最低屈服点，第 2 组数字代表最低抗拉强度值。例如，ZG200-400 表示 $\sigma_s(\sigma_{0.2})$ 不小于 200 MPa，σ_b 不小于 400 MPa 的铸钢。

铸造碳钢碳的质量分数一般在 0.15%~0.60%，过高则塑性差，易产生裂纹。铸钢的铸造性能比铸铁差，主要表现在铸钢流动性差，凝固时收缩比大且易产生偏析等现象。

(5) 低合金高强度结构钢

低合金钢是一类可焊接的低碳低合金工程结构钢，主要用于房屋、桥梁、船舶、车辆、铁道、高压容器等工程结构件。其中，低合金高强度钢是结合我国资源条件（主要加入锰）而发展起来的优良低合金钢之一。钢中 $w_C \leq 0.2\%$（低碳具有较好的塑性和焊接性），$w_{Mn} = 0.8\% \sim 1.7\%$，辅以我国富产资源钒、铌等元素，通过强化铁素体、细化晶粒等作用，使其具备了高的强度和韧性、良好的综合力学性能、良好的耐腐蚀性等。

低合金高强度结构钢通常是在热轧经退火（或正火）状态下供应的，使用时一般不进行热处理。低合金高强度结构钢分为镇静钢和特殊镇静钢，在牌号的组成中没有表示脱氢方法的符号，其余表示方法与碳素结构钢相同。例如，Q345A 表示屈服强度为 345 MPa 的 A 级低合金高强度结构钢。

（6）机械结构用合金钢

机械结构用合金钢主要用于制造各种机械零件，是用途广、产量大、钢号多的一类钢，大多数需经热处理后才能使用。机械结构用合金钢的牌号由数字与元素符号组成。用两位数字表示碳的平均质量分数（以万分之几计），放在牌号头部。合金元素含量表示方法为：平均质量分数 < 1.5% 时，牌号中仅标注元素，一般不标注含量；平均质量分数为 1.5% ~ 2.49%、2.5% ~ 3.49%、……时，在合金元素后相应写成 2、3、……。例如，碳、铬、镍的平均质量分数分别为 0.2%、0.75%、2.95% 的合金结构钢，其牌号表示为"20CrNi3"。高级优质合金钢和特级优质合金钢的表示方法同优质碳素结构钢。

①合金渗碳钢。用于制造渗碳零件的钢称为渗碳钢。渗碳钢中 w_C = 0.12% ~ 0.25%，低的碳含量保证了淬火后零件芯部有足够的塑性、韧性。主要合金元素是铬，还可加入镍、锰、硼、钨、钼、钒、钛等元素。其中，铬、镍、锰、硼的主要作用是提高淬透性，使大尺寸零件的芯部淬火和回火后有较高的强度和韧性；少量的钨、钼、钒、钛能形成细小、难溶的碳化物，以阻止渗碳过程中在高温、长时间保温条件下晶粒的长大。

预备热处理为正火，最终热处理一般采用渗碳后直接淬火或渗碳后二次淬火加低温回火的热处理。

渗碳后的钢件，表层经淬火和低温回火后，获得高碳回火马氏体加碳化物，硬度一般为 58 ~ 64 HRC；而芯部组织则视钢的淬透性及零件的尺寸大小而定，可得低碳回火马氏体（40 ~ 48 HRC）或珠光体加铁素体组织（25 ~ 40 HRC）。

20CrMnTi 是应用最广泛的合金渗碳钢，用于制造汽车与拖拉机的变速齿轮、轴等零件。

②合金调质钢。优质碳素调质钢中的 40、45、50 钢，虽然常用且价廉，但由于存在淬透性差、耐回火性差、综合力学性能不够理想等缺点，所以，对重载作用下同时又受冲击的重要零件必须选用合金调质钢。

合金调质钢中 w_C = 0.25% ~ 0.5%。合金调质钢中主要加入的合金元素是锰、硅、铬、镍、钼、硼、铝等，主要作用是提高钢的淬透性；钼能防止高温回火脆性；铝能加速渗氮过程。另外，加入少量的钨、钒、钛，可细化晶粒。

合金调质钢锻造毛坯应进行预备热处理，以降低硬度，便于切削加工。合金元素含量低、淬透性低的合金调质钢可采用退火；淬透性高的合金调质钢，则采用正火加高温回火。例如，40CrNiMo 钢正火后硬度在 400 HBS 以上，经高温回火后硬度才能降低到 230 HBS 左右。满足了切削要求，调质钢的最终热处理为淬火 + 高温回火（500 ℃ ~ 600 ℃），以获得回火索氏体组织，使钢件具有高强度、高韧性相结合的良好综合力学性能。

如果除了要求钢件具备良好的综合力学性能外，还要求表面有良好的耐磨性，则可在调质后进行表面淬火或渗氮处理。

合金调质钢主要用来制造受力复杂的重要零件，如机床主轴、汽车半轴、柴油机连杆螺栓等。40Cr 是最常用的一种调质钢，有很好的强化效果。38CrMoAl 是专用渗氮钢，经调质和渗氮处理后，表面具有很高的硬度、高耐磨性和疲劳强度，且变形很小，常用来制造一些精密零件，如镗床镗杆、磨床主轴等。

③合金弹簧钢。合金弹簧钢主要用于制造弹簧等弹性元件，如汽车、拖拉机、坦克、机车车辆的减振板簧和螺旋弹簧、钟表发条等。

合金弹簧钢中 $w_C = 0.45\% \sim 0.7\%$。常加入硅、锰、铬等合金元素，主要作用是提高淬透性，并提高弹性极限。硅使弹性极限提高的效果很突出，也使钢加热时易表面脱碳；锰能增加淬透性，但也使钢的过热和回火脆性倾向增大。另外，合金弹簧钢中还加入了钨、钼、钒等合金元素，它们可减少硅锰弹簧钢脱碳和过热的倾向，同时可进一步提高弹性极限、耐热性和耐回火性。

合金弹簧钢的热处理一般是淬火加中温回火，获得回火托氏体组织，具有高的弹性极限和屈服强度。60Si2MnA 是典型的合金弹簧钢，广泛用于汽车、拖拉机上的板簧、螺旋弹簧等。

④滚动轴承钢。滚动轴承钢主要用来制造各种滚动轴承元件，如轴承内外圈、滚动体等。此外，还可以用来制造某些工具，如模具、量具等。

滚动轴承钢有自己独特的牌号。牌号前面以字母"G"（滚）为标志，其后为铬元素符号 Cr，其质量分数以千分之几表示，其余与合金结构钢牌号规定相同。例如，$w_{Cr} = 1.5\%$ 的滚动轴承钢，其牌号表示为"GCr15"。

滚动轴承钢在工作时承受很高的交变接触压力，同时滚动体与内外圈之间还产生强烈的摩擦，并受到冲击载荷的作用以及大气和润滑介质的腐蚀作用。这就要求轴承钢必须具有高而均匀的硬度和耐磨性，高的抗压强度和接触疲劳强度，足够的韧性和对大气、润滑剂的耐蚀能力。为获得上述性能，一般 $w_C = 0.95\% \sim 1.15\%$，$w_{Cr} = 0.4\% \sim 1.65\%$。高碳是为了获得高硬度、高耐磨性；铬的作用是提高淬透性，增加回火稳定性。

滚动轴承钢的纯度要求很高，磷、硫含量限制极严，故它是一种高级优质钢（但在牌号后不加字母"A"）。GCr15 为常用的滚动轴承钢，具有高的强度、耐磨性和稳定的力学性能。

滚动轴承钢的热处理包括预备热处理（球化退火）和最终热处理（淬火与低温回火）。

（7）合金工具钢

合金工具钢与合金结构钢基本相同，只是含碳量的表示方法不同。当 $w_C < 1.0\%$ 时，牌号前以千分之几（一位数）表示；当 $w_C \geq 1.0\%$ 时，牌号前不标数字。合金元素的表示方法与合金结构钢相同。

合金工具钢通常以用途分类，主要分为量具刃具钢、冷作模具钢、热作模具钢等。

①量具刃具钢。主要用于制造形状复杂、截面尺寸较大的低速切削刃具和机械制造过程中控制加工精度的测量工具，如卡尺、块规、样板等。

量具刃具钢碳的质量分数高，一般为 $w_C = 0.9\% \sim 1.5\%$，合金元素总量少，主要有铬、硅、锰、钨等，用来提高淬透性，获得高的强度、耐磨性，保证高的尺寸精度。

该钢的热处理与非合金（碳素）工具钢基本相同：预备热处理采用球化退火，最终热处理采用淬火（油淬、马氏体分级淬火或等温淬火）加低温回火。9SiCr 是常用的低合金量具刃具钢。

②冷作模具钢。用于制作使金属冷塑性变形的模具，如冷冲模、冷挤压模等。冷作模具工作时承受大的弯曲应力、压力、冲击及摩擦，因此要求具备高硬度、高耐磨性和足够的强度与韧性。热处理采用球化退火（预备热处理），淬火后低温回火（最终热处理）。

③热作模具钢。用于制作高温金属成形的模具，如热锻模、热挤压模等。热作模具工作时承受很大的压力和冲击，并反复受热和冷却。因此，要求模具钢在高温下具有足够的强度、硬度、耐磨性和韧性，以及良好的耐热疲劳性，即在反复的受热、冷却循环中，表面不

易热疲劳（龟裂）。另外，还应具有良好的导热性和高淬透性。

为了达到上述性能要求，热作模具钢的 $w_C = 0.3\% \sim 0.6\%$。若含碳量过高，则塑性、韧性不足；若过低，则硬度、耐磨性不足。加入的合金元素有铬、锰、镍、钼、钨等。其中铬、锰、镍主要作用是提高淬透性；钨、钼提高耐回火性；铬、钨、钼、硅还能提高耐热疲劳性。预备热处理为退火，以降低硬度，利于切削加工；最终热处理为淬火加高温回火。

（8）高速工具钢

高速工具钢（简称高速钢）主要用于制造高速切削刃具，在切削温度高达 600 ℃时硬度仍无明显下降，能以比低合金工具钢更高的速度进行切削。

高速工具钢具有高的碳含量（$w_C = 0.7\% \sim 1.2\%$），但在牌号中不标出；高的合金含量（合金元素总质量分数 > 10%）。加入的合金元素有钨、钼、钒、铬，其中钨、钼、钒主要是提高热硬性，而铬主要是提高淬透性。热处理特点主要是高的加热温度（1 200 ℃以上）、高回火温度（560 ℃左右）和高的回火次数（3 次）。采用高的淬火加热温度是为了让难溶的特殊碳化物能充分溶入奥氏体，最终使马氏体中钨、钼、钒等元素的含量足够高，保证热硬性足够高；高回火温度是因为马氏体中的碳化物形成元素含量高，阻碍回火，因而耐回火性高；多次回火是因为高速钢淬火后残余奥氏体量很大，多次回火才能消除。正因为如此，高速钢回火时的硬化效果很显著。

（9）特殊性能钢

特殊性能钢指具有某些特殊的物理、化学、力学性能，因而能在特殊的环境、工作条件下使用的钢。主要包括不锈钢、耐热钢、耐磨钢。

①不锈钢。在腐蚀性介质中具有抗腐蚀性能的钢，一般称为不锈钢。铬是不锈钢获得耐蚀性的基本元素。其牌号表示方法与合金结构钢基本相同，只是当 $w_C \leqslant 0.08\%$ 及 $w_C \leqslant 0.03\%$ 时，在牌号前分别冠以"0"及"00"，如 0Cr19Ni9。

a. 铬不锈钢。这类钢包括马氏体不锈钢和铁素体不锈钢两种类型。其中，Cr13 型属马氏体不锈钢，可淬火获得马氏体组织。Cr13 型铬的质量分数平均为 13%，$w_C = 0.1\% \sim 0.4\%$。1Cr13 和 2Cr13 可制作塑性、韧性较高，受冲击载荷，在弱腐蚀条件下工作的零件（1 000 ℃淬火加 750 ℃高温回火）；3Cr13 和 4Cr13 可制作强度较高、硬度高、耐磨，在弱腐蚀条件下工作的弹性元件和工具等（淬火加低温回火）。

当含铬量较高（$w_{Cr} \geqslant 15\%$）时，铬不锈钢的组织为单相奥氏体，如 1Cr17 钢，耐蚀性优于马氏体不锈钢。

b. 铬镍不锈钢。这类钢中 $w_{Cr} = 18\% \sim 20\%$，$w_{Ni} = 8\% \sim 12\%$，经 1 100 ℃水淬固溶化处理（加热 1 000 ℃以上保温后快冷），在常温下呈单相奥氏体组织，故称为奥氏体不锈钢。奥氏体不锈钢无磁性，耐蚀性优良，塑性、韧性、焊接性优于别的不锈钢，是应用最为广泛的一类不锈钢。由于奥氏体不锈钢固态下无相变，所以不能热处理强化，冷变形强化是有效的强化方法。目前应用最多的是 0Cr18Ni10。

②耐热钢。耐热钢是指在高温下具有热化学稳定性和热强性的钢，它包括抗氧化钢和热强钢等。热化学稳定性是指钢在高温下对各类介质化学腐蚀的抗力；热强性是指钢在高温下对外力的抗力。

对这类钢的主要要求是优良的高温抗氧化性和高温强度。此外，还应有适当的物理性能，如热膨胀系数小和良好的导热性，以及较好的加工工艺性能等。

为了提高钢的抗氧化性，加入合金元素铬、硅和铝，在钢的表面形成完整的稳定的氧化物保护膜。但硅、铝含量较高时钢材变脆，所以一般以加铬为主。加入钛、铌、钒、钨、钼等合金元素来提高热强性。常用的牌号有 3Cr18Ni25Si2、Cr13、1Cr18Ni9Ti 等。

③耐磨钢。对耐磨钢的主要性能要求是很高的耐磨性和韧性。高锰钢能很好地满足这些要求，它是目前最重要的耐磨钢。

耐磨钢高碳高锰，一般 $w_C = 1.0\% \sim 1.3\%$，$w_{Mn} = 11\% \sim 14\%$。高碳可以提高耐磨性（过高时韧性下降，且易在高温下析出碳化物），高锰可以保证固溶化处理后获得单相奥氏体。单相奥氏体塑性、韧性很好，开始使用时硬度很低，耐磨性差，当工作中受到强烈的挤压、撞击、摩擦时，工件表面迅速产生剧烈的加工硬化（加工硬化是指金属材料发生塑性形变时，随变形度的增大，所出现的金属强度和硬度显著提高，塑性和韧性明显下降的现象），并且还发生马氏体转变，使硬度显著提高，芯部则仍保持为原来的高韧性状态。

耐磨钢主要用于运转过程中承受严重磨损和强烈冲击的零件，如车辆履带板、挖掘机铲斗等。Mn13 是较典型的高锰钢，应用最为广泛。

（10）铸铁

含碳量大于 2.11% 的铁碳合金称为铸铁，工业上常用的铸铁的成分范围：$w_C = 2.5\% \sim 4.0\%$、$w_{Si} = 1.0\% \sim 3.0\%$、$w_{Mn} = 0.5\% \sim 1.4\%$、$w_P = 0.01\% \sim 0.50\%$、$w_S = 0.02\% \sim 0.20\%$，有时还含有一些合金元素，如 Cr、Mo、V、Cu、Al 等。可见，在成分上铸铁与钢的主要区别是铸铁的碳和硅含量较高，杂质元素 S、P 含量也较高。

虽然铸铁的机械性（抗拉强度、塑性、韧性）较低，但是由于其生产成本低廉，具有优良的铸造性、可切削加工性、减震性及耐磨性，因此，在现代工业中仍得到了普遍的应用。典型的应用是制造机床的床身，内燃机的气缸、气缸套、曲轴等。

根据碳在铸铁中存在的形式及石墨的形态，可将铸铁分为灰铸铁、球墨铸铁、可锻铸铁和蠕墨铸铁等。灰铸铁、球墨铸铁和蠕墨铸铁中石墨都是由液体铁水在结晶过程中获得的，而可锻铸铁中石墨则是由白口铸铁在加热过程中石墨化而获得。

①灰铸铁。灰铸铁由片状石墨和钢的基体两部分组成。因石墨化程度不同，得到铁素体、铁素体＋珠光体、珠光体 3 种不同基体的灰铸铁。

灰铸铁的性能主要决定于基体组织以及石墨的形态、数量、大小和分布。因石墨的力学性能极低，在基体中起割裂、缩减作用，片状石墨的尖端处易造成应力集中，使灰铸铁的抗拉强度、塑性、韧性比钢低很多。为提高灰铸铁的力学性能，在浇注前向铁水中加入少量孕育剂（常用硅铁和硅钙合金），使大量高度弥散的难熔质点成为石墨的结晶核心，灰铸铁得到细珠光体基体和细小均匀分布的片状石墨组织，这样的处理称为孕育处理，得到的铸铁称为孕育铸铁。孕育铸铁强度较高，且铸件各部位截面上的组织和性能比较均匀。

灰铸铁的牌号由"HT"（"灰铁"两字的汉语拼音首字母）及后面一组数字组成。数字表示最低抗拉强度 σ_b 值。例如，HT300 代表抗拉强度 $\sigma_b \geq 300$ MPa 的灰铸铁。由于灰铸铁的性能特点及生产简便，其产量占铸铁总产量的 80% 以上，应用广泛。常用的灰铸铁牌号是 HT150、HT200，前者主要用于机械制造业承受中等应力的一般铸件，如底座、刀架、阀体、水泵壳等；后者主要用于一般运输机械和机床中承受较大应力和较重要的零件，如气缸体、缸盖、机座、床身等。

灰铸铁的热处理常用去应力退火的方法。铸件在凝固冷却时，因壁厚不同等因素会造成冷却不均而产生内应力，或工件要求精度较高时，都应进行去应力退火。铸件较薄截面处，因冷却速度较快，会产生白口，使切削加工困难，所以应进行退火，使渗碳体分解，以降低硬度。为了提高铸件表面硬度和耐磨性，应进行表面淬火，常用的方法有火焰淬火、感应淬火等。

②球墨铸铁。球墨铸铁的组织按基体组织不同，分为铁素体球墨铸铁、铁素体+珠光体球墨铸铁、珠光体球墨铸铁和贝氏体球墨铸铁4种。

由于石墨呈球状，其表面积较小，因此大大减少了对基体的割裂和尖口敏感作用。球墨铸铁的力学性能比灰铸铁高得多，强度与钢接近，屈强比（$\sigma_{0.2}/\sigma_b$）比钢高，塑性、韧性虽然大为改善，但仍比钢差。此外，球墨铸铁仍有灰铸铁的一些优点，如较好的减振性、减摩性，低的缺口敏感性以及优良的铸造性和切削加工性等。

由于球墨铸铁存在收缩率较大、白口倾向大、流动性稍差等缺陷，故它对原材料和熔炼、铸造工艺的要求比灰铸铁高。

球墨铸铁的牌号由"QT"（"球铁"两字的汉语拼音首字母）及后面两组数字组成。第1组数字表示最低抗拉强度σ_b；第2组数字表示最低断后伸长率δ。例如，QT600－3代表$\sigma_b \geqslant 600$ MPa、$\delta \geqslant 3\%$的球墨铸铁。

球墨铸铁的力学性能好，又易于熔铸，经合金化和热处理后，可代替铸钢、锻钢，制作受力复杂、性能要求高的重要零件，在机械制造中得到广泛应用。

球墨铸铁的热处理与钢相似，但因含碳、硅量较高，有石墨存在，热导性较差，因此，球墨铸铁进行热处理时，加热温度要略高，保温时间要长，加热及冷却速度要相应地减慢。

③可锻铸铁。可锻铸铁组织与石墨化退火方法有关，可得到两种不同基体的铁素体可锻铸铁（又称黑芯可锻铸铁）和珠光体可锻铸铁。

由于石墨呈团絮状，对基体的割裂和尖口作用减轻，故可锻铸铁的强度、韧性比灰铸铁提高很多。

可锻铸铁的牌号由"KT"（"可铁"两字的汉语拼音首字母）和代表类别的字母（H、Z）及后面两组数字组成。其中，H代表"黑芯"，Z代表珠光体基体。两组数字分别代表最低抗拉强度σ_b和最低断后伸长率δ。例如，KTH370－12表示$\sigma_b > 370$ MPa、$\delta \geqslant 12\%$的黑芯可锻铸铁（铁素体可锻铸铁）。可锻铸铁主要用于形状复杂、要求强度和韧性较高的薄壁铸件。

④蠕墨铸铁。蠕墨铸铁的石墨组织为蠕虫状，其形态介于球状和片状之间，它比片状石墨短、粗，端部呈球状。蠕墨铸铁的基体组织有铁素体、铁素体+珠光体、珠光体3种。

蠕墨铸铁的力学性能介于灰铸铁和球墨铸铁之间。与球墨铸铁相比，有较好的铸造性、良好的热导性、较低的热膨胀系数。

蠕墨铸铁的牌号由"RuT"（"蠕"字的汉语拼音加"铁"字的汉语拼音首字母）加一组数字组成，数字表示最低抗拉强度。例如，RuT300表示$\sigma_b \geqslant 300$ MPa的蠕墨铸铁。

⑤合金铸铁。合金铸铁是指常规元素硅、锰高于普通铸铁规定含量或含有其他合金元素，具有较高力学性能或某些特殊性能的铸铁。主要有耐磨合金铸铁、耐热合金铸铁、耐蚀合金铸铁。

3. 钢的热处理

钢的热处理是指将钢在固态下进行加热、保温和冷却，以改变其内部组织，从而获得所需要性能的一种工艺方法。它包括退火、正火、淬火和回火。

（1）退火

退火是将工件加热到临界点以上或在临界点以下某一温度保温一定时间后，以十分缓慢的冷却速度进行冷却（如炉冷、坑冷、灰冷）的一种操作工艺。根据钢的成分、组织状态和退火目的不同，退火工艺可分为完全退火、等温退火、球化退火、去应力退火等。

退火主要用于消除铸件、锻件、焊接件、冷冲压件（或冷拔件）及机加工件的残余内应力。

（2）正火

正火是将工件加热到 A_{c3} 或 A_{ccm} 以上 30 ℃ ~ 50 ℃，保温后从炉中取出在空气中进行冷却的热处理工艺。其与退火的区别是冷却速度快、组织细、强度和硬度有所提高。当钢件尺寸较小时，正火后组织为 S，而退火后组织为 P。

（3）淬火

淬火是将钢件加热到 A_{c3} 或 A_{c1} 以上 30 ℃ ~ 50 ℃，保温一定时间，然后快速冷却（一般为油冷或水冷），从而得到马氏体的一种操作工艺。淬火的目的就是获得马氏体。淬火必须和回火相配合，否则淬火后虽然得到了高硬度、高强度，但韧性、塑性低，不能得到优良的综合机械性能。最常用的淬火方法有单液淬火法（单介质淬火）、双液淬火法（双介质淬火）、分级淬火法和等温淬火法 4 种。

（4）回火

回火是将淬火钢重新加热到 A_{c1} 点以下的某一温度，保温一定时间后，冷却到室温的一种操作工艺。回火的目的是降低淬火钢的脆性，减少或消除内应力，使组织趋于稳定并获得所需要的性能。

钢的回火按回火温度范围可分为以下 3 种：

①低温回火。回火温度范围为 150 ℃ ~ 250 ℃，回火后的组织为回火马氏体，内应力和脆性有所降低，但保持了马氏体的高硬度和高耐磨性。主要应用于高碳钢或高碳合金钢制造的工具、模具、滚动轴承及渗碳和表面淬火的零件。

②中温回火。回火温度范围为 350 ℃ ~ 500 ℃，回火后的组织为回火托氏体，具有一定的韧性和较高的弹性极限及屈服强度。主要应用于各类弹簧和模具等。

③高温回火。回火温度范围为 500 ℃ ~ 650 ℃，回火后的组织为回火索氏体，具有强度、硬度、塑性和韧性都较好的综合力学性能。广泛应用于汽车、拖拉机、机床等机械中的重要结构零件，如轴、连杆、螺栓等。通常在生产上将淬火与高温回火相结合的热处理称为"调质处理"。

（二）切削加工的基本知识

金属切削加工是指在机床上利用刀具，通过其与工件之间的相对运动，从工件上切下多余的余量，从而形成已加工表面的加工方法。

1. 切削运动和切削要素

（1）切削运动

为了切除工件上多余的金属，以获得形状精度、尺寸精度和表面质量都符合要求的工件，刀具与工件之间所做的相对运动称为切削运动。根据对切削加工过程所起作用的不同，切削运动可分为主运动和进给运动。

①主运动。主运动是切下切屑所需要的最基本的运动。它可以是旋转运动，也可以是直线运动。它是切削运动中速度最高、消耗功率最大的运动。任何切削过程必须有一个，也只有一个主运动。它可由工件完成，也可由刀具完成。

②进给运动。进给运动是使金属层不断投入切屑，从而加工出完整表面所需要的运动。进给运动可能有一个或几个。运动形式有平移的、旋转的，有连续的、间歇的。

（2）切削要素

切削要素包括切削用量要素和切削层尺寸平面要素。下面以车削加工为例，介绍这些要素。

①切削用量要素。车削加工时形成3种表面：待加工表面、已加工表面和过渡表面。这3种表面的形成，涉及3个基本参数，即切削速度、进给量、背吃刀量。此3个基本参数称为切削用量三要素。

a. 切削速度。切削速度是指在进行切削加工时，刀具切削刃选定点相对于工件主运动的瞬时速度，用"v_c"表示，单位为 m/s。

车削加工时主运动为旋转运动，切削速度为最大线速度。

$$v_c = \frac{\pi d n}{1\ 000 \times 60}$$

式中　d——工件待加工表面直径，mm；

　　　n——工件转速，r/min。

b. 进给量。进给量是指刀具在进给运动方向上相对工件的位移量，用"f"表示，单位为 mm/r。

车削加工时刀具的进给量为工件每转一转刀具沿进给运动方向移动的距离。

c. 背吃刀量。背吃刀量（切削深度）是指待加工表面与已加工表面的垂直距离，用"a_p"表示，单位为 mm。车削圆柱时：

$$a_p = \frac{d_w - d_m}{2}$$

式中　d_w——待加工表面直径，mm；

　　　d_m——已加工表面直径，mm。

②切削层尺寸平面要素（几何参数）。切削层是指由切削部分只产生一圈过渡表面的动作所切除的工件材料层。

a. 切削层公称厚度。切削层公称厚度是指在同一瞬间的切削层横截面积与其公称切削层宽度之比，用"h_D"表示，单位为 mm。切削层公称厚度代表了切削刃的工作负荷。

b. 切削层公称宽度。切削层公称宽度是指在切削层尺寸平面内，沿切削刃方向所测得的切削层尺寸，用"b_D"表示，单位为 mm。切削层公称宽度通常等于切削刃的工作长度。

c. 切削层公称横截面积。切削层公称横截面积是指在给定瞬间，切削层在切削层尺寸平面内的实际横截面积，用"A_D"表示，单位为 mm²。它等于切削层公称厚度与切削层公称宽度的乘积，也等于切削深度与进给量的乘积。即

$$A_D = h_D b_D = a_p f$$

当切削速度一定时，切削层公称横截面积代表了生产率。

2. 金属切削刀具

刀具由切削部分和刀柄部分组成。切削部分（即刀头）直接参与切削工作，而刀柄用于把刀具装夹在机床上。刀柄一般选用优质碳素结构钢制成，切削部分必须由专门的刀具材料制成。为了保证切削工作顺利进行，刀具的切削部分有严格的几何形状要求。

（1）*刀具材料*

刀具工作时，由于其切削部分承受着冲击、振动，较高的压力、温度以及剧烈的摩擦。因此，刀具材料应具备高硬度、高耐磨性，用来承受切削过程中的剧烈摩擦，减少磨损；同时还要有足够的强度和韧性，以承受切削力和冲击载荷；要有高的热硬性、良好的工艺性和经济性等。

常用的刀具材料有碳素工具钢、合金工具钢、高速钢、硬质合金、陶瓷、超硬材料等。机械制造中应用最广的刀具材料是高速钢和硬质合金。

（2）*车刀切削部分的几何参数*

要使刀具顺利地切削工件，刀具不但要有一定的性能，而且要有合理的几何形状。刀具种类很多，形状各异，其中车刀是最基本的刀具，其他刀具都可以看成车刀的演变。

下面以外圆车刀为例，介绍刀具的组成和几何形状，如图1.2所示。

①车刀切削部分的组成。车刀的切削部分由"三面、两刃、一尖"组成：前刀面是指刀具上切屑流过的表面，用"A_r"表示；主后面是指刀具上同前刀面相交形成主切削刃的后面，用"A_α"表示；副后面是指刀具上同前刀面相交形成副切削刃的后面，用"A'_α"表示；主切削刃是指前刀面与主后面的交线，用"S"表示；副切削刃是指前刀面与副后面的交线，用"S'"表示；刀尖是指主切削刃与副切削刃相交成一个尖角，它不是一个几何点，而是具有一定圆弧半径的刀尖。

②车刀的标注角度。车刀切削部分的几何角度有7个，如图1.3所示。

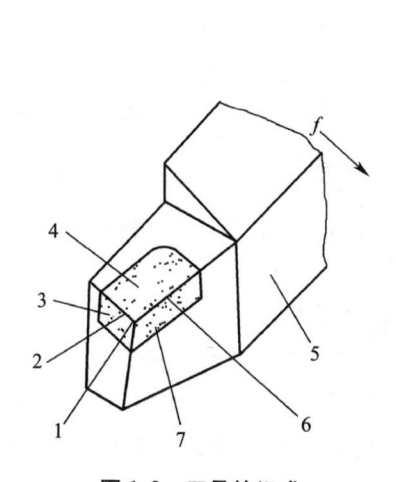

图1.2 刀具的组成

1—刀尖；2—副切削刃；3—副后面；
4—前刀面；5—刀柄；6—主切削刃；7—主后面

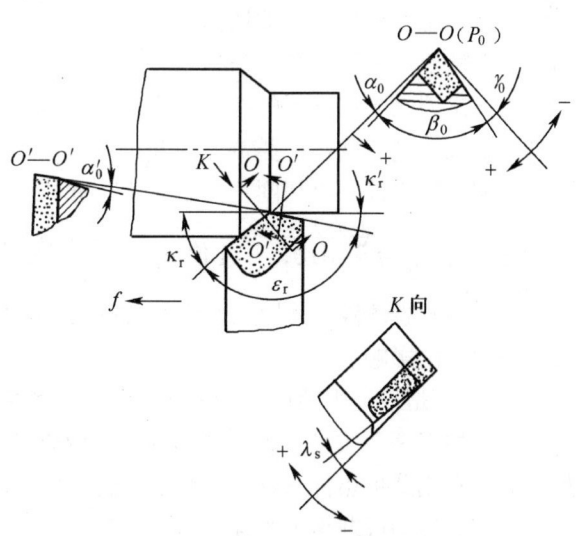

图1.3 车刀的主要标注角度

前角 γ_0 是指前刀面与基面间的夹角。前角的正负方向按图示规定表示，即刀具前刀面在基面之下时为正前角，刀具前刀面在基面之上时为负前角。

后角 α_0 是指主后面与切削平面间的夹角；楔角 β_0 是指前刀面与主后面间的夹角。

$\gamma_0 + \alpha_0 + \beta_0 = 90°$，它们都在正交平面中测量。

主偏角 κ_r 是指进给运动方向与主切削刃在基面上投影的夹角；副偏角 κ'_r 是指进给运动反方向与副切削刃在基面上投影的夹角；刀尖角 ε_r 是指主切削刃与副切削刃在基面上投影的夹角。

$\kappa_r + \kappa'_r + \varepsilon_r = 180°$，它们都在基面中测量。

刃倾角 λ_s 是指主切削刃与基面主切削平面投影的夹角。

③车刀几何角度的功用及影响。

a. 前角的影响。进行车削时，切屑是沿着刀具的前刀面流出的。增大前角，则刀刃锋利，切屑变形小，切削力小，使切削轻快，切削热也小。但前角太大，使楔角减小，则刀刃强度降低。硬质合金车刀的前角一般取 $-5° \sim 25°$。

b. 后角的影响。增大后角，可减小刀具主后面与工件间的摩擦。但后角增大，刀刃强度降低。粗加工时后角一般取 $6° \sim 8°$，精加工时可取 $10° \sim 12°$。

c. 主偏角的影响。增大主偏角，可使进给力加大，背向力减小，有利于消除振动，但刀具磨损加快，散热条件差。主偏角一般在 $45° \sim 90°$ 选取。

d. 副偏角的影响。增大副偏角可减小副切削刃与工件已加工表面之间的摩擦，改善散热条件，但表面粗糙度数值增大。副偏角一般在 $5° \sim 10°$ 选取。

e. 刃倾角的影响。刃倾角主要影响切屑流向和刀体强度。刃倾角一般在 $-5° \sim 10°$ 选取。

3. 工件材料的切削加工性

(1) 切削加工性的评价指标

切削加工性是指材料被切削加工的难易程度。它具有一定的相对性，在不同的条件下，切削加工性要用不同的指标来衡量。生产上常用的评价指标有如下几种。

①一定刀具耐用度下的切削速度 v_T。其含义是当耐用度为 T（min）时切削某种材料所允许的最大切削速度。v_T 越高，材料的切削加工性越好。

②相对加工性。以切削正火状态 45 钢的 (v_{60})（通常取 $T = 60$ min）做基准，而把其他各种材料的 v_{60} 与其相比，其比值 $\kappa_r = \dfrac{v_{60}}{(v_{60})}$ 称为相对加工性。

凡 $\kappa_r > 1$ 的材料，其加工性比 45 钢好；反之较差。κ_r 也反映了不同材料对刀具磨损和刀具耐用度的影响。

v_T 和 κ_r 是最常用的切削加工性指标，对各种切削条件都适用。

③已加工表面质量。容易获得好的表面质量的材料，其切削加工性较好；反之较差。精加工时，常用此项指标来衡量切削加工性的好坏。

④切屑控制或断屑的难易。容易控制或易于断屑的材料，其切削加工性好；反之较差。在自动机床或自动线上加工时，常用此项指标来衡量。

⑤切削力的大小。在相同的切削条件下，凡需要切削力小的材料，其切削加工性好；反之较差。在粗加工时，当机床刚度或动力不足时，常用此项指标来衡量。

（2）影响材料切削加工性的主要因素及综合分析

上述各种指标，从不同的侧面反映了材料的切削加工性能。而材料的切削加工性能与其本身的物理、化学、力学性能有着密切的关系。影响材料切削加工性能的主要因素如下。

①工件材料的性能。材料的强度和硬度高，则切削力大，刀具易磨损，切削加工性差；材料塑性高，则不易断屑，影响表面质量，切削加工性差；材料的热导性差，切削热不易传散，切削温度高，故切削加工性差。

②工件材料的化学成分及组织结构。低碳钢塑性、韧性高，高碳钢强度、硬度高，都对切削加工不利；中碳钢的性能指标适中，有较好的切削加工性能；硫、铅等元素能改善切削加工性，常用来制造易切削钢；含铝、硅、钛等元素的钢，形成硬的金属化合物，加剧刀具磨损，切削性能变差；锰、磷、氮等元素可改善低碳钢切削加工性能，但使高碳钢、高合金钢切削性能变差；网状碳化物对刀具磨损严重；粒状或球状碳化物对刀具磨损较小。

（3）改善工件材料切削加工性能的基本措施

①调整材料的化学成分。除了金属材料中的含碳量外，材料中加入锰、铬、钼、硫、磷、铅等元素时，都将不同程度地影响材料的硬度、强度、韧性等，进而影响材料的切削加工性。

在材料中加入硫、铅、磷等元素组成易切削钢，即能改善材料的切削加工性。

②进行适当的热处理。可以将硬度较高的高碳钢、工具钢等材料进行退火处理，以降低硬度；低碳钢可以通过正火降低材料的塑性，提高其硬度；中碳钢通过调质，使材料硬度均匀。这些方法都可以达到改善材料切削加工性的目的。

③选择良好的材料状态。低碳钢塑性大，加工性不好，但经过冷拔之后，塑性降低，加工性好；锻件毛坯由于余量不均匀，且不可避免有硬皮，若改用热轧钢，则加工性可得到改善。

4. 已加工表面质量

工件已加工表面质量，是指工件表面粗糙度、表面层加工硬化程度和表面层残余应力的性质及大小等方面的问题。它们直接影响到工件的耐磨性、耐蚀性、疲劳强度和配合性质，从而影响到工件的使用寿命和工作性能。

（1）表面粗糙度

影响已加工表面粗糙度的因素主要有以下几个。

①理论残留面积高度。由于刀具几何形状和切削运动的原因，刀具不能将加工余量全部切除，残存在工件已加工表面上的部分，称为残留面积。

减小进给量、主偏角和副偏角，增加刀尖圆弧半径等，都可使残留面积高度减小，从而减小表面粗糙度。

②积屑瘤。切削塑性材料时，切屑底面与前刀面的挤压和剧烈摩擦使切屑底层的流动速度低于上层的流动速度，形成滞流层，当滞流层金属与前刀面之间的摩擦力超过切屑本身分子间结合力时，滞流层的部分新鲜金属就会黏附在刀刃附近，形成楔形的积屑瘤。积屑瘤经过强烈的塑性变形而被强化，其硬度远高于被切削金属的硬度，能代替切削刃进行切削，起到保护切削刃和减少刀具磨损的作用。

积屑瘤的产生增大了刀具的工作前角，易使切屑变形和减小切削力。所以，粗加工时产生积屑瘤有一定好处。但是积屑瘤是不稳定的，它时大时小，时有时无，影响尺寸精度，引起振动。积屑瘤还会在已加工表面刻划出不均匀的沟痕，并有一些积屑瘤碎片黏附在已加工表面上，影响到表面粗糙度。所以精加工时应避免产生积屑瘤。

③鳞刺。在较低的切削速度下切削塑性金属时，工件已加工表面往往会出现鳞片状的毛刺，这就是鳞刺。鳞刺是已加工表面的严重缺陷，它使工件表面粗糙度大大增加。

加工时，采用较大的刀具前角，减小切削厚度，增加切削速度，选用润滑性能较好的切削液等均可有效地降低鳞刺的高度，或避免鳞刺的生成。

④切削振动。切削过程中的振动会改变切削刃与工件的相对位置，在工件已加工表面形成切削振纹，使表面粗糙度明显增大。产生切削振动的主要原因有：工艺系统刚性不足、机床回转部分的离心力、断续切削时的冲击、工件加工余量不均匀及径向切削分力较大等。

（2）表面加工硬化

切削加工时，由于刀具刃口有一定的刃口圆弧，已加工表面受到刀具刃口圆弧的挤压而产生剧烈的塑性变形。另外，刀具后面对已加工表面的挤压、摩擦也引起局部塑性变形。这些塑性变形导致已加工表面产生加工硬化现象。

加工硬化还常常伴随着细微的表面裂纹和残余应力，使表面粗糙度值增加，疲劳强度下降，使下道工序切削困难。工件材料塑性越好，加工硬化现象越严重。精加工时减少已加工表面的加工硬化程度有利于提高零件的抗疲劳强度和已加工表面的质量。生产上常采用高速切削、施加切削液、保持刀刃的锋利等以减少已加工表面的加工硬化程度。

（3）表面残余应力

由于切削过程中表层金属的塑性变形和切削温度的作用，工件经切削加工后，会在已加工表面产生残余应力。其主要原因是：切削过程中刀具对工件的挤压而产生的弹塑性变形、热应力引起的塑性变形和切削温度引起的相变所形成的体积变化等。工件表面残余应力分为残余拉应力和残余压应力。残余拉应力容易使工件表面产生裂纹，降低工件的疲劳强度；残余压应力可阻止表面裂纹的产生和发展，有利于提高工件的疲劳强度。工件各部分的残余应力如果分布不均匀，就会使工件加工后产生变形，从而影响工件的形状和尺寸精度。

5. 切削液

（1）切削液的作用

在切削加工中，合理使用切削液，可以改善切屑、工件与刀具间的摩擦状况，降低切削力和切削温度，延长刀具的使用寿命，并能减小工件热变形，抑制积屑瘤和鳞刺的生长，从而提高加工精度和减小已加工表面粗糙度。所以，对切削液的研究和应用应当予以重视。

（2）常用切削液的种类和选用

①水溶液。水溶液的主要成分是水，它的冷却性能好，若配成液呈透明状，则便于操作者观察。但是单纯的水容易使金属生锈，且润滑性能欠佳。因此，经常在水溶液中加入一定的添加剂，使其既能保持冷却性能又有良好的防锈性能和一定的润滑性能。水溶液一般多用于普通磨削和其他精加工。

②乳化液。将乳化油（由矿物油、乳化剂及添加剂配成）用水稀释后即成为乳白色或半透明状的乳化液。它具有良好的冷却作用，但因为含水量大，所以润滑、防锈性能均较差。为了提高其润滑性能和防锈性能，可再加入一定量的油性、极压添加剂和防锈添加剂，配制成极压乳化液或防锈乳化液。

低浓度乳化液的冷却效果好，主要用于磨削、粗车、钻孔等加工；高浓度乳化液的润滑效果较好，主要用于精车、攻丝、铰孔、插齿等加工。

③切削油。切削油的主要成分是矿物油（如机械油、轻柴油、煤油等），少数采用动植物油或复合油。纯矿物油不能在摩擦界面上形成坚固的润滑膜，润滑效果一般。在实际使用中常常加入油性添加剂、极压添加剂和防锈添加剂以提高其润滑和防锈性能。

动植物油有良好的"油性"，适于低速精加工，但是它们容易变质，因此最好不用或少用，而应尽量采用其他代用品，如含硫、氯等极压添加剂的矿物油。

（三）常用量具的操作技术

1. 钢尺的使用

钢尺的长度规格有 150 mm、300 mm、500 mm、1 000 mm 4 种，常用的是 150 mm 和 300 mm 两种。钢尺的使用方法，应根据零件形状灵活掌握。

①测量矩形零件的宽度时，要使钢尺和被测零件的一边垂直，如图 1.4（a）所示。
②测量圆柱体的长度时，要把钢尺准确地放在圆柱体的母线上，如图 1.4（b）所示。
③测量圆柱体的外径[见图 1.4（c）]或圆孔的内径[见图 1.4（d）]时，要使钢尺靠着零件一面的边线来回摆动，直到获得最大的尺寸，这才是直径的尺寸。

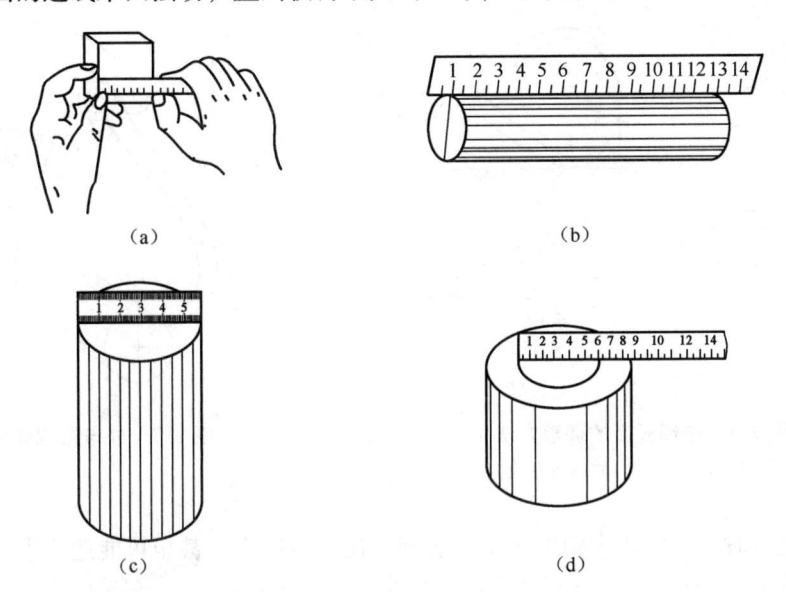

图 1.4 钢尺的使用方法

（a）测量矩形零件宽度；（b）测量圆柱体长度；（c）测量圆柱体外径；（d）测量圆孔内径

2. 卡钳的使用

卡钳有外卡钳和内卡钳两种，如图 1.5 所示，分别用于测量外尺寸（外径或工件厚度）和内尺寸（内径或槽宽）。卡钳是一种间接的量具，它本身不能直接读出所测量的尺寸，使用时必须与钢尺（或其他刻线量具）配合，才能得出测量读数；或用卡钳在钢尺上先取得所需要的尺寸，再去检验工件是否符合规定的尺寸。

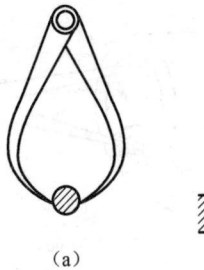

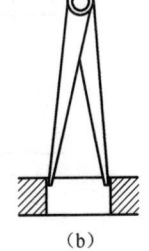

图 1.5 卡钳

（a）外卡钳；（b）内卡钳

（1）外卡钳

外卡钳量取尺寸的方法如图 1.6 所示。先将卡钳一个钳脚的测量面靠在钢尺的端面上，再将另一个钳脚的测量面调整到所需要的尺寸上（两个钳脚的测量面的连线应与钢尺平行，人的视线要垂直于钢尺），便可取得所需要的尺寸。

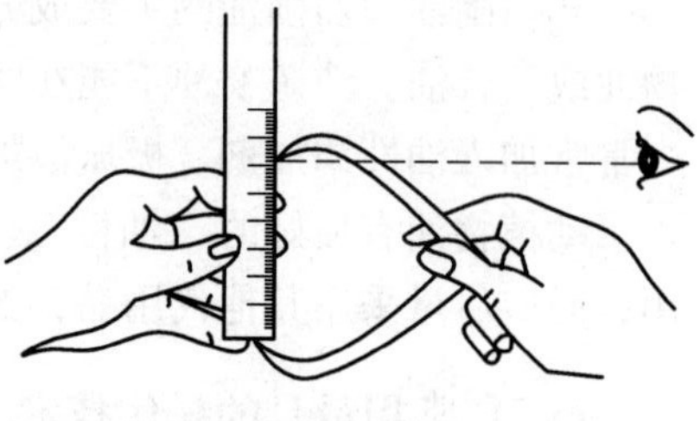

图 1.6　外卡钳量取尺寸的方法

调整卡钳的开度时，可轻敲卡钳的两侧面，如图 1.7 所示；不要敲击卡钳的测量面，以免使其损伤。

取好尺寸的卡钳，应放在稳妥的地方，以免影响开度。

用取好尺寸的外卡钳去检验工件的外径时，要使卡钳两个钳脚测量面的连线与工件的轴线垂直相交，如图 1.8 所示。测量时，从工件正上方利用卡钳的自重下垂，使其滑过工件的外圆。如果这时外卡钳与工件恰好是点接触，则工件外径与卡钳尺寸相符。卡钳与工件接触过紧或过松都表示工件外径与卡钳尺寸不符。

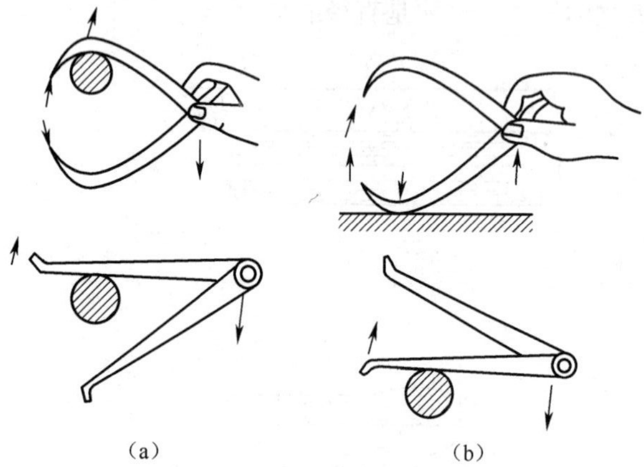

（a）　　　　　　　（b）

图 1.7　卡钳开度的调整方法

（a）开度过小时；（b）开度过大时

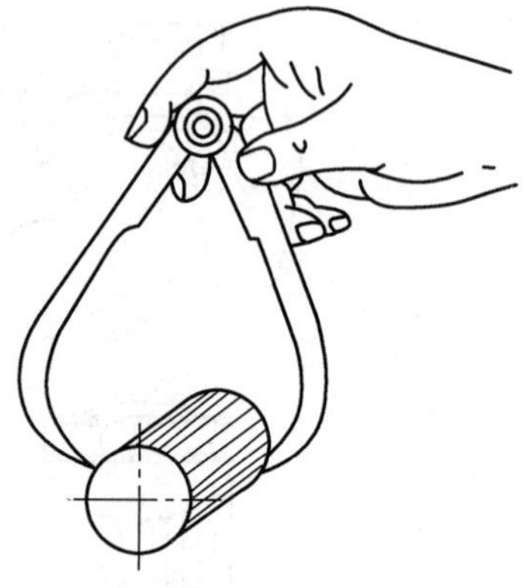

图 1.8　外卡钳测量外径的方法

工件在旋转时，不能用卡钳去测量，否则会使钳口磨损，甚至可能造成事故。

（2）内卡钳

用内卡钳测量内径的方法如图 1.9 所示。用两手将钳脚开至孔径的大约长度，右手大拇指和食指握住卡钳的铆接部位，将一个钳脚置于孔口边，用左手固定，另一个钳脚置于孔的

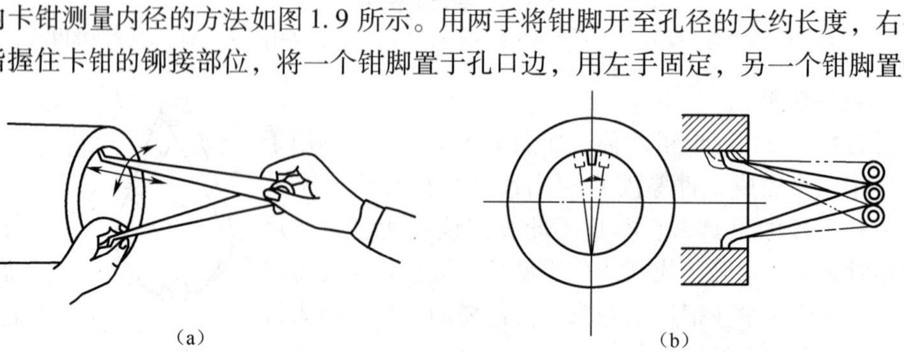

（a）　　　　　　　　　　　（b）

图 1.9　用内卡钳测量内径的方法

（a）握法；（b）测量方法

上口边，如图1.9（a）所示，并沿孔壁的圆周方向摆动，摆动的距离为2~4 mm，当感觉过紧时需减小内卡钳的开度；反之，需增大开度，直到调整到适度为止。在圆周方向上测量的同时，再沿孔的轴向测量，直至该方向上卡钳的开度为最小，如图1.9（b）所示。

用钢尺读内卡钳的开度如图1.10所示。将钢尺及内卡钳的一个钳脚测量面一同垂直地立在平面上，使内卡钳另一个钳脚的测量面与钢尺刻度重合，然后从水平方向读出钢尺上的刻度。

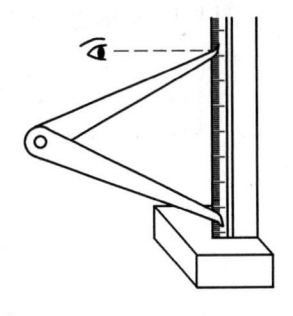

图1.10 用钢尺读内卡钳的开度

3. 游标卡尺的使用

游标卡尺是一种结构简单、比较精密的量具，可以直接量出工件的外径、内径、长度和深度的尺寸，其结构如图1.11所示。它由主尺和副尺组成。主尺与固定卡脚制成一体，副尺和活动卡脚制成一体，并能在主尺上滑动。游标卡尺有0.02 mm、0.05 mm、0.1 mm 3种测量精度。

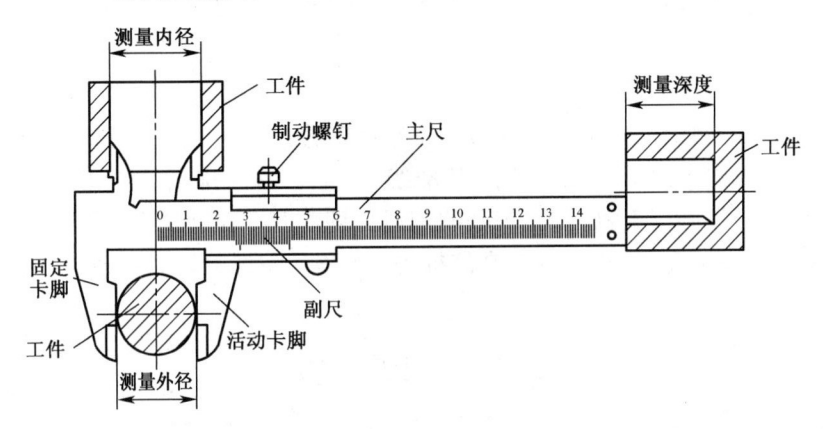

图1.11 游标卡尺

（1）游标卡尺的刻线原理

图1.12所示为0.02 mm游标卡尺的刻线原理。主尺每小格是1 mm，当两卡脚合并时，主尺上49 mm刚好等于副尺上50格，副尺每格长为49/50 mm，即0.98 mm，主尺与副尺每格相差为1 mm - 0.98 mm = 0.02 mm。因此，它的测量精度为0.02 mm。

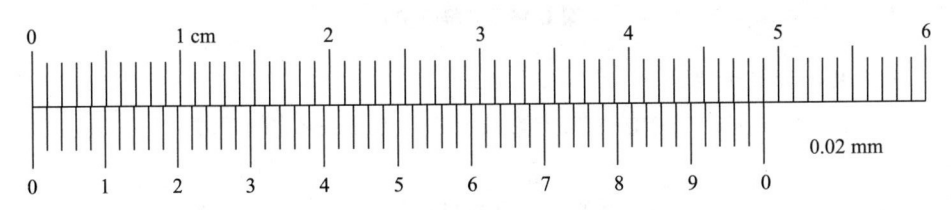

图1.12 0.02 mm游标卡尺刻线原理

（2）游标卡尺的读数方法

在游标卡尺上读尺寸时可以分为3个步骤：第1步读整数，即读出副尺零线左面主尺上的整毫米数；第2步读小数，即读出副尺与主尺对齐刻线处的小数毫米数；第3步把两次读数加起来。

图 1.13 所示为 0.02 mm 游标卡尺的尺寸读法。

2 mm+0.42 mm=2.42 mm

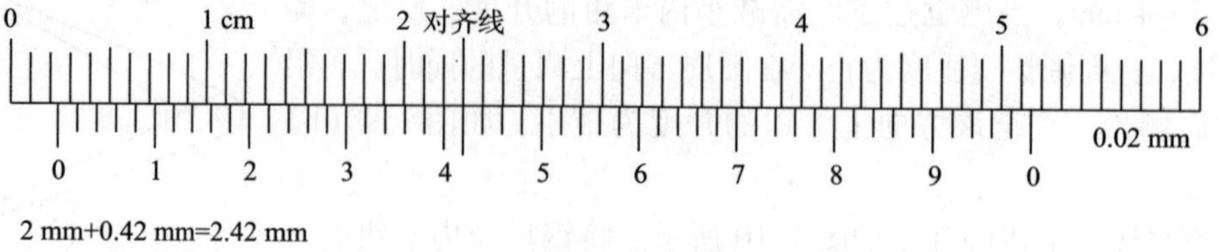

图 1.13　0.02 mm 游标卡尺的尺寸读法

用游标卡尺测量工件时，应使卡脚逐渐靠近工件并轻微地接触，同时注意不要歪斜，以防读数产生误差。

4. 千分尺的使用

千分尺是一种精密量具。生产中常用的千分尺的测量精度为 0.01 mm。它的精度比游标卡尺高，并且比较灵敏，因此，对于加工精度要求较高的零件尺寸，要用千分尺来测量。千分尺的种类很多，有外径千分尺、内径千分尺、深度千分尺等，以外径千分尺用得最为普遍。

（1）千分尺的刻线原理

图 1.14 所示为测量范围为 0～25 mm 的外径千分尺。弓架左端有固定砧座，右端的固定套筒在轴线方向上刻有一条中线（基准线），上、下两排刻线互相错开 0.5 mm，即主尺。活动套筒左端圆周上刻有 50 等分的刻线，即副尺。活动套筒转动一周，带动螺杆一同沿轴向移动 0.5 mm。因此，活动套筒每转过 1 格，螺杆沿轴向移动的距离为 $0.5/50 = 0.01$ mm。

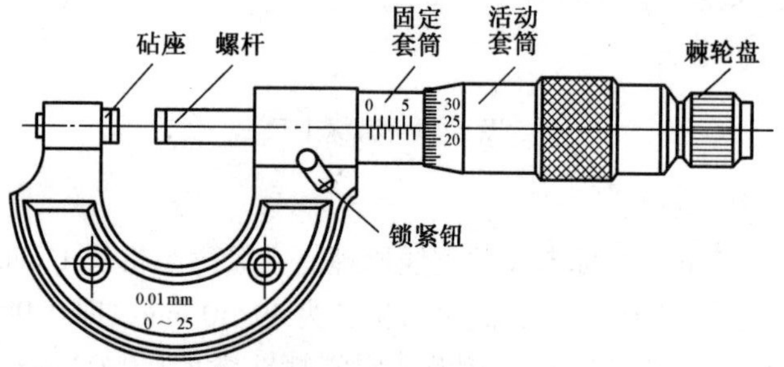

图 1.14　外径千分尺

（2）千分尺的读数方法

被测工件的尺寸 = 副尺所指的主尺上整数（应为 0.5 mm 的整倍数）＋主尺中线所指副尺的格数 ×0.01。

图 1.15 所示为千分尺的几种读数。读取测量数值时，要防止读错 0.5 mm，也就是要防止在主尺上多读半格或少读半格（0.5 mm）。

（3）千分尺的使用注意事项

①千分尺应保持清洁，使用前应先校准尺寸，检查活动套筒上零线是否与固定套筒上基准线对齐，如果没有对准，必须进行调整。

②测量时，最好双手掌握千分尺，左手握住弓架，用右手旋转活动套筒。当螺杆即将接

触工件时，改为旋转棘轮盘，直到棘轮发出"咔咔"声为止。

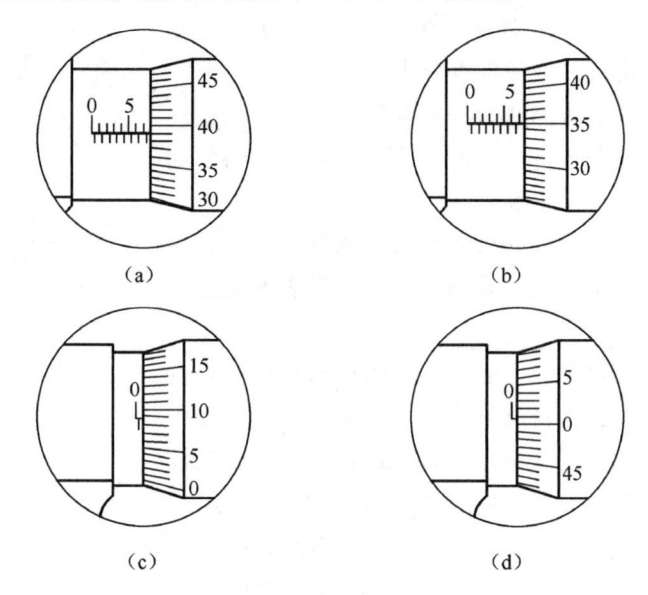

图 1.15 千分尺读数
(a) 7.5 mm + 39 × 0.01 mm = 7.89 mm；(b) 7 mm + 35 × 0.01 mm = 7.35 mm；
(c) 0.5 mm + 9 × 0.01 mm = 0.59 mm；(d) 0 + 1 × 0.01 mm = 0.01 mm

③从千分尺上读取尺寸，可在工件被取下前进行，读完后，松开千分尺，再取下工件。也可将千分尺用锁紧钮锁紧后，把工件取下后读数。

④千分尺只适用于测量精确度较高的尺寸，不能测量毛坯面，更不能在工件转动时去测量。

5. 百分表的使用

百分表是精密量具，主要用于校正工件的安装位置，检验零件的形状、位置误差，以及测量零件的内径等。常用的百分表测量精度为 0.01 mm。

（1）百分表的刻度原理

图 1.16 所示的百分表刻度盘上刻有 100 个等分格，大指针每转动一格，相当于测量杆移动 0.01 mm。当大指针转一周时，小指针转动一格，相当于测量杆移动 1 mm。用手转动表壳时，刻度盘也跟着转动，可使大指针对准刻度盘上的任一刻度。

（2）百分表的读数方法

先读小指针转过的刻度数（即毫米整数），再读大指针转过的刻度数（即小数部分）并乘以 0.01，然后两者相加，即得到所测量的数值。

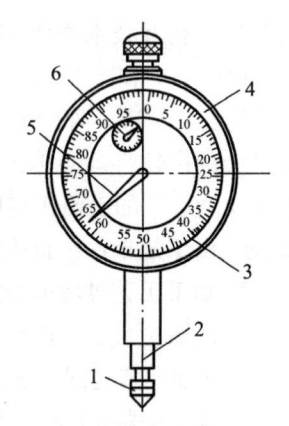

图 1.16 百分表
1—测量头；2—测量杆；
3—刻度盘；4—表壳；
5—大指针；6—小指针

（3）百分表的使用注意事项

①使用前，应检查测量杆活动的灵活性，即轻轻推动测量杆时，测量杆在套筒内的移动要灵活，没有任何轧卡现象，且每次手松开后，指针能回到原来的刻度位置。

②使用时，必须把百分表固定在可靠的夹持架上，如图1.17所示，切不可贪图省事，随便夹在不稳固的地方，否则容易造成测量结果不准确，或摔坏百分表。

③测量平面时，百分表的测量杆要与平面垂直；测量圆柱形工件时，测量杆要与工件的中心线垂直，否则，将使测量杆活动不灵活或测量结果不准确。

④测量时，不要使测量杆的行程超过它的测量范围，不要使表头突然撞到工件上，也不要用百分表测量表面粗糙或有显著凹凸不平的工件。

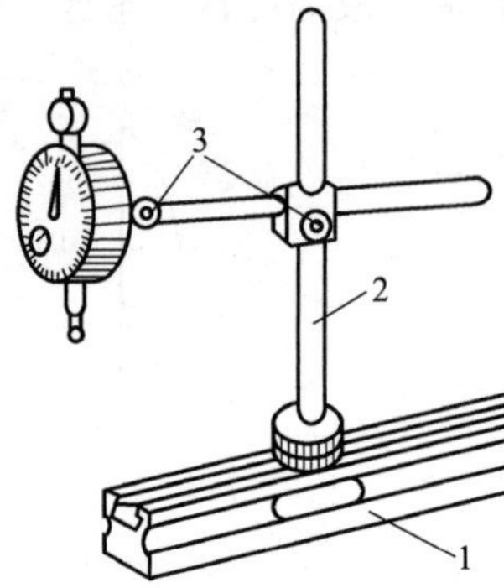

⑤为方便读数，在测量前一般都让大指针指到刻度盘的零位。对零位的方法是：先将测量头与测量面接触，并使大指针转过一圈左右（目的是在测量中既能读出正数，也能读

图 1.17　百分表的夹持

1—底座；2—座架；3—固定螺母

出负数），然后把表夹紧，并转动表壳，使大指针指到零位。再轻轻提起测量杆几次，检查放松后大指针的零位有无变化。如无变化，说明已对好，否则要再对。

⑥百分表不用时，应使测量杆处于自由状态，以免使表内弹簧失效。

三、项　目　实　施

（一）实训准备

1. 加工件的准备

棒料 1 块，材料为 45 钢，规格为 $\phi60 \times 265$。

2. 结构及技术条件分析

由图 1.1 和图 1.18 可知，传动轴的轴颈 M、N 是安装轴承的支承轴颈，也是该轴装入箱体的安装基准。外圆 P 上装有蜗轮，运动可通过蜗杆传给蜗轮，减速后，通过装在轴外圆 Q 上的齿轮将运动传出。因此，轴颈 M、N 外圆 P、Q 尺寸精度高，公差等级均为 IT6。轴肩 G、I、H 的表面粗糙度 Ra 值为 0.8 μm，并且有相互位置精度的要求，所以零件材料选45 钢；由于是单件小批生产，所以毛坯选用热轴圆钢料，调质处理硬度为 24 ~ 28HRC。

3. 加工工艺过程分析

（1）确定主要表面加工方法和加工方案

传动轴大多是回转表面，主要是采用车削和外圆磨削。由于该轴主要表面 M、N、P、Q 的公差等级较高（IT6），表面粗糙度值较小（Ra0.8 μm），最终加工应采用磨削。

（2）划分加工阶段

该轴加工划分为 3 个加工阶段，即粗车（粗车外圆、钻中心孔）、半精车（半精车各处外圆、台肩和修研中心孔等）和粗精磨各处外圆。各加工阶段大致以热处理为界。

（3）选择加工基准

轴类零件的定位基面，最常用的是两中心孔。因为轴类零件各外圆表面、螺纹表面的同轴度及端面对轴线的垂直度是相互位置精度的主要项目，而这些表面的设计基准一般都是轴的中心线,采用两中心孔定位就能符合基准重合原则。而且多数工序都采用中心孔作为定位基面,能最大限度地加工出多个外圆和端面,这也符合基准统一原则。

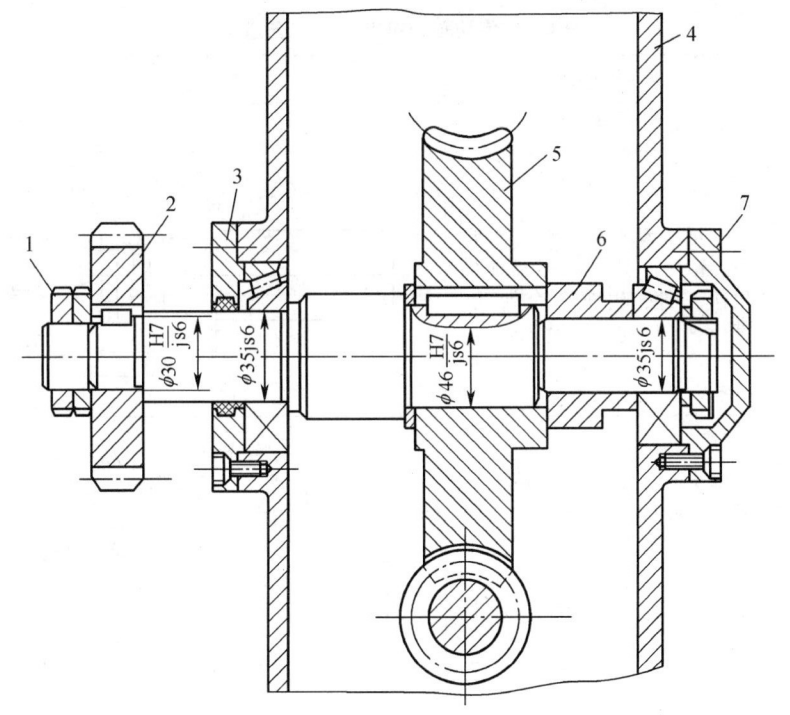

图1.18 减速器传动轴装配图
1—锁紧螺母;2—齿轮;3,7—轴承盖;4—箱体;5—蜗轮;6—隔套

4. 热处理工序的安排

该轴需进行调质处理。它应放在粗加工后、半精加工前进行。如采用锻件毛坯,必须首先安排退火或正火处理。该轴毛坯为热轧钢,可不必进行正火处理。

5. 加工顺序安排

除了应遵循加工顺序安排的一般原则,如先粗后精、先主后次等,还应注意以下事项。

①外圆表面加工顺序应为先加工大直径外圆,再加工小直径外圆,以免一开始就降低了工件的刚度。

②轴上的花键、键槽等表面的加工应在外圆精车或粗磨之后、精磨外圆之前进行。轴上矩形花键的加工,通常采用铣削和磨削加工,产量大时常用花键滚刀在花键铣床上加工。以外径定心的花键轴,通常只磨削外径,而内径铣出后不必进行磨削,但当经过淬火而使花键扭曲变形过大时,也要对侧面进行磨削加工。以内径定心的花键,其内径和键侧均需进行磨削加工。

③轴上的螺纹一般有较高的精度,如安排在局部淬火之前进行加工,则淬火后产生的变形会影响螺纹的精度。因此,螺纹加工宜安排在工件局部淬火之后进行。

6. 工艺路线的拟定

轴类零件通常以车削、磨削为主要加工方法。其工艺路线如下:下料—车端面、钻中心孔—粗车各外圆表面—正火或调质—修研中心孔—半精车和精车各外圆表面、车螺纹—铣键槽或花键—热处理(淬火)—修研中心孔—粗磨外圆—精磨外圆—检验入库(每道工序后都有检验工序）。

机械加工工艺过程的制订，如表 1.1 所示。

表 1.1　传动轴的机械加工工艺过程

工序号	工种	工序内容	加工简图	设备
1	下料	$\phi 60$ mm $\times 265$ mm		锯床
2	车	三爪卡盘夹持工件，车端面，钻中心孔。用尾架顶尖顶住工件，粗车 3 个台阶，直径、长度均留余量 2 mm		车床
		调头，三爪卡盘夹持工件另一端，车端面保证总长 259 mm，钻中心孔。用尾架顶尖顶住，粗车另外 4 个台阶，直径、长度均留余量 2 mm		车床
3	热处理	调质处理 24～28HRC		电炉
4	钳	修研两端中心孔		车床
5	车	双顶尖装夹，半精车 3 个台阶。车螺纹大径到 $\phi 24^{-0.1}_{-0.2}$ mm，其余两个台阶直径上留余量 0.5 mm，车槽、倒角各 3 个		车床
6	车	调头，双顶尖装夹，半精车 5 个台阶。$\phi 44$ mm 及 $\phi 52$ mm 台阶车到图样规定的尺寸。螺纹大径车到 $\phi 24^{-0.1}_{-0.2}$ mm，其余两台阶直径上各留余量 0.5 mm，切槽 3 个，倒角 4 个		车床

· 22 ·

续表

工序号	工种	工序内容	加工简图	设备
7	车	双顶尖装夹，车一端螺纹 M24×1.5-6g。调头，双顶尖装夹，车另一端螺纹 M24×1.5-6g		车床
8	钳	划键槽及止动垫圈槽加工线		工作台
9	铣	铣两个键槽及止动垫圈槽。键槽深度比图纸规定尺寸深 0.25 mm，作为磨削的余量		铣床
10	钳	修研两端中心孔		车床
11	磨	磨外圆 Q、M，靠磨台肩 H、I。调头，磨外圆 N、P，靠磨台肩 G		外圆磨床
12	检验	按图纸要求检验		检具

(二) 机床操作技术

见项目六~项目九。

(三) 零件加工后的检验

单件小批量生产中，尺寸精度一般用外径千分尺检验；大批量生产时，常采用光滑极限量规检验，长度大而精度高的工件可用比较仪检验。表面粗糙度可用粗糙度样板进行检验；要求较高时则用光学显微镜或轮廓仪检验。圆度误差可用千分尺测出的工件同一截面内直径的最大差值之半来确定，也可用千分表借助 V 形铁来测量；若条件许可，可用圆度仪检验。圆柱度误差通常用千分尺测出同一轴向剖面内最大与最小值之差的方法来确定。主轴相互位置精度检验一般以轴两端顶尖孔或工艺锥堵上的顶尖孔为定位基准，在两支承轴颈上方分别用千分表测量。

四、知　识　扩　展

（一）金属材料现场鉴别方法

1. 火花鉴别

火花鉴别是指将钢与高速旋转的砂轮接触，根据磨削产生的火花形状、"花粉"和颜色，近似地确定钢的化学成分的方法。火花鉴别的原理是：钢被砂轮磨削成高温微细颗粒高速抛射出来，在空气中剧烈氧化，金属微粒产生高热和发光，形成明亮的流线，并使金属微粒熔化达熔融状态，其中所含的碳及金属元素被氧化形成流线和气体的爆裂而成火花。根据流线和火花特征，可大致鉴别钢的化学成分。

钢材在砂轮上磨削时所射出的火花是由根部火花、中部火花和尾部火花构成的火花束。磨削时由灼热粉末形成的线条状火花称为流线，流线在飞行途中爆炸而发出稍粗而明亮的点称为节点。火花在爆裂时所射出的线条称为芒线，芒线所组成的火花称为节花。爆花分一次花、二次花、三次花、四次花，如图 1.19 所示。芒线附近呈现明亮的微小细点称为花粉。

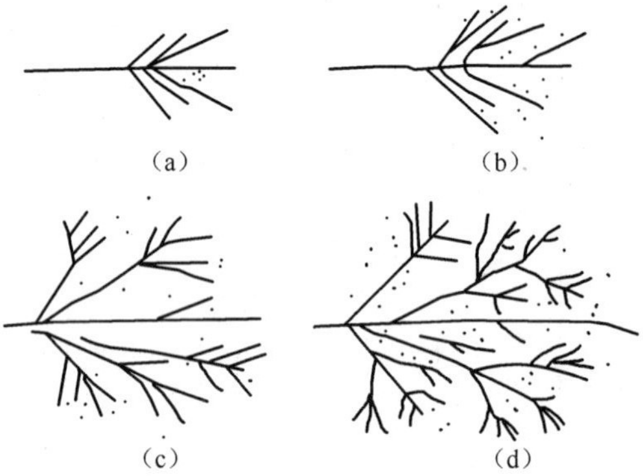

图 1.19　爆花的各种形式

（a）一次花；（b）二次花；（c）三次花；（d）四次花

（1）碳素钢火花的特征

碳是钢铁材料火花的基本元素，也是火花鉴别法测定的主要成分。由于含碳量的不同，其火花形状也不同。

①低碳钢的火花。通常低碳钢的火花束较长，流线少，芒线稍粗，多为一次花，发光一般，颜色呈暗红色，花粉微少。15 钢的火花如图 1.20 所示。

②中碳钢的火花。中碳钢的火花束稍短，流线较细长而多，爆花分叉较多，开始出现二次花、三次花，花粉较多，发光较强，颜色为橙色。40 钢的火花如图 1.21 所示。

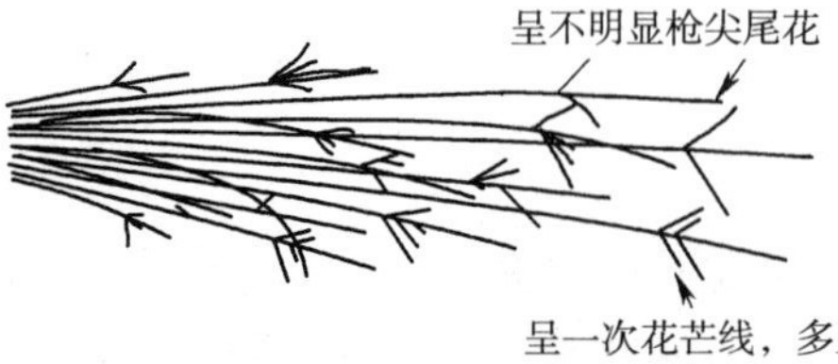

呈不明显枪尖尾花

呈一次花芒线，多叉

图 1.20　15 钢的火花

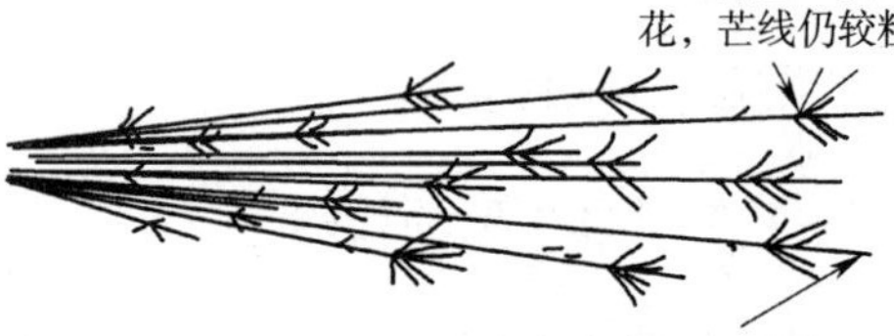

开始呈二次花，芒线仍较粗

尾部挺直，尖端流线有分叉现象

图 1.21　40 钢的火花

③高碳钢的火花。高碳钢的火花束较短而粗，流线多而细，碎花，花粉多，又分叉多且多为三次花，发光较亮。T10钢的火花如图1.22所示。

图1.22　T10钢的火花

④铸铁的火花。铸铁的火花束很粗，流线较多，一般为二次花，花粉多，爆花多，尾部渐粗下垂成弧形，颜色多为橙红。手感较软。

（2）合金钢火花的特征

①镍、硅、钼、钨等元素抑制火花爆裂。

②锰、钒、铬等元素却可助长火花爆裂。

如合金结构钢20CrMnTi钢的火花为黄色加黑色；40CrMo钢的火花为绿色加紫色；GCr15钢的火花束白亮，流线稍粗而长，爆裂多为一次花，花型较大，呈大星形，分叉多而细，附有碎花粉，爆裂的火花心较明亮；W18Cr4V钢的火花束细长，流线数量少，无火花爆裂，色泽呈暗红色，根部和中部为断续流线，尾花呈弧状，W18Cr4V钢的火花如图1.23所示。不锈钢1Cr18Ni9Ti钢的火花为蓝绿色；热作模具钢5CrMnMO钢的火花为紫色加白色。

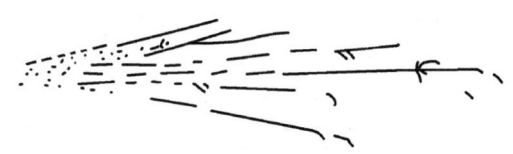

图1.23　W18Cr4V钢的火花

2. 断口鉴别

材料或零部件因受某些物理、化学或机械作用的影响而破断，此时所形成的自然表面称为断口。生产现场根据断口的自然形态判定材料的韧脆性，从而推断材料含碳量的高低。

若断口呈纤维状，无金属光泽，颜色发暗，无结晶颗粒，且断口边缘有明显的塑性变形特征，则表明钢材具有良好的塑性和韧性，其含碳量偏低。

若断口齐平，呈银灰色，且具有明显的金属光泽和结晶颗粒，则表明属脆性材料。

而过共析钢或合金钢经淬火后，断口呈亮灰色，具有绸缎光泽，类似于细瓷器断口特征。

常用钢铁材料的断口特点如下：

①低碳钢不易敲断，断口边缘有明显的塑性变形特征，有微量颗粒。

②中碳钢的断口边缘的塑性变形特征没有低碳钢明显，断口颗粒较细、较多。

③高碳钢的断口边缘无明显塑性变形特征，断口颗粒很细密。

④铸铁极易敲断，断口无塑性变形，晶粒粗大，呈暗灰色。

3. 声鉴别法

生产现场有时也根据钢铁敲击时声音的不同，对其进行初步鉴别。

①当原材料钢中混入铸铁材料时，由于铸铁的减振性较好，敲击时声音较低沉，而钢材敲击时则可发出较清脆的声音。

②淬火件（包括钢铁件及铝件）硬度高者跌落（或敲击）时声音清脆悦耳；硬度较低者跌落（或敲击）时声音较低沉。

若要准确地鉴别材料，在以上几种现场鉴别方法的基础上，还应采用化学分析、金相检验、硬度试验等实验室分析手段对材料进行进一步的鉴别。

(二) 机床的安全操作规程

1. 车床的安全操作规程

①工作前按规定润滑机床，检查各手柄是否到位，并开慢车试运转 5 min，确认一切正常方能操作。

②卡盘夹头要上牢固，开机时扳手不能留在卡盘或夹头上。

③工件和刀具装夹要牢固，刀杆不应伸出过长（镗孔除外）；转动小刀架要停车，防止刀具碰撞卡盘、工件或划破手。

④工件运转时，操作者不能正对工件站立，身不靠车床，脚不踏油盘。

⑤高速切削时，应使用断屑器和挡护屏。

⑥禁止高速反刹车，退车和停车要平稳。

⑦清除铁屑，应用刷子或专用钩。

⑧一切在用工具、量具、刃具应放于附近的安全位置，做到整齐有序。

⑨车床未停稳，禁止在车头上取工件或测量工件。

⑩临近下班，应清扫和擦拭车床，并将尾座和溜板箱退到床身最右端。

2. 铣床的安全操作规程

①操作前检查铣床各部位手柄是否正常，按规定加注润滑油，并低速试运转 1 ~ 2 min 方能操作。

②工作前应穿好工作服，女工要戴工作帽，操作时严禁戴手套。

③装夹工件要稳固。装卸、对刀、测量、变速、紧固芯轴及清洁机床都必须在机床停稳后进行。

④工作台上禁止放置工量具、工件及其他杂物。

⑤开车时，应检查工件和铣刀相互位置是否恰当。

⑥铣床自动走刀时，手把与丝扣要脱开；工作台不能走到两个极限位置，限位块应安置牢固。

⑦铣床运转时，禁止徒手或用棉纱清扫机床，人不能站在铣刀的切线方向，更不得用嘴吹切屑。

⑧工作台与升降台移动前，必须将固定螺钉松开；不移动时，将螺母拧紧。

⑨刀杆、拉杆、夹头和刀具要在开机前装好并拧紧，不得利用主轴转动来帮助装卸。

⑩实训完毕应关闭电源、清扫机床，并将手柄置于空位，工作台移至正中。

思考与实训

1. 金属材料的力学性能包括哪些指标？说明各自的含义。

2. 金属材料的工艺性能包含哪些方面？

3. 机床齿轮采用 45 钢制造，要求表面硬度 50 ~ 55HRC，芯部有良好的综合力学性能，加工工艺路线为：下料—锻造—热处理 1—粗加工—热处理 2—精加工—热处理 3—磨削加工。

①说明工序中各热处理的方法及其作用。

②如果用20CrMnTi代替45钢，热处理工艺应如何变化？

4. 说明下列零件的淬火及回火温度，并说明回火后的组织和硬度范围。

①45钢小轴。

②60钢弹簧。

③T12钢锉刀。

5. 试说明下列加工方法的主运动和进给运动：

车端面；车床钻孔；车床车孔；钻床钻孔；镗床镗孔；牛头刨床刨平面；铣床铣平面；插床插键槽；外圆磨床磨外圆；内圆磨床磨内孔。

6. 切削加工性有哪些指标？如何改善材料的切削加工性？

7. 试述游标卡尺、外径千分尺、百分表的读数方法。

项目二　铸　　造

项目目标

- 熟悉型砂和芯砂的种类、组成及性能。
- 掌握手工整模造型的生产工艺过程、特点和应用。
- 了解冲天炉的构造和工作原理。
- 了解浇注系统的组成、分类及作用。
- 分清零件、模样和铸件之间的主要区别。
- 了解铸件常见的缺陷及其产生的主要原因。
- 掌握砂型铸造的基本操作技术。

一、项目导入

用铸造方法生产异口径管的毛坯件。

异口径管的零件如图 2.1 所示，其材质牌号为 HT150，生产 12 件，铸造圆角半径均为 10 mm，要求铸件无缺陷。

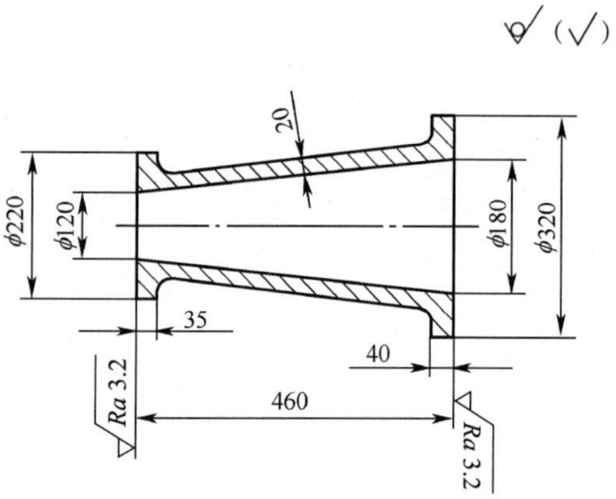

二、相关知识

图 2.1　异口径管零件

（一）型砂和芯砂

型（芯）砂是由原砂、黏结剂、水及其他附加物（如煤粉、重油、木屑等）经混制而成的。根据黏结剂的种类不同，可分为黏土砂、水玻璃砂、有机黏结砂等。

1. 黏土砂

黏土砂是铸造生产中最常用的型砂，它是由原砂、黏土、附加物及水按一定比例混制而成。黏土砂根据浇注时的干燥情况分为湿型、表干型及干型 3 种。表干型和干型通常强度较高，水分较低，适合于铸造一些大型复杂件；而一般生产中，小铸件则采用湿型。

黏土砂的质量受原砂的矿物组成和含泥量、原砂的颗粒组成和黏土种类的影响。原砂的矿物组成和含泥量对原砂的耐火度、热化学稳定性和复用性都有很大的影响，因此直接关系到铸件质量。例如，石英是原砂中的主要矿物组成成分，其耐火度和硬度都较高，故其含量越高，复用性越好。而铁的氧化物和硫化物的熔点和硬度都比石英低，因此它们的存在对原砂性能有害。原砂中黏土含量对型砂的透气性和强度有很大影响。

原砂颗粒的组成主要是指颗粒大小、不同颗粒之间的比例、颗粒形状和表面状况等,它们对型砂的强度、透气性、流动性和可塑性都有很大影响,因此也是判断原砂质量的重要指标之一。黏土是型砂中应用最广的一种黏结剂,它的主要成分是颗粒细小的硅酸盐铝矿物。根据它含有的黏土矿物不同,可分为普通黏土和膨润土两种。由于膨润土的颗粒更细,表面和层间均可吸附水分,故其湿态时结力比普通黏土好。但由于膨润土失水后体积收缩大,容易引起砂型和砂芯的开裂,所以一般不单独用膨润土作为干型的黏结剂。

不同型砂的成分配比应根据合金的种类、铸件的尺寸和技术条件、造型方法及原材料的性能等进行综合考虑。对铸铁用型砂,湿型中加煤粉(或重油)是为了提高其抗夹砂能力。在湿型、干型中加 0.5%~2% 木屑是为了保证砂型具有良好的透气性、退让性和高的抗夹砂能力。由于干型所用原砂很粗,为保证铸件表面质量,必须使用由石墨粉、膨润土、水玻璃和水配制的涂料;对铸钢用型砂,由于其浇注温度高(在 1 500 ℃左右),钢液密度和收缩大,铸件易产生氧化、黏砂、夹砂、变形和裂纹等缺陷,因此型砂应有较高的耐火度、好的透气性和退让性、低的发气性和热膨胀性。故铸钢用原砂为耐火度高的石英砂,且粒度比铸铁的粗。加纸浆或糖浆是为了提高砂型表面强度。干型均要刷涂料,以防铸件黏砂;对于铝(镁)合金用型砂,由于其密度小、浇注温度低、易氧化,故对型砂的耐火度无严格要求。对型砂的透气性和强度也相应要求较低,主要是要求型砂必须干净,否则易使铸件产生气孔。此外,要求原砂粒度较细,以获得表面光洁、轮廓清晰、尺寸精确的铸件。

由于黏土砂的性能基本能满足铸造工艺要求,且黏土储备量丰富,来源广,价格低,故被广泛应用于各种黑色和有色合金铸件的生产,其用量占整个型砂用量的 70%~80%。一般大型、复杂的重要铸件用干型(芯)砂或表面干型砂,而中小型铸件或成批大量生产铸件大都采用湿型砂。铸铁件湿型砂的配方及其性能如表 2.1 所示。

表 2.1 铸铁件湿型砂的配方及其性能

使用范围	型砂成分/%							性能		
	新砂	旧砂	膨润土	煤粉	碳酸钠	重油	水分/%	湿压强度/($\times 10^4$ Pa)	湿透气性
面砂	40~50	50~60	4~5	4~5	0~0.2	1~1.5	4.5~5.5	9~11	>50
背砂	0~10	90~100	0~1.5	—	—	—	4.5~5.5	6~8	>80
单一砂	10~20	80~90	2~3	2~3	0~0.1	0~1.0	4.0~5.0	7~9	>80

2. 水玻璃砂

水玻璃砂是用水玻璃做黏结剂的型(芯)砂,它是由原砂、水玻璃、附加物等组成。水玻璃砂铸型或型芯无须烘干,通常向铸型或型芯吹入气体便可快速硬化。其原理在于其为酸性氧化物,能与水玻璃(硅酸钠水溶液)水解产物中的 NaOH 反应,从而促使硅酸溶胶的生成,并将砂粒包裹连接起来,使型(芯)砂具有一定的强度。它的硬化过程主要是化学反应的结果,并可采用多种方法使之自行硬化,因此也称为化学硬化砂。与黏土砂相比,它有许多优点:型砂流动性好,易于紧实,劳动强度低;可简化造型(芯)工艺,缩短生产周期,提高生产率;可在铸型(芯)硬化后再起模及拆除芯盒,因此能得到尺寸精度高的铸型(芯);铸件缺陷少,内在质量高;车间的生产环境较好。但一般水玻璃砂湿强度低，黏模倾向大，高温溃散性差，退让性差，出砂困难，回用性差，因而它的应用受到一定限制。目前，主要用于铸钢件生产，在铸铁和有色合金铸造中很少使用。为提高其湿强度，可在水玻璃砂中加3%～5%的黏土。为提高型砂的流动性，减小黏模倾向和改善溃散性，可在型砂中加0.5%～1%的重油或柴油。

3. 有机黏结砂

有机黏结砂是用植物油、合脂和树脂做黏结剂，将原砂、黏土、附加物和水混制而成的一种型砂，它主要用作芯砂。

（1）植物油砂

植物油砂一般用亚麻油、桐油、豆油等做黏结剂，其主要特性是有高的干强度、低的发气量、小的吸湿性、好的流动性和不易黏模。同时，植物油在高温燃烧分解时可生成还原性气体，形成气体隔膜，有利于提高铸件内腔的表面光洁度，并使砂芯具有良好的透气性、退让性和溃散性。但其湿强度太低，不易打芯，烘干前和烘干过程中容易变形。为提高其湿强度，通常在油砂中加入少量黏土或纸浆废液。由于植物油来源有限，且是重要的工业原料，所以很少用作黏结剂。

（2）合脂砂

合脂砂用制皂生产中的石蜡经氧化、蒸馏提取皂用脂肪酸后所剩下的残液，经煤油或汽油稀释后做黏结剂。其性能与植物油砂相近。干强度高、透气性和退让性好、发气量较低、不吸湿。但单纯用合脂配制的芯砂湿强度低，砂芯易发生变形，甚至倒塌。为此，通常在合脂砂中加适量糊精、纸浆、黏土等以提高湿强度。此外，合脂砂比植物油砂易黏模，因此要严格控制合脂黏度、加入量和合脂砂的含水量。合脂是工业的副产品，来源广、价格低，且合脂砂性能与植物油砂相近，故得到了广泛推广和使用。

（3）树脂砂

树脂砂是用合成树脂做黏结剂，它是一种新型的制芯或造型材料。制芯时，只要在芯盒内通入固化剂（乌洛托品）或加热，树脂在芯盒内就可迅速固化，将砂粒固结在一起。树脂砂的主要优点是发气量比植物油砂低，透气性好，固化后干强度高，且溃散性好，因此铸件质量高。此外，砂型或型芯能自行硬化或稍加热就固化，故可节省能源，节省工时费用，且工艺过程简单，易实现机械化和自动化，适于成批大量生产。其主要问题是有少量游离甲醛气味污染环境，成本较高，其质量和生产率受气候的影响。

根据铸造工艺要求，将上述各种材料按一定的配比混制后便成为砂型铸造所需的型（芯）砂，其质量直接影响到铸件的质量。质量差的型（芯）砂，易使铸件产生气孔、砂眼、黏砂、夹渣和裂纹等缺陷。这是由于在砂型铸造中，当高温液态金属浇入铸型后，将与铸型发生激烈的热交换作用、化学作用和机械作用，其结果必然对铸件的质量产生重要影响，若在金属表面结构具有足够强度之前，在铸型的型腔内、外层发生分离或表层掉砂，将会导致铸件中产生夹砂或表面缩沉等缺陷。液态金属对铸型的热作用，还会使铸型中的各种附加物和有机物发生化学反应，产生气体和氧化物，从而可能使铸件产生气孔、氧化和夹渣等缺陷。例如铝合金在通常的浇注温度下，铝与水汽会发生化学反应，产生三氧化二铝和氢气，并放出大量热，其结果会导致在铸件中形成夹渣和气孔等缺陷，并使铸件进一步氧化。此外，在浇注过程中，液态金属除对铸型产生冲刷和静压力作用外，金属与铸型间的这种机械作用可能会使铸件产生砂眼、裂纹和尺寸超差等缺陷。

(二) 造型及造芯

造型是砂型铸造中最重要的工序之一。选择合理的造型方法对提高铸件质量、简化工艺操作和降低生产成本具有重要的影响。造型通常有手工造型和机器造型两大类。

1. 手工造型

手工造型是指用手工进行紧砂、起模、修型、下芯、合箱等主要操作过程的造型方法。手工造型是最基本的造型方法。其主要特点是适应性强、操作灵活、成本低、工艺装备简单、不需专用的复杂设备，因而广泛用于单件、小批生产中，特别是大型、复杂的铸件，往往要用手工造型。但这种造型方法劳动强度大，铸件质量不稳定，精度差，生产率低，要求工人的技术水平高、操作熟练。手工造型的方法很多，根据铸件的尺寸、形状、材料、生产批量等要求，在一般生产中主要有整模造型、分模造型、刮板造型、挖砂造型、活块造型、地坑造型等，应用最广的是两箱分模造型。表2.2所示为常用的手工造型方法。应根据铸件的结构形状、生产批量、技术要求、生产条件等选择较合理的造型方法。

表2.2 常用手工造型方法

造型方法	简图	特点	适应范围
整模造型		模样是整体结构，最大截面在模样一端且是平面；分型面多为平面，操作造型简便	适用于形状简单的铸件
分模造型		将模样沿外形的最大截面分成两半，并用定位销钉定位。其造型操作方法与整模造型基本相似，不同的是在造上型时，必须在下箱的模样上，靠定位销放正上半模样	适用于形状较复杂的铸件，特别是用于有孔的铸件，如套筒、阀体管子等
挖砂造型		铸件的外形轮廓为曲面或阶梯面，其最大截面亦是曲面，由于条件所限，模型不便分成两半。挖砂造型，操作麻烦，生产率低	仅用于形状较复杂铸件的单件生产
假箱造型		假箱一般是用强度较高的型砂制成，舂得比砂箱造型硬。假箱造型可免去挖砂操作，提高造型效率	适用于用挖砂造型且具有一定批量的铸件的生产
三箱造型		中型的上、下两面是分型面，且中箱高度与中型的模样高度相近。此方法操作较复杂，生产率较低	适用于两头大、中间小的形状复杂且不能用两箱造型的铸件

续表

造型方法	简图	特点	适应范围
刮板造型	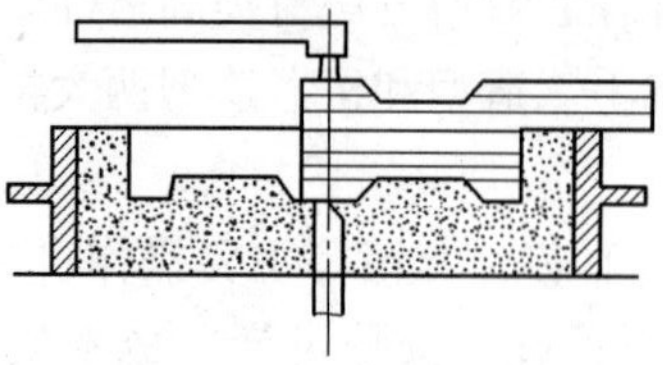	模样简单，节省制模材料和工时，但操作复杂，生产效率很低	用于大中型旋转体铸件的单件、小批量生产
地坑造型	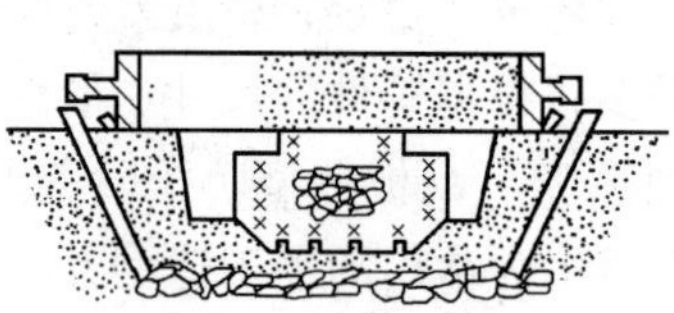	造型是利用车间地面砂床作为铸型的下箱。大铸件需在砂床下面铺以焦炭，埋上通气孔，地坑造型仅用或不用上箱即可造型，因而减少了造砂箱的费用和时间，但造型费时，生产效率低，要求工人技术水平高	适用于砂箱不足、生产批量不大、质量要求不高的中、大型铸件
组芯造型	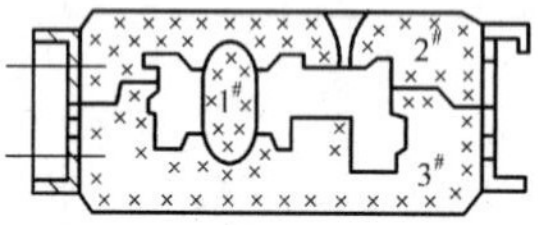	用若干块砂芯合成铸型而无须砂箱。它可提高铸件的精度，但成本高	适用于大批量生产形状复杂的铸件
活块造型	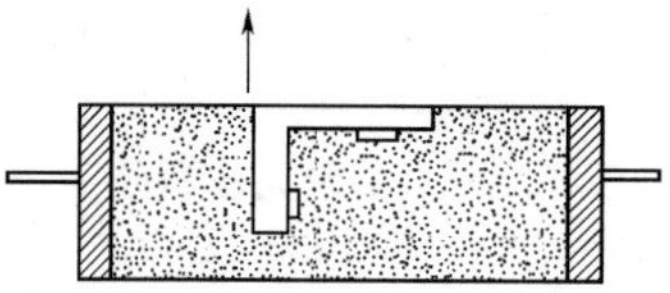	模样上可拆卸或活动的部分叫活块。要求造型特别细心，操作技术水平高，生产率低，质量也难以保证	单件、批量有凸起、难起模的铸件

2. 机器造型

机器造型是指用机器完成填砂、紧实、起模等主要工序的造型方法。它是现代化铸造车间的基本造型方法，机器造型与手工方法相比，其主要特点是铸件质量稳定，表面质量好，铸件精度高，加工余量小，生产效率高，劳动条件好，生产总成本低，便于实现自动化；需用专用设备和工艺装备（如模板、夹具、砂箱等），以及流水线上配套的各种机构，因而要投入较大的资金和技术力量，生产准备期长，故适用于大量和成批生产铸件。

机器造型的两个主要环节是铸型的紧实和起模。造型机的紧实方法很多，生产中最常用的是震压紧实和抛砂紧实。震压紧实可使型砂紧实度分布均匀，且生产率高，它是生产中、小型铸件的主要方法。

造型机的起模方法有顶箱起模、漏模起模和翻转起模。顶箱起模如图2.2所示，易掉砂，仅适用于型腔形状简单、高度较小的铸型，用于制造上箱，以省去翻箱工序。漏模起模如图2.3所示，避免了掉砂，故常用于形状复杂或高度较大的铸型。翻转起模如图2.4所示，不易掉砂，适用于型腔较深、形状复杂的下箱起模。

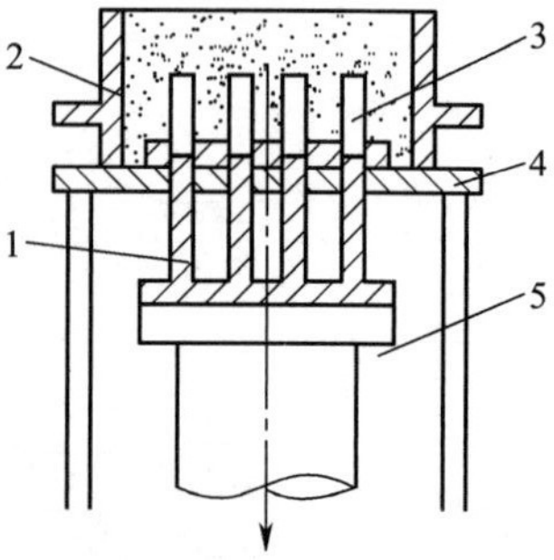

图2.2 顶箱起模

1—模样；2—砂箱；
3—型腔；4—漏板；5—工作台

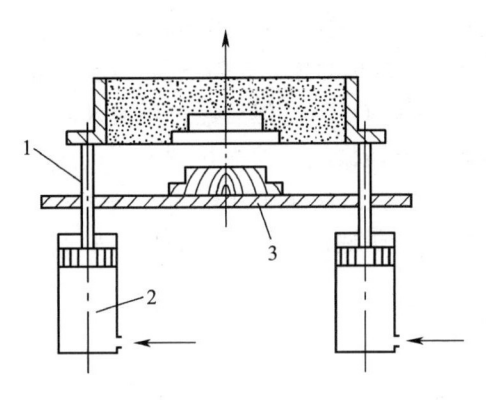

图 2.3　漏模起模
1—顶杆；2—气缸；3—模板

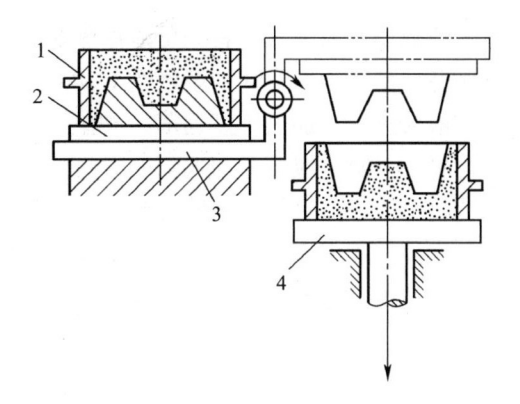

图 2.4　翻转起模
1—砂箱；2—模板；3—翻转板；4—接箱台

3. 制芯

型芯的主要作用是形成铸件的内腔，有时也形成铸件局部外形。型芯可用手工和机器制造，在单件、小批生产中多用手工制芯。但在成批、大量生产中，需用机器制芯才能满足高速造型线对砂芯量的需求。目前使用较多的是射芯机和壳芯机制芯。此外，在砂芯的表面刷一层涂料，可以提高耐高温性能，防止黏砂；砂芯烘干后，强度和透气性均能提高。

（三）铸铁的熔炼

熔炼铸铁的设备有冲天炉、电弧炉、感应炉等，其中以冲天炉应用最广。

1. 冲天炉的构造

冲天炉的构造如图 2.5 所示。炉壳由钢板焊成，内砌耐火砖炉衬，上部有加料口，下部有环形风带。从鼓风机鼓出的空气经风带、风口进入炉内。炉缸底部与前炉相通。前炉下部是出铁口，侧面上方有出渣口。

2. 炉料

冲天炉熔炼用的炉料包括金属料、燃料和熔剂。

（1）金属料

金属料主要是高炉生铁、回炉铁、废钢和铁合金等。其中，废钢的作用是降低铁水的含碳量，提高铸铁的力学性能；铁合金用来调整铁水的化学成分，如硅、锰、铬等元素的含量。

（2）燃料

冲天炉的燃料为焦炭。焦炭要求灰分少，发热值高，硫、磷含量低，并有一定块度要求。每批炉料中金属料与焦炭的质量之比称为铁焦比。铁焦比反映冲天炉的熔炼效率，一般冲天炉的铁焦比为 8∶1～12∶1，即消耗 1 t 焦炭可熔炼 8～12 t 铁水。

（3）熔剂

熔剂主要采用石灰石（$CaCO_3$）和萤石（CaF_2）。它们在熔炼过程中与铁水中的有害成分反应，产生熔点低、密度小、易流动的熔渣，便于和铁水分离。

3. 铸铁的熔炼过程

冲天炉是间歇工作的。每次开炉前需补耐火炉衬，填砌炉底和烘干预热。熔炼时先用木炭引火，然后加入底焦直到第一排风口以上 0.5～1.5 m 高度。当底焦烧旺后，按金属料、焦炭、熔剂的次序加入炉料，反复按序加料至加料口后进行鼓风。5～10 min 后，金属料在熔化区开始熔化，熔化区的温度约 1 200 ℃。金属液滴沿赤热的焦炭间隙下落，在下落的过程中铁液被进一步加热，直到落入炉缸，此时温度可达 1 600 ℃，然后经过桥流入前炉中。随着炉料的下降，应不断加入新的炉料。金属液在前炉不断聚集，液面达到出渣口高度后，从出渣口出渣，然后从出铁口出铁，对铸型进行集中浇注，出铁温度为 1 350 ℃～1 450 ℃。熔炼结束前，先停止加料，后停止鼓风，出完铁液，打开炉底门，将落下的炉料喷水浇灭，整个熔炼结束。一般每次连续熔炼时间为 4～8 h。

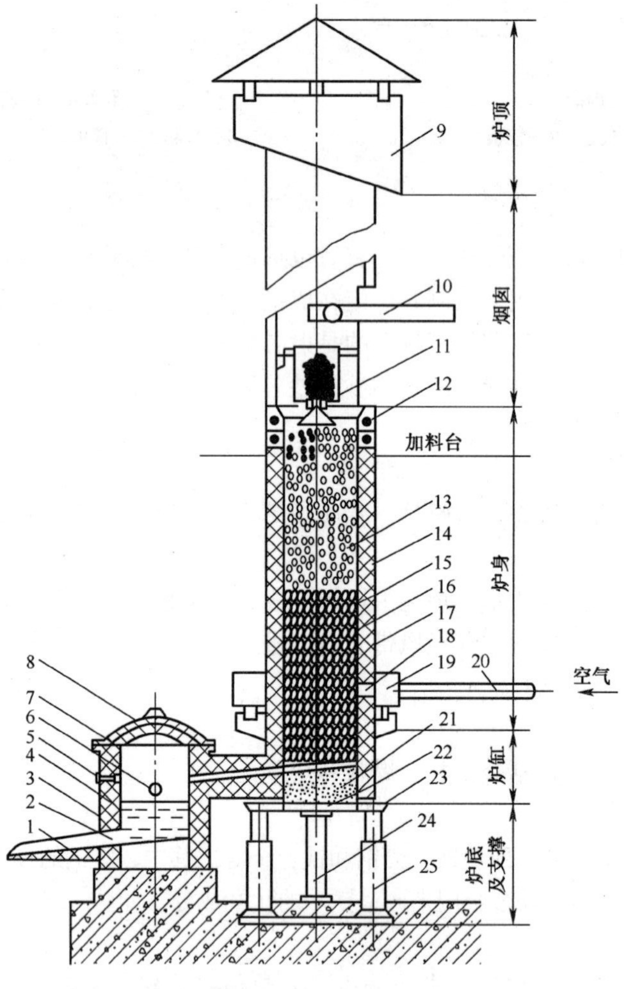

图 2.5　冲天炉的构造

1—铁槽；2—出铁口；3—前炉炉壳；4—前炉炉衬；5—过桥窥视孔；6—出渣口；7—前炉盖；

8—过桥；9—火花捕集器；10—加料机械；11—加料桶；12—铸铁砖；13—层焦；

14—金属炉料；15—底焦；16—炉衬；17—炉壳；18—风口；19—风箱；

20—进风口；21—炉底；22—炉门；23—炉底板；24—炉门支撑；25—炉腿

4. 冲天炉熔炼的特点

冲天炉熔炼的铸铁具有良好的铸造性能、操作方便、熔化率高、成本低、应用较广泛。其缺点是炉况不稳定、铁水化学成分波动大、热效率低、污染较大。目前感应电炉和电弧炉应用的比例逐步增加。

（四）浇注、落砂、清理

1. 浇注

把金属液浇入铸型的操作称为浇注。浇注系统是指为了将金属液导入型腔，而在铸型中开出的通道，其作用为：能平稳地将金属液导入并充满型腔，避免冲坏型腔和型芯；防止熔渣、砂粒或其他杂质进入型腔；能调节铸件的凝固顺序。

（1）浇注系统组成

浇注系统由浇口杯（外浇口）、直浇道、横浇道及内浇道组成，如图2.6所示。

①外浇口（浇口杯）。外浇口是金属液的直接注入处。其作用是便于浇注，并缓解金属液对铸型的冲击，防止部分熔渣和气体随同金属液流入型腔。外浇口的形状有漏斗形和盆形。

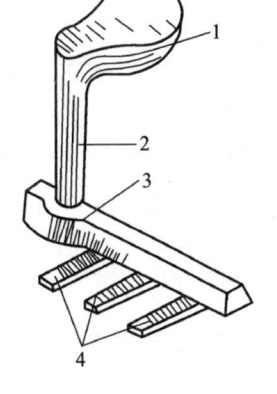

图2.6 浇注系统
1—外浇口；2—直浇道；
3—横浇道；4—内浇道

②直浇道。直浇道是金属液的垂直通道，其断面多为圆形。主要作用是调节金属液流入型腔的速度和压力。直浇道越高，速度和压力越高，型腔的薄壁部分和最高处越容易被金属液充满。一般情况下，直浇道应高出型腔最高处100～200 mm。

③横浇道。横浇道是金属液的水平通道，可将液体金属导入内浇道，简单小铸件有时可以省去不用。其主要作用是防止熔渣、砂粒、气体等进入型腔，并将金属液合理地分配给内浇道。横浇道的剖面形状有倒梯形、半圆形、圆形等，以倒梯形最常用。

④内浇道。内浇道是金属液流入型腔的最后通道，常设置在下箱，主要作用是控制金属液的流速和流向。内浇道影响铸件内部的温度分布，对铸件的质量有较大的影响。内浇道的剖面形状有高度不同的倒梯形、半圆形、弓形等，以高度较小的倒梯形较为常用。

（2）浇注过程注意事项

因为浇注不当，会引起浇注不足、冷隔、跑火、夹渣和缩孔等铸造缺陷，所以浇注前，应把浇包中液态金属表面的浮渣去掉，清理通道，做好操作者的防护等。为保证铸件质量和操作安全，浇注过程应注意以下事项。

①浇注温度。浇注温度过低，则金属液流动性差，不利于金属液充满型腔，易产生浇注不足、冷隔、气孔等缺陷。浇注温度过高，铁水的收缩量增加，易产生缩孔、缩松、裂纹及黏砂等缺陷，同时会使晶粒变粗、铸件的机械性能下降。因此，必须严格控制浇注温度。对于铸铁件，形状复杂的薄壁件浇注温度为1 350 ℃～1 400 ℃，形状简单的厚壁件浇注温度为1 260 ℃～1 350 ℃。常用铸造合金的浇注温度见表2.3。

表2.3 常用铸造合金的浇注温度

合金种类	铸件形状	浇注温度/℃
灰口铸铁	小型、复杂	1 360～1 390
	中型	1 320～1 350
	大型	1 260～1 320

续表

合金种类	铸件形状	浇注温度/℃
碳钢		1 520 ~ 1 600
铸铝合金		650 ~ 750

②浇注速度。浇注速度快，金属液易充满型腔，同时可以减少氧化。但浇注速度太快，金属液对铸型的冲击加剧，会产生冲砂现象，同时速度太快也不利于补缩；浇注速度太慢，使金属液降温过多，易产生浇不足、冷隔和夹渣等缺陷。通常，薄壁件宜用快速浇注，厚壁件宜用慢—快—慢的方式浇注。

③其他注意事项。浇注时，应注意挡渣、扒渣及引火，浇注过程要连续。

2. 落砂及清理

（1）落砂

从砂型中取出铸件的过程称为落砂。落砂时要注意开箱的时间，开箱过早，铸件未凝固好或温度过高，铸件会跑火，表面易产生硬化、过大的变形甚至开裂；开箱过晚，会长时间占用场地和工装，使生产效率降低。

（2）清理

清除落砂后铸件表面的型砂、内部砂芯、飞边毛刺、浇口和冒口以及修补缺陷等一系列工作称为铸件的清理。清理时工人劳动强度大，卫生条件差，费时、费工。目前，许多清理工作已由机器完成。

（五）铸件的结构工艺性及缺陷分析

进行铸件结构设计，不仅要保证其工作性能和机械性能要求，还必须考虑铸造工艺和合金铸造性能对铸件结构的要求，使铸件的结构与这些要求相适应，以便保证铸件质量，降低生产成本，提高生产率。铸件的结构如果不能满足合金铸造性能的要求，将可能产生浇不足、冷隔、缩松、气孔、裂纹和变形等缺陷。

1. 铸件壁厚的设计

（1）铸件的壁厚应合理

每种铸造合金都有其适宜的铸件壁厚范围，选择合理的铸件壁厚，既可保证铸件力学性能，又能防止铸件缺陷。

在一定的工艺条件下，铸件的最小壁厚在保证强度的前提下，还必须考虑其合金的流动性。最小壁厚由合金种类、铸件大小和铸造方法而定。若实际壁厚小于它，就会产生浇不到、冷隔等缺陷。但是，铸件壁厚过大，铸件壁的中心冷却较慢，会使晶粒粗大，还容易引起缩孔、缩松缺陷，使铸件强度随壁厚增加而显著下降，因此，不能单纯用增加壁厚的方法提高铸件强度。铸件结构设计应选用合理的截面形状。通常采用加强筋或合理的截面结构（丁字形、工字形、槽形、十字形）满足薄壁铸件的强度要求，如图2.7所示。T形梁由于受较大热应力，易产生变形，改成工字截面后，虽然壁厚仍不均匀，但热应力相互抵消，变形大大减小。

细长形铸件在收缩时易产生翘曲变形。改不对称结构为对称结构或采用加强筋，提高其刚度，均可有效地防止铸件变形。铸件的最大临界壁厚约为最小壁厚的3倍。

(a)

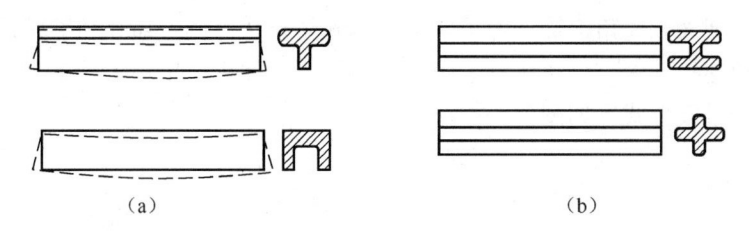

(b)

图 2.7　合理的截面形状满足薄壁铸件的强度
(a) 不合理；(b) 合理

（2）铸件的壁厚应均匀

如图 2.8 所示，铸件各部分壁厚相差过大，厚壁处会产生金属局部积聚形成热节，凝固收缩时在热节处易形成缩孔、缩松等缺陷。此外，各部分冷却速度不同，易形成热应力，致使铸件薄壁与厚壁连接处产生裂纹。因此在设计中，应尽可能使壁厚均匀，以防上述缺陷产生。

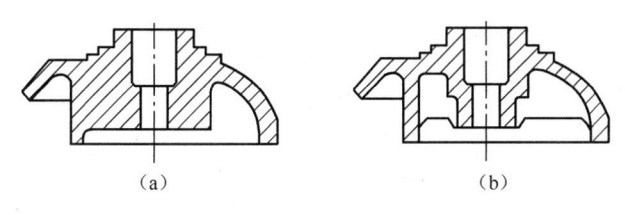

(a)　(b)

图 2.8　铸件壁厚应均匀
(a) 不合理；(b) 合理

确定铸件壁厚，应将加工余量考虑在内，有时加工余量会使壁厚增加而形成热节。

（3）铸件壁连接要合理

①铸件壁间的转角处设计出结构圆角。如图 2.9 所示，当铸件两壁直角连接时，因两壁的散热方向垂直，所以交角处可能产生两个不同结晶方向晶粒的交界面，使该处的力学性能降低；此外，直角处因产生应力集中现象而开裂。为了防止转角处的开裂、缩孔和缩松，应采用圆角结构。铸件结构圆角的大小必须与其壁厚相适应。

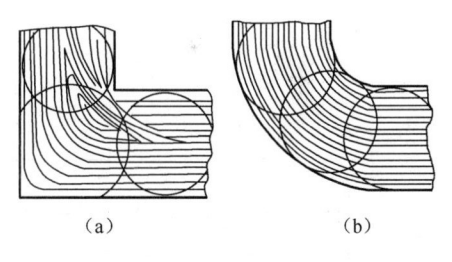

(a)　(b)

图 2.9　铸造圆角
(a) 不合理；(b) 合理

②厚壁与薄壁间的连接要逐步过渡。为了减少铸件中的应力集中现象，防止产生裂纹，铸件的厚壁与薄壁连接时，应采取逐步过渡的方法，防止壁厚的突变。其过渡的形式如图 2.10 所示。

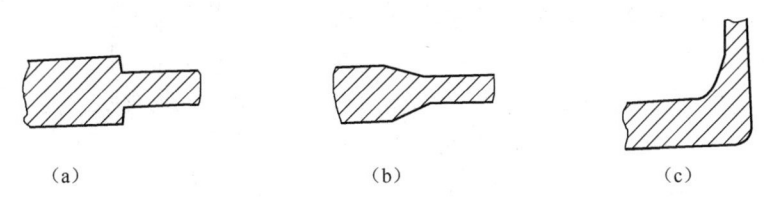

(a)　(b)　(c)

图 2.10　壁厚过渡的形式
(a) 不合理；(b) 合理；(c) 合理

③避免十字交叉和锐角连接。为了减小热节和防止铸件产生缩孔和缩松，铸件壁应避免交叉连接和锐角连接。中、小铸件可采用交错接头，大件宜采用环形接头，如图2.11所示。锐角连接宜采用过渡形式，如图2.12所示。

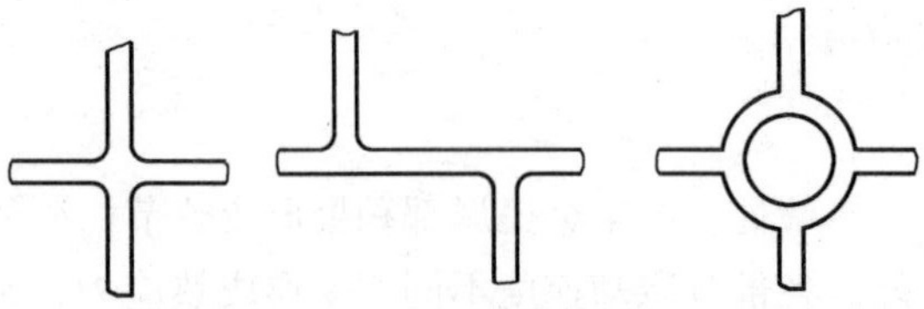

图2.11　避免十字连接

（a）不合理；（b）合理；（c）合理

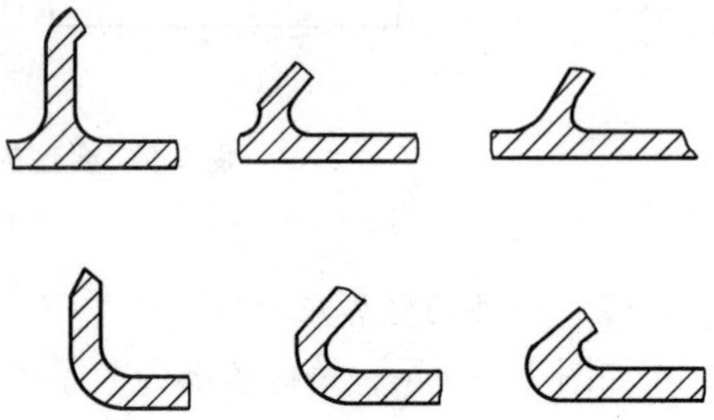

图2.12　避免锐角连接

（a）合理；（b）许可；（c）不合理

（4）铸件内壁应薄于外壁

铸件内壁和筋，散热条件较差，内壁薄于外壁，可使内、外壁均匀冷却，减小内应力，防止裂纹。内、外壁厚相差值为10%～30%。

2. 对铸件加强筋的设计

①增加铸件的刚度和强度，防止铸件变形。薄而大的平板，收缩易发生翘曲变形，增加几条加强筋便可避免，如图2.13所示。

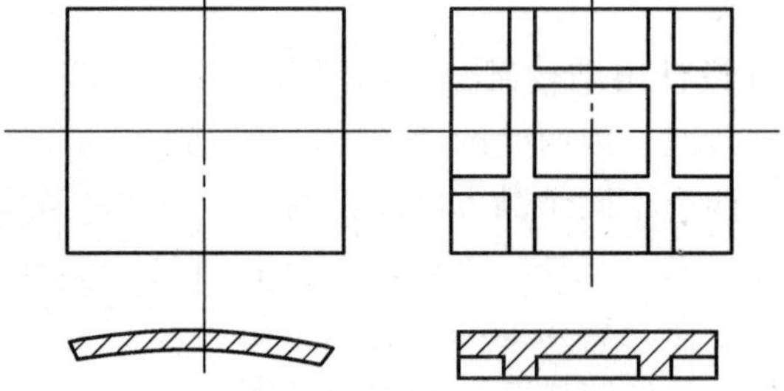

图2.13　增加加强筋防止翘曲变形

（a）无加强筋；（b）有加强筋

②减小铸件壁厚，防止铸件产生缩孔、裂纹。如图2.14所示，铸件壁较厚，容易产生缩孔。将壁厚减薄，采用加强筋，可防止以上缺陷。但要注意适当，加强筋的厚度不宜过大，一般取为被加强壁厚度的60%～80%，同时加强筋的布置要合理。

③尽量使铸件能自由收缩。铸件的结构应在凝固过程中尽量减小其铸造应力。如图2.15所示手

图2.14　采用加强筋减小壁厚

（a）不合理；（b）合理

轮铸件。图2.15（a）所示为直条形偶数轮辐，在合金线收缩时手轮轮辐中产生的收缩力相互抗衡，容易出现裂纹。可改用奇数轮［见图2.15（b）］或弯曲轮辐［见图2.15（c）］，这样可借助轮缘、轮毂和弯曲轮辐的微量变形自行减缓内应力，防止开裂。

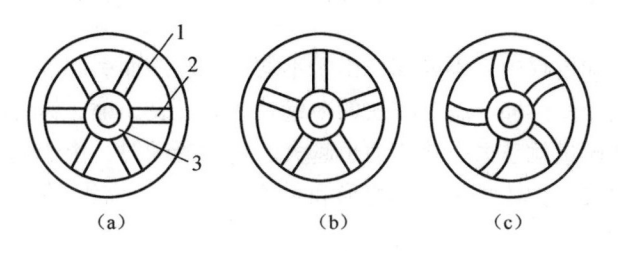

图2.15　手轮轮辐的设计
（a）偶数轮辐；（b）奇数轮辐；（c）弯曲轮辐
1—轮缘；2—轮辐；3—轮毂

④铸件结构应尽量避免过大的水平壁。浇注时铸件朝上的水平面易产生气孔、砂眼、夹渣等缺陷。因此，设计铸件时应尽量减小过大的水平面或采用倾斜的表面，如图2.16所示，采用图2.16（b）所示结构可以避免过大的水平壁。

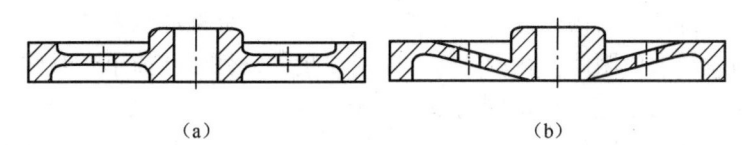

图2.16　防止过大水平壁的措施

（六）铸造常见缺陷及控制

由于铸造生产工序繁多，很容易使铸件产生缺陷。为了减少铸件缺陷，首先应正确判断缺陷类型，找出产生缺陷的主要原因，以便采取相应的预防措施。

1. 缩孔与缩松

（1）缩孔

缩孔通常隐藏在铸件上部或最后凝固部位。缩孔产生的主要原因是合金的液态收缩和凝固收缩值远大于固态收缩值。

（2）缩松

缩松实质上是将集中缩孔分散为数量极多的小缩孔。它分布在整个铸件断面上，一般出现在铸件壁的轴线区域、热节处、冒口根部和内浇口附近，也常分布在集中缩孔的下方。缩松形成的主要原因虽然和形成缩孔的原因相同，但是形成的条件却不同，它主要出现在结晶温度范围宽、呈糊状凝固方式的合金中。

（3）缩孔和缩松的防止

不论是缩孔还是缩松，都使铸件的力学性能、气密性和物理化学性能大大降低，以致成为废品。所以缩孔和缩松是极其有害的铸造缺陷，必须设法防止。

为了防止铸件产生缩孔、缩松，在铸件结构设计时，应避免局部金属积聚。工艺上，应针对合金的凝固特点制定合理的铸造工艺，常采取"顺序凝固"和"同时凝固"两种措施。冒口、冷铁的合理综合运用是消除缩孔、缩松的有效措施。

2. 铸造应力

铸件收缩时受阻就产生铸造应力，铸造应力按产生的原因不同，主要可分为热应力、收缩应力两种。

（1）热应力

铸件在凝固和冷却过程中，不同部位由于不均衡的收缩而引起的应力称为热应力。热应力使冷却较慢的厚壁处受拉伸，冷却较快的薄壁处或表面受压缩，铸件的壁厚差别越大，合金的线收缩率或弹性模量就越大，热应力也越大。定向凝固时，由于铸件各部分冷却速度不一致，产生的热应力较大，铸件易出现变形和裂纹。

（2）收缩应力

铸件在固态收缩时，因受铸型、型芯、浇冒口等外力的阻碍而产生的应力称为收缩应力。一般铸件冷却到弹性状态后，收缩受阻都会产生收缩应力。收缩应力常表现为拉应力。形成原因一经消除（如铸件落砂或去除浇口后），收缩应力也随之消失，因此收缩应力是一种临时应力。但在落砂前，如果铸件的收缩应力和热应力共同作用，其瞬间应力大于铸件的抗拉强度，则铸件会产生裂纹。

（3）减小和消除铸造应力的措施

①合理地设计铸件的结构。铸件的形状越复杂，各部分壁厚相差越大，冷却时温度越不均匀，铸造应力就越大。因此，在设计铸件时应尽量使铸件形状简单、对称、壁厚均匀。

②采用同时凝固的工艺。所谓同时凝固是指采取一些工艺措施，使铸件各部分温差很小，几乎同时进行凝固。因各部分温差小，不易产生热应力和热裂，所以铸件变形小。这些工艺措施包括设法改善铸型、型芯的退让性，合理设置浇冒口等。

③时效处理。时效处理是消除铸造应力的有效措施。时效分自然时效、热时效和共振时效等。所谓自然时效，是将铸件置于露天场地半年以上，让其内应力消除。热时效（人工时效）又称去应力退火，是将铸件加热到 550 ℃ ~ 650 ℃，保温 2 ~ 4 h，随炉冷却至 150 ℃ ~ 200 ℃，然后出炉。共振时效是将铸件在其共振频率下振动，以消除铸件中的残留应力。

3. 变形

铸件在收缩时受阻就会产生铸造应力，当应力超过材料的屈服极限时，铸件将产生变形。

（1）铸件的变形原因

如前所述，在热应力的作用下，铸件薄的部分受压应力，厚的部分受拉应力，但铸件总是力图通过变形来减缓其内应力。因此，铸件常发生不同程度的变形。

（2）防止措施

因铸件变形是由铸造应力引起，减小和防止铸造应力，是防止铸件变形的有效措施。为防止变形，在铸件设计时，应力求壁厚均匀、形状简单而对称。对于细而长、大而薄等易变形的铸件，采用"反变形法"，即在统计铸件变形规律的基础上，在模型上预先做出相当于铸件变形量的反变形量，以抵消铸件的变形。

4. 裂纹

（1）热裂

①热裂产生的原因。热裂一般是在凝固末期，金属处于固相线附近的高温时形成的。其形状特征是裂缝短、缝隙宽、形状曲折、缝内呈氧化颜色。铸件结构不合理、浇注温度太高、合金收缩大、型（芯）砂退让性差以及铸造工艺不合理等均可引发热裂。钢和铁中的

· 40 ·

硫、磷降低了钢和铁的韧性，使热裂倾向增大。

②热裂的防止。合理地调整合金成分（严格控制钢和铁中的硫、磷含量），合理地设计铸件结构，采用同时凝固的原则和改善型（芯）砂的退让性，都是防止热裂的有效措施。

（2）冷裂

①冷裂产生的原因。冷裂是铸件冷却到低温、处于弹性状态时所产生的热应力和收缩应力的总和，如果大于该温度下合金的强度，则产生冷裂。冷裂是在较低温度下形成的，其裂缝细小，呈连续直线状，缝内干净，有时呈轻微氧化色。壁厚差别大、形状复杂的铸件，尤其是大而薄的铸件易发生冷裂。

②冷裂的防止。凡是减小铸造内应力或降低合金脆性的措施，都能防止冷裂的形成。例如，钢和铸铁中的磷能显著降低合金的冲击韧性，增加脆性，容易产生冷裂倾向，因此在金属熔炼中必须严格限制。

5. 气孔

（1）缺陷特征

在铸件内部、表面或近于表面处，出现大小不等的光滑孔眼，形状有圆的、长的及不规则的，有单个的，也有聚集成片的；颜色有白色的或带一层暗色，有时覆有一层氧化皮。

（2）产生原因

①熔炼工艺不合理、金属液吸收了较多的气体。

②铸型中的气体侵入金属液。

③起模时刷水过多，型芯未干。

④铸型透气性差。

⑤浇注温度偏低。

⑥浇包、工具未烘干。

（3）预防措施

①降低熔炼时金属的吸气量。

②减少砂型在浇注过程中的发气量。

③改进铸件结构。

④提高砂型和型芯的透气性，使砂型内气体能顺利排出。

6. 渣孔

（1）缺陷特征

在铸件内部或表面出现形状不规则的孔眼，孔眼不光滑，里面全部或部分充塞着熔渣。

（2）产生原因

①浇注时挡渣不良。

②浇注温度太低，熔渣不易上浮。

③浇注时断流或未充满浇口，渣和液态金属一起流入型腔。

（3）预防措施

①提高金属液的温度，降低熔渣黏性。

②提高浇注系统的挡渣能力，增大铸件内圆角。

7. 砂眼

（1）缺陷特征

在铸件内部或表面充塞着型砂的孔眼。

（2）产生原因

①型砂、芯砂强度不够，紧实较松，合型时松落或被液态金属冲垮。

②型腔或浇口内散砂未吹净。

③铸件结构不合理，无圆角或圆角太小。

（3）预防措施

严格控制型砂性能和造型操作，合型前注意打扫型腔。

8. 黏砂

（1）缺陷特征

在铸件表面上，全部或部分覆盖着一层金属（或金属氧化物）与砂（或涂料）的混（化）合物或一层烧结的型砂，致使铸件表面粗糙。

（2）产生原因

①浇注温度太高。

②型砂选用不当，耐火度差。

③未刷涂料或涂料太薄。

（3）预防措施

适当降低金属的浇注温度，提高型砂、芯砂的耐火度，减少砂粒间隙。

9. 夹砂

（1）缺陷特征

在金属瘤片和铸件之间夹有一层型砂。

（2）产生原因

①型砂材料配比不合理。

②浇注系统设计不合理。

（3）预防措施

严格控制型砂、芯砂性能。改善浇注系统，使金属液流动平稳。大平面铸件要倾斜浇注。

10. 冷隔

（1）缺陷特征

在铸件上有一种未完全融合的缝隙或洼坑，其交界边缘是圆滑的。

（2）产生原因

①铸件设计不合理，铸壁较薄。

②合金流动性差。

③浇注温度太低，浇注速度太慢。

④浇口太小或布置不当，浇注时曾有中断。

（3）预防措施

①提高浇注温度和浇注速度。

②改善浇注系统。

③浇注时不断流。

11. 浇不到

（1）缺陷特征

金属液未完全充满型腔。

（2）产生原因

①铸件壁太薄，铸型散热太快。

②合金流动性不好或浇注温度太低。

③浇口太小，排气不畅。

④浇注速度太慢。

⑤浇包内液态金属不够。

（3）预防措施

①提高浇注温度和浇注速度。

②不要断流和防止跑火。

三、项目实施

（一）实训准备

清整好工作场地，看懂铸造工艺文件，异口径管的铸造工艺图如图2.17所示，按铸造工艺图准备模样、芯盒及所需工具，根据铸件的铸造工艺图，正确选用砂箱。

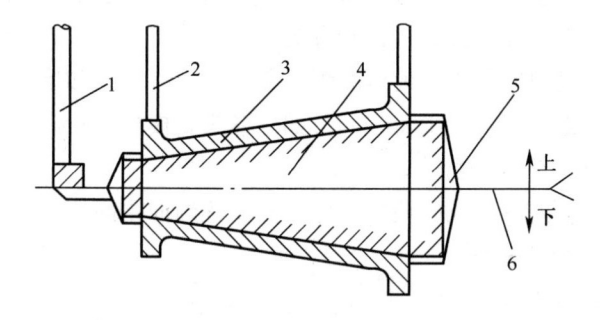

图2.17 异口径管的铸造工艺图

1—浇口；2—出气冒口；3—铸件；4—砂芯；5—芯头间隙；6—分型分模线

（1）设备

冲天炉、混砂机。

（2）工装

砂箱、造型工具、模样、芯盒、炉前工具。

（3）材料

型砂、炉料等。

（二）砂型铸造操作技术

砂型铸造的工艺过程一般包括制模→配砂→造型芯→烘干→下型芯→合箱→熔化金属→

浇注→清理→检验。

1. 型砂和芯砂的制备

型砂的制备过程包括配料、混合、回性、松散等工序。型砂是由原砂和黏结剂按一定比例配合的造型（芯）材料，为了满足某些性能的要求，型砂中还加入煤粉，根据工艺要求采用碾轮式混砂机混制。造型材料的质量、型砂制备工作的好坏，直接影响型砂的性能，进而影响铸件的质量。型（芯）砂必须经过性能试验合格后才能在生产中使用。

黏土湿型砂常用的混制工艺是：旧砂 + 新砂 + 黏土 + 煤料→干混（1~2 min）+ 水→湿混（4~6 min）→出砂。

2. 造型

造型是铸造生产中一个重要而又复杂的生产环节，也是技术性很强的操作，造型操作包括填砂、舂砂、起模、修型操作等。

（1）填砂

型砂一般分为面砂、背砂，贴近模样表面填面砂，面砂后面是背砂。填砂前要检查模样的起模装置是否牢固；填砂时检查冷铁、浇道模样、活块等的埋放情况。填面砂时，需先用手工贴覆，然后放上背砂才开始舂砂，面砂的厚度根据铸件壁厚确定，舂实后厚 20~30 mm。

（2）舂砂

舂砂是造型过程中最基本的操作之一，它的技术性很强。舂砂的目的是使砂型达到合理的紧实度。手工舂实每次填砂厚度约 100 mm，用风动捣固器舂砂时每次填砂厚度为 200~250 mm。舂砂时，为了防止模样移动，应把模样用重物压住后再舂砂，也可一只手按住模样，另一只手舂砂。靠近模样处舂砂时，砂舂头不能直接舂击模样，手动砂舂头至模样的最小距离为 20 mm；风动捣固器舂头至模样的距离应大于 50 mm；如果风动捣固器垂直于模样舂砂，砂舂头到模样的距离不得小于 80 mm。如砂舂头到模样的距离太小，不但会把大部分型砂舂得过硬，而且很容易损坏模样。

舂砂顺序是先从砂箱内壁处或砂箱内角处开始，逐渐向中间模样处靠近，这样能使舂砂紧实度较均匀而且模样不易移动。

（3）修整上砂型面及开型

先用刮板刮去多余背砂，使砂型表面与砂箱四边平齐，再用镘刀光平浇冒口处的型砂。用通气针扎出气孔，取出浇冒口模样，在直浇道上端开挖浇口盆。如砂箱没有定位装置，则还需要在砂箱外壁上下型相接处做出定位记号（如泥号、粉号）。再取去上型，将上型翻转 180°后放平。

（4）修整分型面

扫除分型面上的分型砂，用蘸水的掸笔润湿靠近模样周围处的型砂，准备起模。

（5）敲模和起模

将模样向四周轻轻松动，再用起模针或起模钉将模样从砂型中起出。

（6）修型

先开浇注系统的横浇道和内浇道，并修光浇冒口系统表面。将砂型型腔损坏处修好，最后修整光平全部型腔表面。

3. 制芯

对分式芯盒造芯圆柱体类砂芯,虽然芯头的两个端面部是平面,但由于砂芯的长度比直径大,如果将芯盒做成整体式,则舂砂和取出砂芯比较困难。故常将其芯盒做成对分式,如图 2.18 所示。

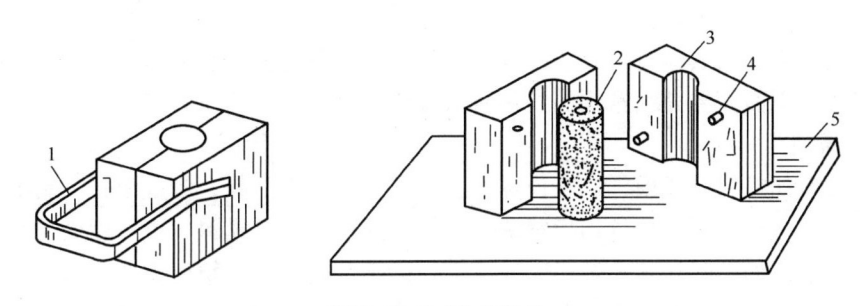

图 2.18 对分式芯盒
1—夹钳;2—砂芯;3—芯盒;4—定位销;5—烘芯板

为了使分开的芯盒能准确定位,必须在芯盒的贴合面上做出定位装置。生产中常用对分式芯盒制造粗短砂芯和细长砂芯。

对分式芯盒制造粗短砂芯的过程如图 2.19 所示。

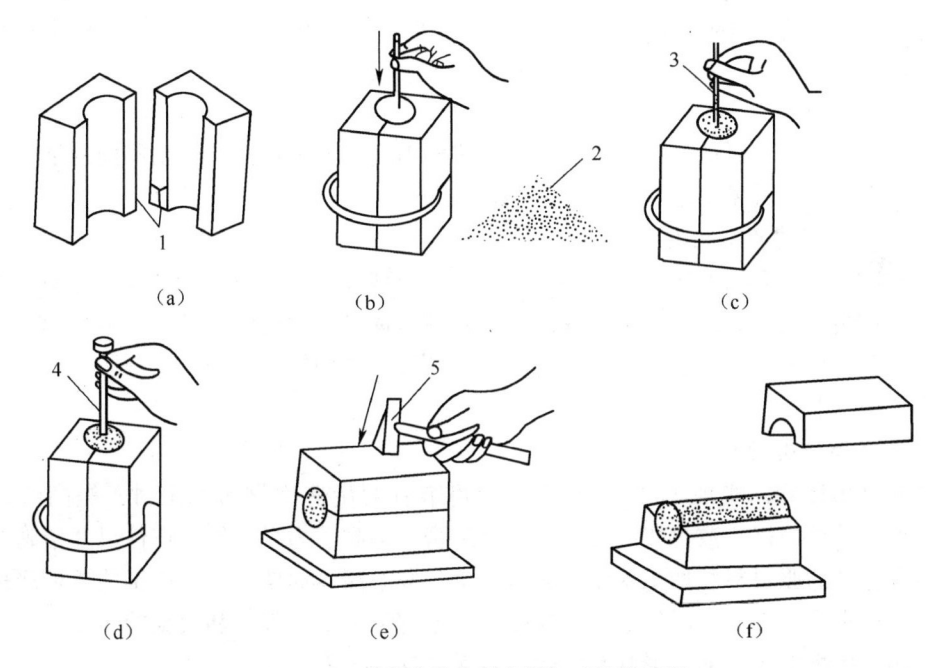

图 2.19 对分式芯盒制造粗短砂芯的过程
(a) 芯盒;(b) 填砂放入芯骨;(c) 舂砂;(d) 扎排气孔;(e) 松动芯盒;(f) 取去一半芯盒
1—定位装置;2—芯砂;3—芯骨;4—通气针;5—手锤

4. 合型

按定位标记将上砂型合在下砂型上,放置适当质量的压铁,抹好箱缝,准备浇注。

四、知识扩展

特种铸造

与砂型铸造不同的其他铸造方法统称为特种铸造。各特种铸造方法均有其突出的特点和一定的局限性，下面简要介绍常用的特种铸造方法。

1. 熔模铸造

用易熔材料如蜡料制成模样，在模样上包覆若干层耐火涂料，制成型壳，制出模样后经高温焙烧即可浇注的铸造方法称熔模铸造。熔模铸造可用蜡基模料，也可用松香基模料、塑料和盐基模料等，如塑料聚苯乙烯模、尿素模。熔模铸造是一种精密铸造方法。

熔模铸造属于一次成型，无分型面，型壳内表面光洁，耐火度高，可以生产尺寸精度高和表面质量好的铸件，可实现少切削或无切削加工；适应各种铸造合金，尤其适合铸造高熔点、难切削加工和用别的加工方法难以成形的合金，如耐热合金、磁钢、不锈钢等；可生产形状复杂的薄壁铸件，最小壁厚可达 0.5 mm，最小铸孔直径达 0.7 mm。而随着工艺的不断改进，最小铸件尺寸还在不断地减小。熔模铸造工艺过程复杂，工序多，生产周期长（4~15 d），生产成本高。而且由于熔模易变形、型壳强度不高等因素，熔模铸件的质量一般在 25 kg 以内。因此，熔模铸造主要用来生产那些形状复杂、熔点高、难于切削加工的小型零件。

2. 金属型铸造

将熔融金属浇入金属铸型而获得铸件的方法称为金属型铸造。与砂型不同的是，金属型可以反复使用，故金属型铸造又称"永久型铸造"。

（1）金属型铸造的结构类型

按结构形式分，金属型铸造分为整体式、水平分型式、垂直分型式、复合分型式等，其中垂直分型式由于便于开设内浇道、取出铸件和易实现机械化而应用较多。金属型一般用铸铁或铸钢制造，型腔采用机加工的方法制成，不妨碍抽芯的铸件内腔可用金属芯获得，复杂的内腔多采用砂芯。

（2）金属型铸造的特点

金属型复用性好，实现了"一型多铸"，可节省大量造型材料和工时，提高劳动生产率；金属型导热性能好，散热快，使铸件结晶致密，提高了力学性能；铸件尺寸精确，切削加工余量小，节约原材料和加工费用；金属型生产成本高，周期长，铸造工艺要求严格，不适于单件、小批量生产。金属型的冷却速度快，不宜铸造形状复杂和大型的薄壁件。金属型铸造主要用于大批量生产的、形状简单的有色金属件。

（3）防止铸造缺陷的工艺措施

金属型导热快，无退让性和透气性，铸件容易产生浇不足、冷隔、裂纹、气孔等缺陷。此外，在高温金属液的冲刷下型腔易损坏。为此，需要采取如下工艺措施。

浇注前要对金属型进行预热，在使用过程中，为防止铸型吸热升温，还必须用散热装置来散热。金属型应保持合理的工作温度：铸铁件为 250 ℃~300 ℃，有色金属件为 100 ℃~250 ℃。在金属型上喷刷涂料，其目的是防止高温熔融金属对型壁直接进行冲击，保护型腔。利用涂层厚薄，可调整铸件各部分的冷却速度，提高铸件的表面质量；涂料一般由耐火材料（石墨粉、氧化锌、石英粉等）、水玻璃黏结剂和水制成，涂料层厚度为0.1～0.5 mm。为防止铸件产生裂纹和白口组织，通常铸铁件出型温度为780 ℃～950 ℃，开型时间为10～20 s。

3. 压力铸造

（1）压力铸造过程

熔融金属在高压下高速充型，并在压力下凝固的铸造方法称为压力铸造，简称压铸。压铸时所用的压力高达数十兆帕，其速度为5～40 m/s，熔融金属充满铸型的时间为0.01～0.2 s，高压和高速是压力铸造区别于一般金属型铸造的重要特征。压力铸造是通过压铸机完成的，图2.20所示为立式压铸机的工作过程。合型后把金属液浇入压室［见图2.20（a）］，压射活塞向下推进，将液态金属压入型腔［见图2.20（b）］，保压冷凝后，压射活塞退回，下活塞上移顶出余料，动型移开，利用顶杆顶出铸件［见图2.20（c）］。

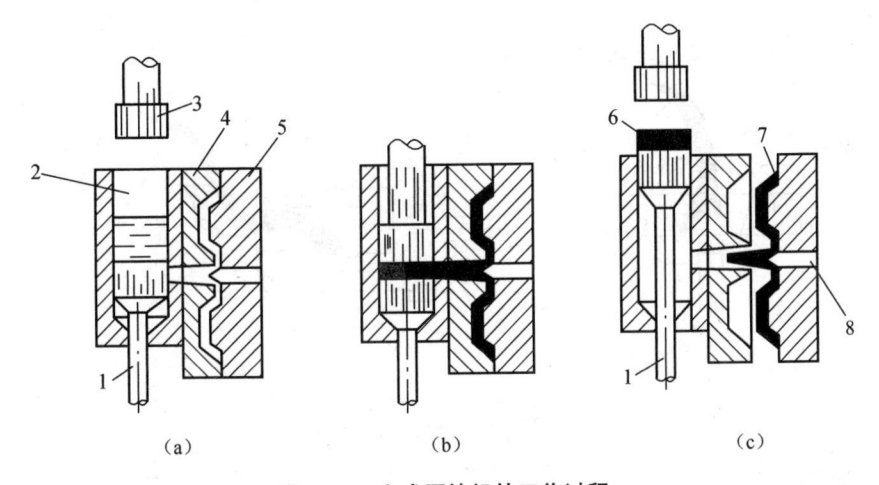

图2.20 立式压铸机的工作过程

1—下活塞；2—压室；3—压射活塞；4—定型；5—动型；6—余料；7—压铸件；8—顶杆

（2）压力铸造的特点和应用范围

压铸件尺寸精度高，表面质量好，一般不需要机加工就能直接使用；压力铸造在快速、高压下成形，可压铸出形状复杂、轮廓清晰的薄壁精密铸件；铸件组织致密，力学性能好，其强度比砂型铸件提高25%～40%；生产率高，劳动条件好；设备投资大，铸型制造费用高，周期长。

压力铸造主要用于大批量生产低熔点合金的中、小型铸件，如铝、锌、铜等合金铸件。

4. 低压铸造

低压铸造是指金属液在较低的压力作用下充填型腔，以形成铸件的一种铸造方法。低压铸造的工艺过程如下。

在一个盛有液态金属的密封坩埚中，由进气管通入干燥的压缩空气或惰性气体，由于金属液面受到气体压力的作用，金属液自下而上地沿升液导管和浇口充满铸型的型腔，保持压力直至铸件完全凝固。消除金属液面上的压力后，这时升液导管及浇口中尚未凝固的金属因重力作用而回流到坩埚。然后打开铸型取出铸件。

低压铸造所用压力较低（一般低于 0.1 MPa），设备简单，充型平稳，对铸型的冲刷力小，铸型可用金属型，也可用砂型。铸件在压力下结晶，组织致密，质量较高。压力铸造广泛应用于铝合金、铜合金及镁合金铸件，如发动机的气缸盖、曲轴、叶轮、活塞等。

5. 离心铸造

离心铸造是将熔融金属浇入绕水平、倾斜或立轴旋转的铸型，在离心力的作用下，凝固成形的铸造方法，其铸件的轴线与旋转铸型轴线重合。铸件多是简单的圆筒形，不用芯子即可形成圆筒内孔。

根据铸型旋转轴空间位置不同，离心铸造机可分为立式和卧式两大类。如图 2.21（a）所示，立式离心铸造机的铸型绕垂直轴旋转，由于离心力和液态金属本身重力的共同作用使铸件的内表面为一回转抛物面，造成铸件上薄下厚，而且铸件越高，壁厚差越大，因此，它主要用于生产高度小于直径的圆环类铸件。如图 2.21（b）所示，卧式离心铸造机的铸型绕水平轴旋转，由于铸件各部分冷却条件相近，故铸件壁厚均匀。其适于生产长度较大的管、套类铸件。

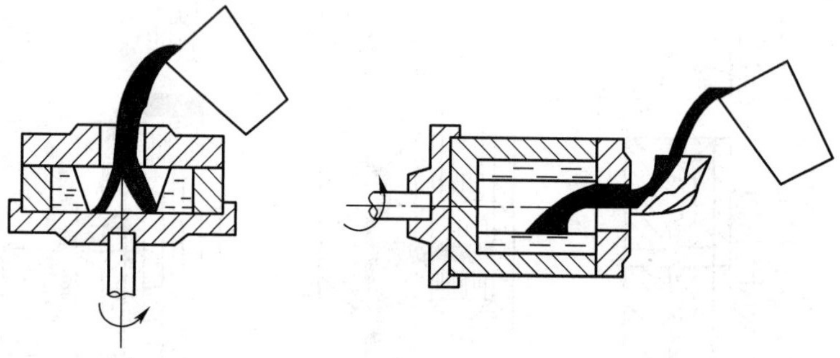

（a）   （b）

图 2.21　离心铸造机

（a）立式；（b）卧式

离心铸造的特点：不需要型芯就可直接生产筒、套类铸件，使铸造工艺大大简化，生产率高、成本低；在离心力的作用下，金属从外向内定向凝固，铸件组织致密，无缩孔、缩松、气孔、夹杂等缺陷，力学性能好；不需要浇口、冒口，金属利用率高；便于生产双金属铸件，如钢套镶铜轴承，其结合面牢固，又节省铜料，降低成本；离心铸造的铸件易产生偏析，不宜铸造偏析倾向大的合金；内孔尺寸不精确，内表面粗糙，加工余量大；不适宜单件、小批量生产。

目前，离心铸造已广泛用于制造铸铁管、气缸套铜套、双金属轴承、特殊的无缝管坯、造纸机滚筒等。

思考与实训

一、判断题

1. 湿砂型适宜浇注大型重要铸件。　　　　　　　　　　　　　　　　　　　　（　　）

2. 湿砂型广泛应用于非铁合金铸件的生产中。　　　　　　　　　　　　　　　（　　）

3. 铸钢件黏土砂造型春砂要领与铸铁件基本相同，但春砂的紧实度要高很多。（　　）

4. 舂砂时，干砂型要比湿砂型舂得紧些。 （   ）
5. 起模动作先快后慢。 （   ）

二、选择题

1. 使用最广泛的造型原砂是_____。
   A. 硅砂　　　　　　　　B. 石灰石砂　　　　　　　C. 铬铁矿砂
2. 生产周期短，生产效率高，铸件成本低的造型方法是_____造型。
   A. 干砂型　　　　　　　B. 表面烘干型　　　　　　C. 湿砂型
3. 金属液在内浇道中的流动方向不应和横浇道_____。
   A. 逆向　　　　　　　　B. 同向　　　　　　　　　C. 成直角

三、简答题

1. 铸件为什么会产生缩孔、缩松？如何防止或减少它们的危害？
2. 确定铸件浇注位置应遵循哪几项原则？
3. 典型浇注系统由哪几部分组成？各部分有何作用？

四、实训题

用铸造方法生产如图 2.1 所示异口径管的毛坯件。

项目三 锻 造

项目目标

- 了解锻造的基本生产过程。
- 熟悉自由锻的基本工序。
- 了解各种锻压方法的工艺特点及加工范围。
- 掌握空气锤的基本操作技术。

一、项目导入

采用锻造方法制作如图3.1所示的台阶轴（锻造精度为 F 级）。

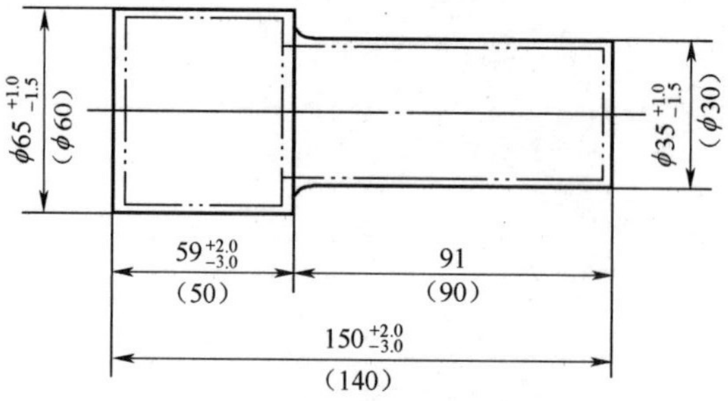

图3.1 台阶轴

二、相 关 知 识

锻压通常是指自由锻造、模型锻造和板料冲压。锻压是对坯料施加外力，使其产生塑性变形，改变其尺寸、形状及改善性能，用以制造机械零件、工件或毛坯的成形方法。它是锻造与冲压的统称。具有同样特征的生产方法还有轧制、挤压和拉拔等。

金属的可锻性是衡量材料在经受压力加工时获得优质制品难易程度的工艺性能。金属的可锻性好，表明该金属适合于采用压力加工成形；可锻性差，表明该金属不宜于选用压力加工方法成形。可锻性常用金属的塑性和变形抗力来综合衡量。塑性越好，变形抗力越小，则金属的可锻性好；反之则差。

中碳钢、低合金钢可锻性好，常用作塑性变形成形材料。

锻压生产的主要特点如下：

①产品的力学性能好。由于在外力作用下金属材料铸态组织中的孔洞、裂纹能被压合，

· 50 ·

而塑性变形会使其内部组织随之发生变化并使力学性能有较大提高，因而锻造生产的产品常用于承受重载及冲击载荷的重要零件；常用的冲压生产可提高产品的强度和硬度，得到质量小、刚度好的冲压件。

②节约金属材料。锻压生产中的塑性变形能使金属材料的体积按产品的实际形状合理分布，既减少了后续的切削加工工时，也减少了金属材料的消耗。

（一）锻造的生产过程

锻造的最基本过程为坯料的加热、锻打和冷却，还有坯料下料、检验、锻后热处理、清理等工序。

1. 坯料的加热

（1）加热设备

根据金属坯料加热时所用的热源不同，目前生产中应用的加热方法有火焰加热和电加热两大类，常见的加热设备有燃气炉、燃油炉、电阻炉、中频感应电炉、高频感应电炉等。在实际生产中应根据坯料选取适当的设备。

（2）加热目的

加热目的是提高坯料的塑性，降低变形的抗力，以改善其锻造的性能。随着加热温度的升高，金属材料的抗力降低，塑性提高，可以用较小的锻打力使锻件获得较大的变形而不破裂。但加热温度过高，也会使锻件质量下降，甚至造成废品。

（3）加热缺陷

锻件在加热过程中主要存在的缺陷有氧化、脱碳、过热、过烧和加热裂纹。

①氧化。加热时，金属坯料的表层与高温的氧化性气体，如氧气、二氧化碳、水蒸气等发生化学反应，生成氧化皮，称为氧化，氧化皮的质量称为烧损量。每加热一次（称为一个火次），就会产生一定的烧损量。加热方法不同，烧损量也不同。

②脱碳。由于钢是铁元素与碳元素组成的合金，在加热时，碳元素与炉气中的氧或氢元素发生化学反应而烧损，造成金属表层的碳含量降低，这种现象称为脱碳。脱碳使金属表层的强度和硬度降低，影响锻件质量。如果脱碳层过厚，可导致锻件报废。

③过热。坯料的加热温度超过始锻温度，或在始锻温度下保温时间过长的情况下，金属的内部显微组织会长大变粗，这种现象称为过热。过热组织的机械性能差，塑性降低，脆性增加，锻造时容易产生裂纹。矫正过热组织的方法是热处理（调质或正火），也可以采用多次连续锻打使晶粒细化。

④过烧。坯料加热温度超过始锻温度过高，或已产生过热的坯料在高温下保温时间过长，就会造成晶粒边界的氧化和晶界处低熔点杂质的熔化，致使晶粒之间可连接力降低，这种现象称为过烧。产生过烧的坯料是无法挽回的废品，锻打时，坯料会像煤渣一样碎裂，碎渣表面呈灰色氧化状。

⑤加热裂纹。尺寸较大的坯料，或高碳钢、高合金钢坯料（导热性差），在加热时，如果加热速度过快，或装炉温度过高，会导致坯料各部分之间存在较大的温差，产生热应力，而此时高温下材料抗拉强度较低将产生裂纹。因此在加热大的坯料，或高碳钢、高合金钢坯料时，要严格遵守加热规范（如装炉温度、加热速度、保温时间等）。

（4）锻造温度范围

锻造温度范围是指始锻温度到终锻温度之间的温度间隔。始锻温度是金属开始锻造的温度，其选择的原则应是在加热过程中不产生过热和过烧的前提下，取上限；终锻温度是金属停止锻造的温度，其选择原则应是在保证金属具有足够的塑性变形能力的前提下，取下限。这样才可以使金属材料具有较大的锻造温度范围，有充裕的变形时间来完成一定的变形量，减少加热次数，降低能源及材料损耗，提高生产效率，并且可以避免金属材料在变形过程中产生锻裂和损坏设备等现象。

2. 坯料的锻打

坯料的锻打可分为自由锻和模锻等，自由锻又分为手工锻造和机器锻造两种。手工锻造只能生产小型锻件，机器锻造是自由锻的主要方式。自由锻主要用于单件、小批量锻件的生产以及大型锻件的生产。

（1）自由锻设备

自由锻设备分为锻锤和液压机两大类。生产中使用的锻锤有空气锤和蒸汽-空气锤。液压机是以液体产生的静压力使坯料变形，是生产大型锻件的唯一方式。空气锤是生产小型件最常用的设备，其结构和工作原理如图 3.2 所示。

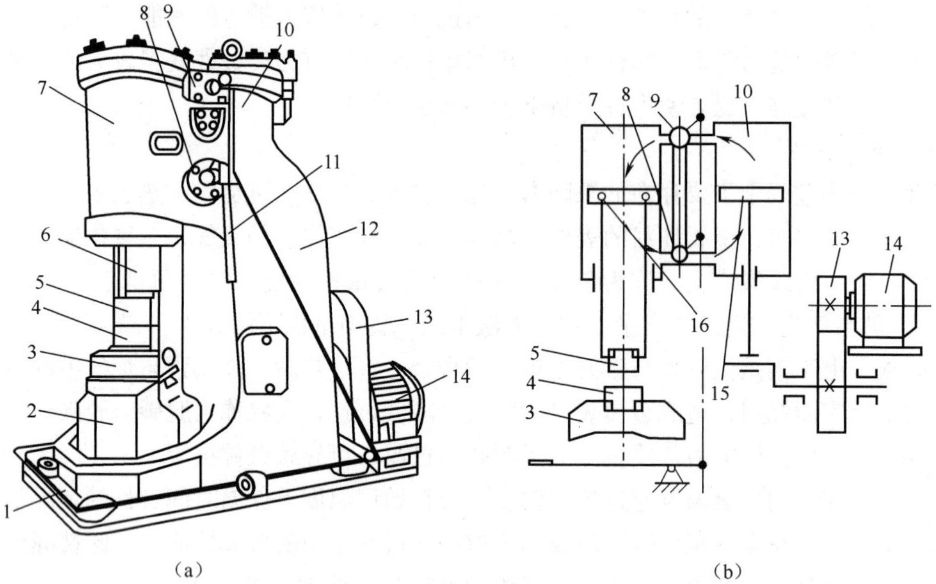

图 3.2　空气锤的结构和工作原理

（a）空气锤外观图；（b）空气锤传动图

1—脚踏杆；2—砧座；3—砧垫；4—下砧铁；5—上砧铁；6—锤头；7—工作缸；8—下旋阀；9—上旋阀；
10—压缩缸；11—手柄；12—锤身；13—减速机构；14—电动机；15—压缩活塞；16—工作活塞

空气锤由锤身、压缩缸、工作缸、传动机构、操作机构，以及锤杆、锤头和砧座等组成。空气锤的规格是以落下部分的总质量表示。落下部分包括工作活塞、锤杆及上砧铁。实习用空气锤型号是 250 kg 空气锤，即落下部分的总质量为 250 kg。

（2）空气锤的工作原理及动作

空气锤是将电能转化成压缩空气的压力能来产生打击力的。电动机通过减速齿轮带动曲轴连杆机构，使压缩缸内的活塞上下往复运动，将压缩空气经上、下旋阀送入工作缸的上腔

· 52 ·

或下腔，驱使工作活塞连同锤杆和锤头向下或向上运动。通过脚踏杆或手柄操纵控制阀，可使锻锤实现空转、提锤、锤头下压、连续打击和单次锻打等多种动作，满足锻造的各种需要。

3. 锻件的冷却

锻后冷却一般采用空冷方式。高碳钢、高合金钢则需要锻后缓慢冷却，可采用坑冷或炉冷。

（1）空冷

碳素结构钢和低合金结构钢的中小型锻件，锻后可散放于干燥的地面上，在无风的空气中冷却。此法冷却速度较快。

（2）坑冷

大型结构复杂件或高合金钢锻件，锻后一般放于有干砂、石棉灰或炉灰的坑内，或堆落在一起冷却。此法冷却速度较慢，可避免冷却速度较快而导致表层硬化，难以进行后续的切削加工，也可避免锻件内外温差过大产生的裂纹。

（3）炉冷

炉冷是指锻件锻造成形后在 500 ℃～700 ℃ 的加热炉内随炉缓慢冷却，此法冷却速度最慢，适合于要求较高的锻件。

（二）自由锻的基本工序

自由锻的工序分为基本工序、辅助工序、精整工序 3 大类。自由锻的基本工序是指锻造过程中使金属产生塑性变形，从而达到锻件所需形状和尺寸的工艺过程。下面主要介绍自由锻的基本工序内容。

1. 拔长

拔长也称延伸，它是使坯料横断面积减小、长度增加的锻造工序。拔长常用于锻造杆、轴类零件。拔长的方法主要有以下两种。

（1）在平砧上拔长

图 3.3（a）所示为在锻锤上、下砧间拔长坯料的示意图。高度为 H（或直径为 D）的坯料由右向左送进，每次送进量为 L。为了使锻件表面平整，L 应小于砧宽 B，一般 $L \leq 0.75B$。对于重要锻件，为了使整个坯料产生均匀的塑性变形，L/H（或 L/D）应在 0.4～0.8 范围内。

（2）在芯棒上拔长

图 3.3（b）所示为在芯棒上拔长空心坯料的示意图。锻造时，先把芯棒插入冲好孔的坯料中，然后当作实心坯料进行拔长。拔长时，一般不是一次拔成，而是先将坯料拔成六角

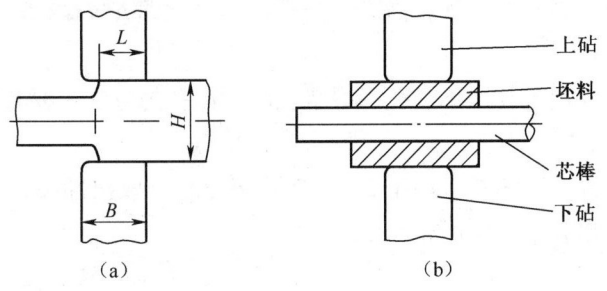

图 3.3 拔长示意图

(a) 在锻锤上、下砧间拔长坯料；(b) 在芯棒上拔长空心坯料

形，锻到所需长度后，再倒角滚圆，取出芯棒。为便于取出芯棒，芯棒的工作部分应有1:100左右的斜度。这种拔长方法可使空心坯料的长度增加，壁厚减小，而内径不变，常用于锻造套筒类长空心锻件。

2. 镦粗

镦粗是使毛坯高度减小、横断面积增大的锻造工序。镦粗工序主要用于锻造齿轮坯、圆饼类锻件。镦粗工序可以有效地改善坯料组织，减小力学性能的异向性。镦粗与拔长反复进行，可以改善高合金工具钢中碳化物的形态和分布状态。

镦粗主要有以下 3 种形式，如图 3.4 所示。

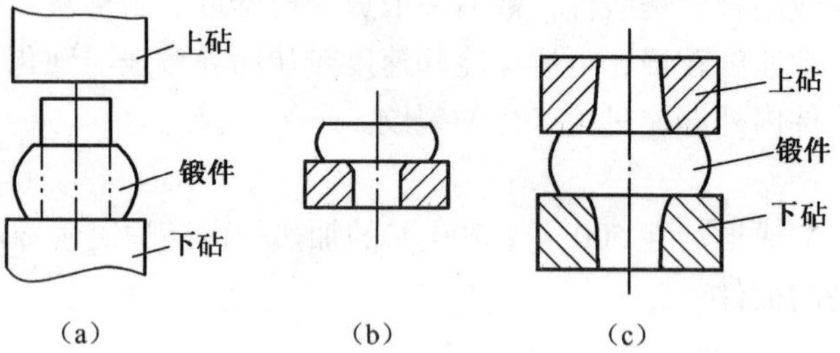

图 3.4　墩粗
（a）完全墩粗；（b）端部墩粗；（c）中间墩粗

（1）完全镦粗

完全镦粗是将坯料竖直放在砧面上，在上砧的锤击下，使坯料产生高度减小、横截面积增大的塑性变形，如图 3.4（a）所示。

（2）端部镦粗

将坯料加热后，一端放在漏盘或胎模内，限制这一部分的塑性变形，然后锤击坯料的另一端，使之镦粗成形。图 3.4（b）所示是用漏盘的镦粗方法，多用于小批量生产；胎模镦粗的方法，多用于大批量生产。在单件生产条件下，可将需要镦粗的部分局部加热，或者全部加热后将不需要镦粗的部分在水中激冷，然后进行镦粗。

（3）中间镦粗

这种方法用于锻造中间断面大、两端断面小的锻件。双面都有凸台的齿轮坯就采用此法锻造，如图 3.4（c）所示。坯料镦粗前，需先将坯料两端拔细，然后使坯料直立在两个漏盘中间进行锤击，使坯料中间部分镦粗。

为了防止镦粗时坯料弯曲，坯料高度 h 与直径 d 之比即 $h/d \leqslant 2.5$。

3. 冲孔

冲孔是在坯料上冲出透孔或不透孔的锻造工序。冲孔的方法主要有以下两种。

（1）双面冲孔法

双面冲孔法是用冲头在坯料上冲至 2/3～3/4 深度时，取出冲头，翻转坯料，再用冲头从反面对准位置，冲出孔来，如图 3.5 所示。

（2）单面冲孔法

厚度小的坯料可采用单面冲孔法。冲孔时，坯料置于垫环上，将一略带锥度的冲头大端对准冲孔位置，用锤击方法打入坯料，直至孔穿透为止，如图 3.6 所示。

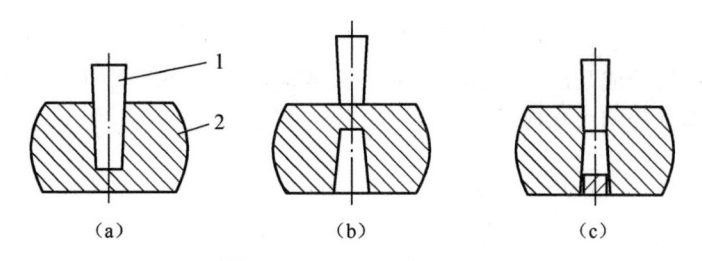

图 3.5 双面冲孔示意图

(a) 冲一面；(b) 冲另一面；(c) 冲孔完成

1—冲头；2—坯料

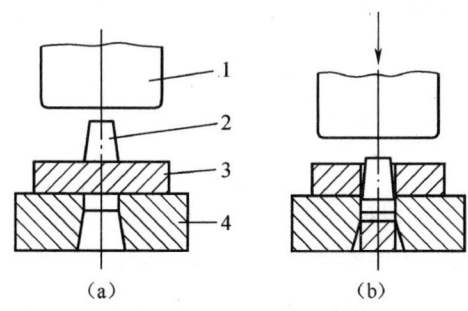

图 3.6 单面冲孔示意图

(a) 准备冲孔；(b) 冲孔结束

1—上砧；2—冲头；3—坯料；4—垫环

4. 弯曲

弯曲是采用一定的工模具将坯料弯成所规定的外形的锻造工序。常用的弯曲方法有以下两种。

（1）锻锤压紧弯曲法

坯料的一端被上、下砧压紧，用大锤打击或用吊车拉另一端，使其弯曲成形，如图 3.7 所示。

（2）模弯曲法

在垫模中弯曲能得到形状和尺寸较准确的小型锻件，如图 3.8 所示。

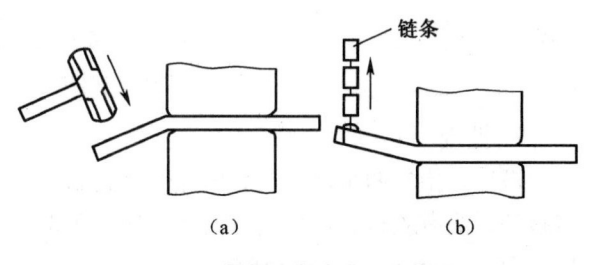

图 3.7 锻锤压紧弯曲法示意图

(a) 用大锤打弯；(b) 用吊车拉弯

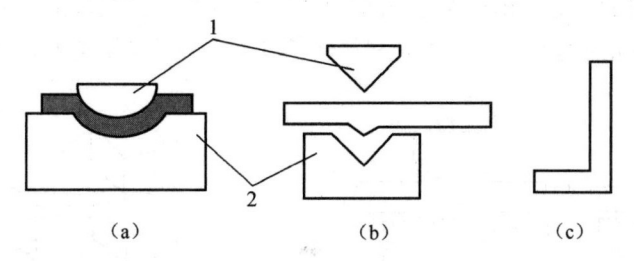

图 3.8 模弯曲法

(a) 板料弯曲；(b) 角尺弯曲；(c) 成形角尺

1—模芯；2—垫模

5. 切割

切割是指将坯料分成几部分或部分地割开，或从坯料的外部割掉一部分，或从内部割出一部分的锻造工序，如图 3.9 所示。

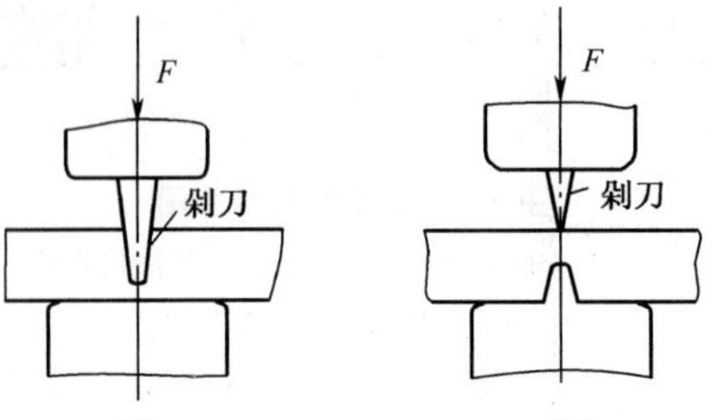

图 3.9　切割

（a）单面切割；（b）双面切割

6. 错移

错移是指将坯料的一部分相对另一部分平行错开一段距离，但仍保持轴心平行的锻造工序，如图 3.10 所示。错移常用于锻造曲轴零件。错移时，先对坯料进行局部切割，然后在切口两侧分别施加大小相等、方法相反且垂直于轴线的冲击力或压力，使坯料实现错移。

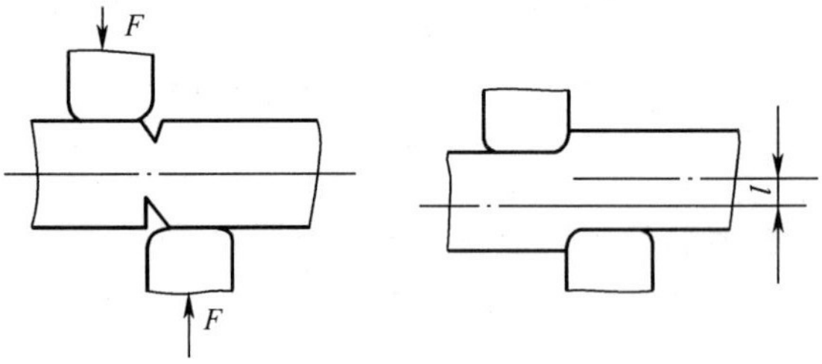

图 3.10　错移

（a）单面切割；（b）双面切割

7. 锻接

锻接是指将两个坯料在炉内加热至高温后，用锤快击，使两者在固态结合的锻造工序。锻接的方法有咬接、搭接、对接等，如图 3.11 所示。锻接后的接缝强度可达被连接材料强度的 70% ~80% 。

8. 扭转

扭转是指将毛料的一部分相对于另一部分绕其轴线旋转一定角度的锻造工序。该工序多用于锻造多拐曲轴和校正某些锻件。小型坯料扭转角度不大时，可用锤击方法，如图 3.12 所示。

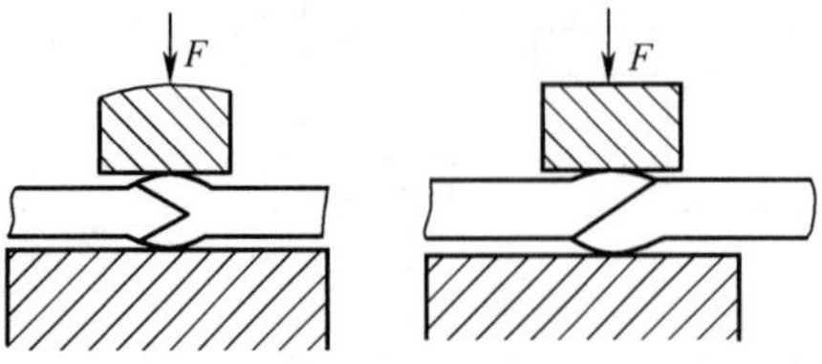

图 3.11　锻接

（a）咬接；（b）搭接

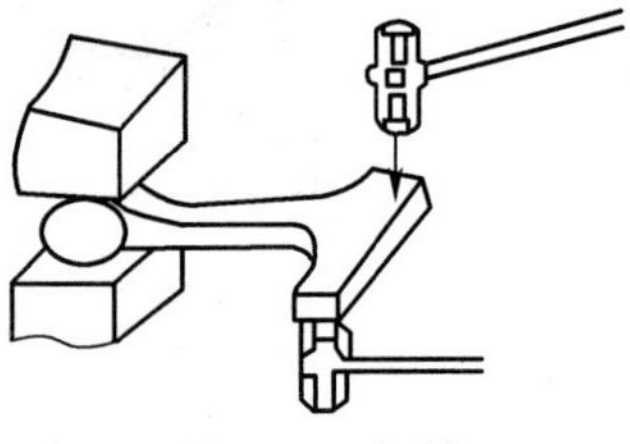

图 3.12　扭转

· 56 ·

三、项目实施

(一) 实训准备

在锻打前主要的准备工作有：选择锻造方案，绘制锻件图，计算坯料的尺寸和质量，确定锻造工序，选择锻造设备，编制工艺卡，确定锻造温度范围以及制订加热、冷却热处理规范等。

1. 选择锻造方案

圆轴类锻件锻造方案为拔方、倒棱、滚圆、号印、拔出端部、切头、修正。

2. 绘制锻件图

锻件图是锻造加工的主要依据，它是以零件图为基础，并考虑以下几个因素绘制而成的。

(1) 锻件敷料

锻件敷料又称余块，是为了简化锻件形状，便于锻造加工而增加的一部分金属。由于自由锻只能锻造出形状较为简单的锻件，当零件上带有较小的凹槽、台阶、凸肩、法兰和孔时，可不予锻出，留待机加工处理。

(2) 机械加工余量

机械加工余量是指锻件在机械加工时被切除的金属。自由锻工件的精度和表面质量均较差，因此零件上需要进行切削加工的表面均需在锻件的相应部分留有一定的金属层，作为锻件的切削加工余量，其值大小与锻件形状、尺寸等因素有关，并结合生产实际而定。

(3) 锻件公差

锻件公差是指锻件尺寸所允许的偏差范围。其数值大小需根据锻件的形状、尺寸来确定，同时考虑生产实际情况。

通常在锻件图（见图3.1）上用粗实线画出锻件的最终轮廓，在锻件尺寸线上方标注出锻件的主要尺寸和公差；用双点画线画出零件的主要轮廓形状，并在锻件尺寸线的下面或右面用圆括号标注出零件尺寸。

3. 坯料质量和尺寸的计算

对于轴类锻件，在确定余量及公差之前，应先确定按标准台阶能否锻出。在确定锻件形状以后，根据零件的总长度（L）和最大直径，对照图3.13，确定其加工余量与公差。经过计算，最后确定该台阶轴的余量与公差，如图3.1所示。

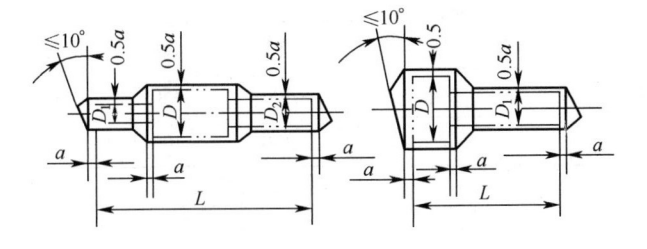

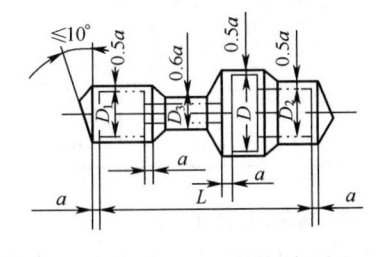

图3.13 台阶轴类锻造加工余量与公差

4. 确定锻造工序

自由锻的锻造工序应根据锻件的形状、尺寸和技术要求，并综合考虑生产批量、生产条件以及各基本工序的变形特点加以确定。

5. 选择锻造设备

自由锻锻造设备的选择主要取决于坯料的质量、类型及尺寸，见表 3.1。

表 3.1 自由锻锻造能力

锻件类型	设备吨位/t	0.25	0.5	0.75	1.0	2.0	3.0	5.0
圆饼	D/mm	<200	<250	<300	≤400	≤500	≤600	≤750
	H/mm	<35	<50	<100	<150	<250	<300	<300
圆环	D/mm	<150	<350	<400	≤500	≤600	1 000	≤1 200
	H/mm	≤60	≤75	<100	<150	≤200	<250	<300
圆筒	D/mm	<150	<175	<250	<275	<300	<350	≤700
	d/mm	≥100	≥125	>125	>125	>125	>150	>500
	H/mm	≤150	≤200	≤275	≤300	≤350	≤400	≤550
圆轴	D/mm	<80	<125	<150	≤175	≤225	≤275	≤350
	m/kg	<100	<200	<300	<500	≤750	≤1 000	≤1 500
方块	H/mm	≤80	≤150	≤175	≤200	≤250	≤300	≤450
	m/kg	<25	<50	<70	≤100	≤350	≤800	≤1 000
扁方	B/mm	≤100	≤160	<175	≤200	<400	≤600	≤700
	H/mm	≥7	≥15	≥20	≥25	≥40	≥50	≥70
锻件整形质量	m/kg	5	20	35	50	70	100	300
吊钩	起吊质量/t	3	5	10	20	30	50	75
钢锭直径/mm		125	200	250	300	400	450	600
钢坯边长/mm		100	175	225	275	350	400	550

6. 编制工艺卡

台阶轴的锻造工艺卡见表 3.2。

表 3.2　台阶轴的锻造工艺卡

×××厂		锻造工艺卡		零件图号	
^^^		^^^		零件名称	台阶轴
订货单位		生产编号		钢号	45
				锻件数	
				锻件等级	F
				使用设备	250 kg 锤
				锻件质量	2.3 kg
				坯料规格	$\phi 65 \times 90$
				下料质量	2.34 kg
				火次	1
				锻造温度	750 ℃ ~ 1 200 ℃
				锻后冷却	空冷
				锻后热处理	正火
				工时定额	

×××厂		锻造工艺卡	零件图号	
^^^		^^^	零件名称	台阶轴
编订者		审核	工艺组长	
操作说明		变形过程简图	使用工具	
坯料加热				
拔方、倒棱、滚圆并号印			上下平砧、压辊	
拔出端部、切头并修正至锻件尺寸			上下平砧、摔子、剁刀	

（二）技能训练

基本工序是实现锻件基本形状和尺寸的工序，包括镦粗、拔长、冲孔、弯曲、切割、扭转、错移等。重点训练墩粗和拔长两个工序。

1. 镦粗

镦粗的操作要点如下。

①坯料的原始高度 H_0 与直径 D_0 之比，应小于2.5（局部镦粗时，漏盘以上的镦粗部分的高径比也应小于2.5）。若高径比过大，易发生镦弯现象，如图3.14所示。

②锤击力不足时，易产生双鼓形，如图3.15所示。若未及时纠正而继续变形，将导致折叠，使坯料报废，如图3.16所示。

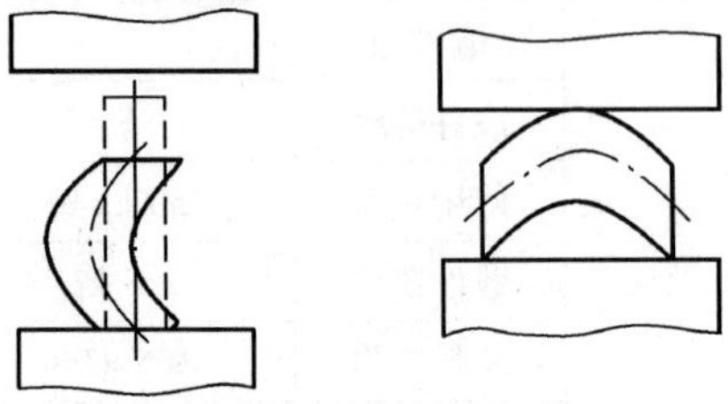

| 图3.14　镦弯矫正方法 | 图3.15　双鼓形 | 图3.16　折叠 |

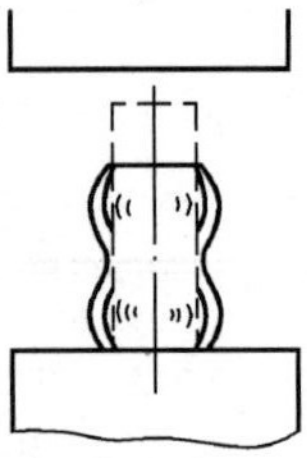

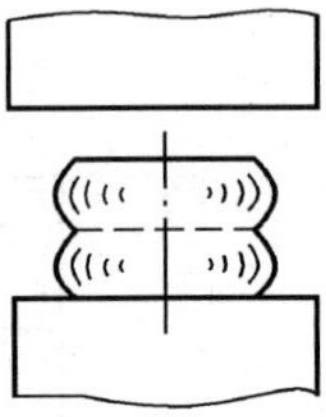

③坯料的端面应与轴线垂直，否则易镦歪。

④局部镦粗时，应选择或加工合适的漏盘。漏盘要有5°～7°的斜度，且其上口部位应采取圆角过渡，以便于取出锻件。

⑤坯料镦粗后，利用余热进行滚圆修整。滚圆修整时，坯料轴线与砧铁表面平行，要一边轻轻锤击，一边滚动坯料。

2. 拔长

拔长的操作要点如下：

①拔长时，工件每次向砧铁上送进量 L 应为砧坯料宽度 B 的30%～70%。送进量过大，降低拔长效率；过小，易产生折叠，如图3.17所示。

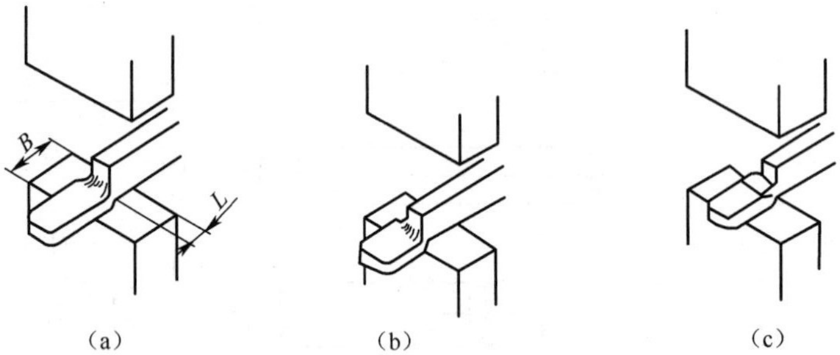

（a）　　　　　　　　　（b）　　　　　　　　　（c）

图3.17　送进量

（a）送进量合适；（b）送进量太大，拔长效率低；（c）送进量太小，产生夹层

②拔长时，每次的压下量不宜过大，否则产生夹层。

③拔长过程中，翻转方法如图3.18所示，分别适合于拔长大型锻件或拔长轻型锻件。

④无论锻件原始坯料截面和最终截面形状如何，拔长变形应在方形截面下进行，以避免中心裂纹，并提高拔长效率，拔长顺序如图3.19所示。

⑤拔长后应进行修整，提高锻件的表面光洁度与尺寸精度，送进方向为砧铁长度方向。方形、矩形截面锻件在砧子上修整，圆形截面锻件在摔子上修整。

(a)　　　　　　　　　　　　　　(b)

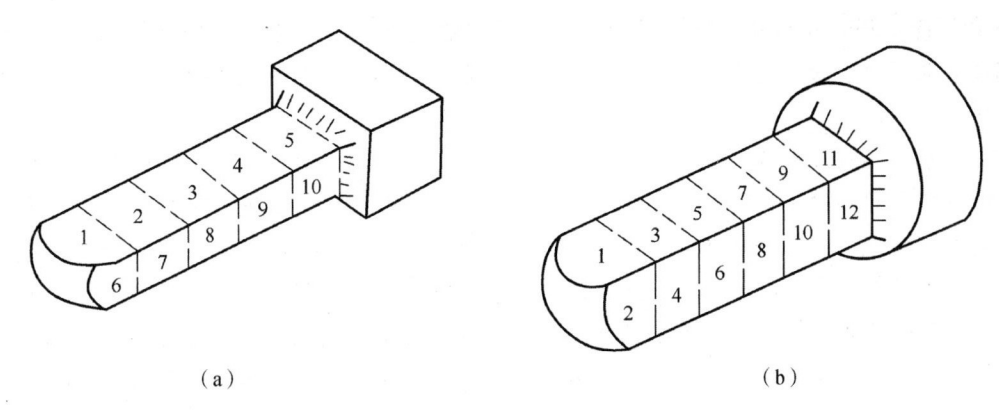

图 3.18　翻转方法
(a) 拔长大型锻件；(b) 拔长轻型锻件

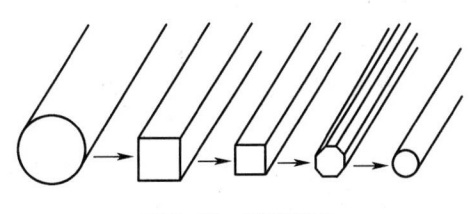

图 3.19　拔长顺序

（三）锻压操作技术

1. 空气锤的操作

（1）操作前的准备和检查

在操作空气锤前应做好如下准备和检查工作：

①穿戴好劳动保护用品，掌握空气锤的安全操作规程。

②检查螺钉、螺母、定位销等设备上易松动的紧固零件，发现松动应拧紧，出现断裂须更换；检查上、下砧块和砧垫斜楔的结合情况；检查砧块、锤头和锤杆等是否有裂纹，如有裂纹应及时更换。

③严格按照设备润滑图表进行加油，做到"三定"（定时、定量、定质）。注油后将油标（池）的盖子盖好。锤杆也要涂上润滑油。

④检查操作系统，保证灵活、便于操作。

⑤将空气锤操纵手柄放在空行程位置，并将定位销插入，然后接通电源，启动电动机。

⑥电动机空转数分钟后，检查润滑给油情况，油路必须畅通，检查各传动机构，确认正常后方可进行锻造。

⑦工作前必须掌握指挥者给予的轻打、重打、打锤等指挥信号，必须看得清、打得稳、打得准，不允许猜测锻打，锻打工件的第一锤必须轻打。

（2）空气锤的操作方法

通过操纵配气机构实现空行程、压紧、连续打击、悬空和单次打击等操作，如图 3.20 所示。

①空行程。空行程即空转，操作时将手柄放到图 3.20（a）所示位置，这时上、下旋阀

处于0°位置。开动电动机，压缩活塞做上、下往复运动，压缩缸的上部和下部、工作缸的上部和下部通过旋阀和大气相通，尽管压缩活塞上、下运动，但锤头始终停在下砧上，不进行工作。

②压紧。压紧坯料或锻件时，可将手柄置于图3.20（b）所示的位置，使上、下旋阀从0°向顺时针方向旋转25°，这时压缩缸上部和工作缸下部与大气相通，压缩缸下部和工作缸上部与大气隔绝。当压缩活塞向下时，压缩缸下部空气通过下旋阀冲开逆止阀转弯向上，经通道，由上旋阀进入工作缸上部作用于活塞上，使锤头下降压紧坯料，而这时工作缸下部的空气经下旋阀排入大气。当压缩活塞向上时，压缩缸上部的空气排入大气，由于逆止阀的单向作用，阻止工作缸上部空气返回压缩缸下部，从而使工作活塞上部仍保持足够的压力来压紧锻件。

③连续打击。将手柄从悬空位置扳到图3.20（c）所示连续打击位置，使上、下旋阀从0°位置向逆时针方向旋转65°，这时压缩缸上部与工作缸上部、压缩缸下部与工作缸下部分别经上旋阀和下旋阀互相连通，并全部与大气隔绝。当压缩活塞往复运动时，压缩缸中的空气均压入工作缸的上、下部，使锤头相应地做上、下往复运动，对坯料进行连续打击。

④悬空。将手柄放到图3.20（d）所示位置，这时上、下旋阀的位置从0°向逆时针方向旋转25°，压缩缸上部和工作缸上部与大气相通，而它们的下部都与空气隔绝。当压缩活塞向下运动时，压缩缸下部的空气经由下旋阀冲开逆止阀，进入工作缸下部，使锤头上升。锤头上升到最高位置后，工作缸下部仍保持足够压力。如空气有漏损，则由压缩活塞继续压入空气进行补充。当压缩活塞向上运动时，压缩缸上部的空气排入大气，对工作活塞不发生作用，同时由于逆止阀的作用，阻止工作缸下部空气返回压缩缸下部空腔，使锤头悬于上方。

⑤单次打击。单次打击是由连续打击演变而来的。将手柄由悬空位置开始快速往返一次，如图3.20（e）所示。这时压缩缸及工作缸内气体的流动与连续打击时相同，但手柄必须迅速返回，使锤头打击后能立即回至悬空位置，从而实现单次打击。单次打击和连续打击力量的大小都是通过下旋阀中气道孔的开启程度来控制的，手柄扳转角度小，打击力就小；扳转角度大，打击力就大。

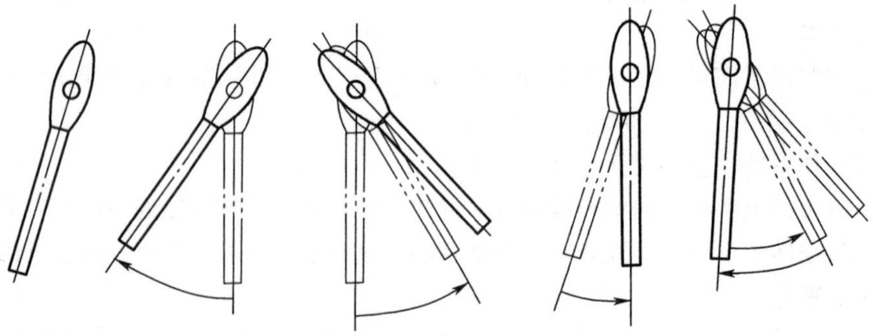

（a）　　　　　（b）　　　　　（c）　　　　　（d）　　　　　（e）

图3.20　手柄操纵位置图

（a）空行程位置；（b）压紧位置；（c）连续打击位置；（d）悬空位置；（e）单次打击位置

2. 自由锻锤拔长操作的正确姿势

掌钳时，操作者站立在锤前正面位置，以右脚在前，左脚略后，两腿分开半步姿势站立；右手在前，左手在后，握住钳柄并与下砧面持平，直腰收腹，身体自然舒展，眼睛注视钳口和工件，做好操钳翻动的准备动作，正确拿钳姿势是将钳子置于身体一侧，不能正对自己腰部。

3. 掌钳的方法

掌钳者右手虎口张开，大拇指捏住钳子一柄，余指压住另一柄，距钳子铆接处约一拳位置用力捏紧，左手成握拳式捏住钳柄尾部并控制钳子高度。若夹持大坯料，应在钳子尾部套上钳箍，并用左手顶住钳箍，防止滑动脱落。

4. 拔长的操作方法

用上、下平砧拔长，要使坯料在拔长过程中各部分的温度和变形均匀，拔长时应使坯料一边送进一边不停地翻转。翻转的方法是反复左右翻转90°，右手主要起翻转作用，左手辅助但主要是控制钳子高度，使之保持与下砧面成水平位置。右手翻转坯料时，手臂和手腕一起用力，闭气收腹，同时身体重心移向左脚，此时右脚跟有向上提升之力，利用锤击后锤头上升的一瞬间，全身产生爆发力，并迅速翻转坯料。

四、知 识 扩 展

（一）胎模锻

胎模锻是在自由锻设备上使用可移动模具生产锻件的一种锻造方法。胎模锻介于自由锻与模锻之间，吸取了两种锻造方法的优点。胎膜锻通常先在自由锻设备上制坯，然后将锻件放在胎模中用自由锻设备终锻成形，形状简单的锻件也可直接在胎模中成形。

胎模锻的特点如下。

①与自由锻相比，胎模锻生产效率高，形状准确，加工余量小，尺寸精度高。锻件在胎模中成形，锻件内部组织细密，力学性能好。

②与模锻相比，胎模锻不需要昂贵的设备，胎模不仅制作简单、成本低，而且使用方便，能局部成形，可以用小胎模制造出较大的锻件。

胎模分为扣模（见图3.21）、套模（见图3.22）和合模（见图3.23）。

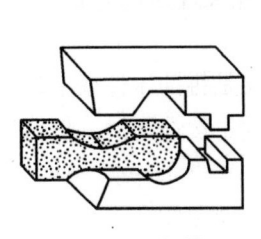

图3.21 扣模

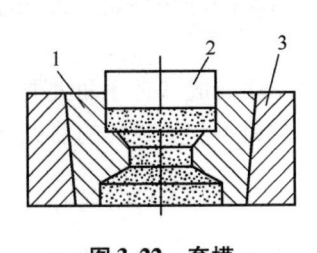

图3.22 套模
1—镶块；2—冲头；3—模筒

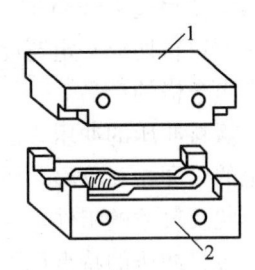

图3.23 合模
1—上模；2—下模

胎模锻的模具制造简单方便，在自由锻锤上即可进行锻造，不需要模锻锤，在提高锻件精度与复杂程度的基础上，提高了生产效率，在中小批量的锻造生产中应用广泛。但由于劳动强度大，胎模锻只适用于小型锻件的生产。

（二）模锻

将坯料加热后放在上、下锻模的模膛内，施加冲击力或静压力，使坯料在模膛所限制的空间产生塑性变形，从而获得锻件的锻造方法称为模锻。

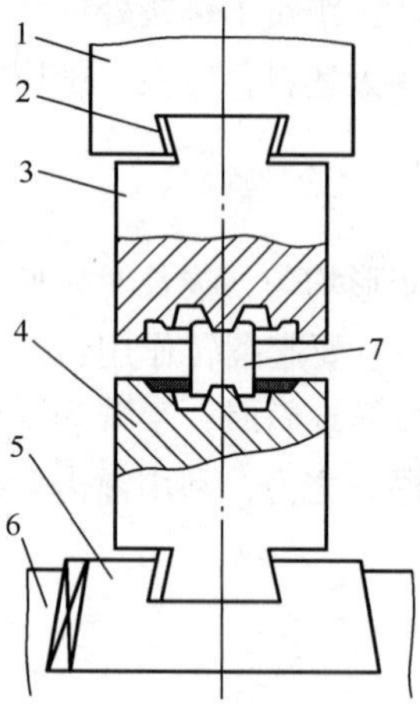

模锻如图 3.24 所示，由专用的模具钢加工制成，具有较高的红硬性、耐磨性和耐冲击性。模膛内所有与分模面相垂直的表面都有 5°～10°的模锻斜度，作用是利于锻件出模。并且所有面与面之间的交角都要加工成圆角，以利于金属充满模膛，防止应力过大使模膛开裂。模膛的边缘还设计有飞边槽，飞边槽由桥部与仓部两部分构成，如图 3.25 所示。桥部设计较浅，增大阻力，促进金属流动充满模膛，仓部可容纳下料时考虑烧损量、冲孔损失及估计误差所造成的多余金属。由于带孔的锻件不可能将孔直接锻出，要留有一定厚度的冲孔连皮，冲孔连皮与飞边可在锻件成形后切除。

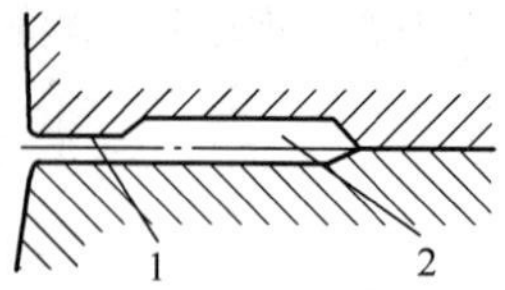

图 3.24 模锻

1—锤头；2—楔铁；3—上模；
4—下模；5—模座；
6—砧铁；7—坯料

图 3.25 飞边槽

1—桥部；2—仓部

模锻可以在多种设备上进行。常用的模锻设备有蒸汽－空气模锻锤、曲柄压力机、摩擦压力机、平锻机、液压机等。其中在蒸汽－空气模锻锤上的模锻应用最广，又称为锤上模锻。

模锻的生产率和锻件的精度比自由锻高，但模具制造成本高、周期长、锻锤的打击力要求高，因此模锻只适合于大批量生产。

（三）板料冲压

板料冲压是指利用冲模在压力机上对材料施加压力，使材料产生分离或变形，从而获得一定形状、尺寸和性能冲压件的加工方法。板料冲压通常在室温下进行，故又称冷冲压。当板料厚度超过 10 mm 时，需采用热冲压。常用的冲压设备有剪床和冲床等。剪床的主要用途是把板料切成一定宽度的条料，为后续的冲压备料。冲床主要用来完成冲压的各道工序，生产出合格的产品。

板料冲压的冲压方法可分为分离工序及成形工序两大类。分离工序是将冲压件或毛坯沿一定的轮廓相互分离。成形工序是在材料不产生破坏的前提下使毛坯发生塑性变形，形成所需形状及尺寸的工件。

板料冲压的特点如下：

①可制造其他加工方法难以加工或无法加工的形状复杂的薄壁零件。

②冲压件尺寸精度高，表面光洁，质量稳定，互换性好，一般不再进行机械加工即可装配使用。

③生产效率高，成本低，易实现机械化和自动化。

④可利用加工硬化提高零件的力学性能，冲压件具有质量轻、强度高、刚度大的显著

特点。

⑤冲压模具结构较复杂、加工精度要求高、制造费用大,因此板料冲压加工适用于大批量生产。

冲压加工应用范围非常广泛,特别适合于制造中空的杯状产品,在现代汽车、家用电器、仪器仪表、飞机、导弹及日用品生产中占有主要地位。

冷冲压的3个基本工序为冲裁、拉深、弯曲。

1. 冲裁

冲裁分为落料和冲孔。落料是指将材料以封闭的轮廓分离开,得到平整的零件,剩余的部分为废料。冲孔是指将零件内的材料以封闭的轮廓分离开,冲掉的部分是废料。

(1) 冲裁过程

板料的冲裁过程如图3.26所示。凸模1与凹模2有与工件轮廓一样的刃口,凸、凹模之间存在一定的间隙。当压力机滑块将凸模推下时,放在凸、凹模之间的板料被冲裁成所需的工件。冲裁时板料的变形过程可分为以下3个阶段。

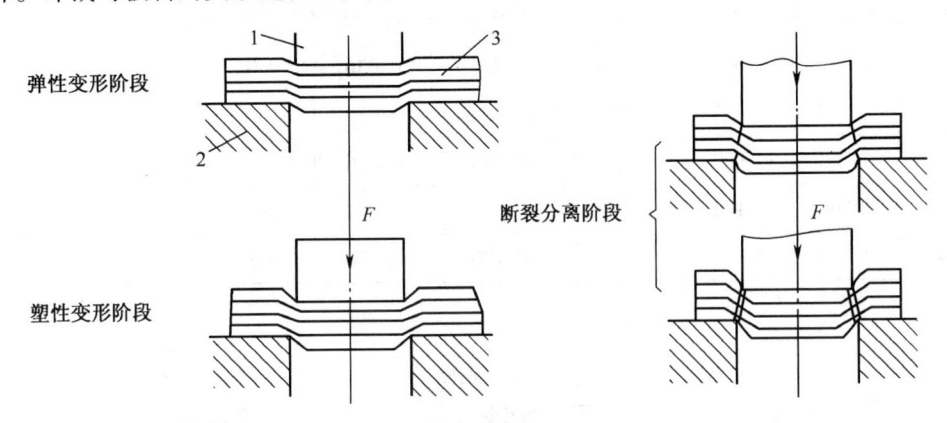

图3.26 板材冲裁变形与分离过程
1—凸模;2—凹模;3—板料

①当凸模开始接触板料并下压时,板料产生弹性压缩、弯曲、拉伸等变形。

②凸模继续下压,板料的应力达到屈服点,板料发生塑性变形。

③当板料应力达到抗剪强度时,板料在与凸、凹模刃口接触处产生裂纹,当上下剪切裂纹相连时,板料便分成了两部分。

(2) 冲裁间隙

冲裁间隙是指凸、凹模刃口同位尺寸之间缝隙的距离,用 c 表示单面间隙,冲裁模初始单面间隙见表3.3。冲裁间隙对冲裁过程及冲裁件断面质量具有重要影响,还影响到模具寿命和冲裁力的大小,如图3.27所示。

表3.3 冲裁模初始单面间隙 c mm

材料厚度 t	软铝		紫铜、黄铜、软钢 ($w_C = 0.08\% \sim 0.2\%$)		杜拉铝、中硬钢 ($w_C = 0.3\% \sim 0.4\%$)		硬钢 ($w_C = 0.5\% \sim 0.6\%$)	
	c_{min}	c_{max}	c_{min}	c_{max}	c_{min}	c_{max}	c_{min}	c_{max}
0.5	0.010	0.015	0.012	0.018	0.015	0.020	0.018	0.022

续表

材料厚度 t	软铝		紫铜、黄铜、软钢 ($w_c = 0.08\% \sim 0.2\%$)		杜拉铝、中硬钢 ($w_c = 0.3\% \sim 0.4\%$)		硬钢 ($w_c = 0.5\% \sim 0.6\%$)	
	c_{min}	c_{max}	c_{min}	c_{max}	c_{min}	c_{max}	c_{min}	c_{max}
0.8	0.016	0.024	0.020	0.028	0.024	0.032	0.028	0.036
1.0	0.020	0.030	0.025	0.035	0.030	0.040	0.035	0.045
1.2	0.025	0.042	0.036	0.048	0.042	0.054	0.048	0.060
1.5	0.038	0.052	0.045	0.060	0.052	0.068	0.060	0.075
2.0	0.050	0.070	0.060	0.080	0.070	0.090	0.080	0.100

材料厚度 t	08、10、35、09Mn、Q235		16Mn		40、50		65Mn	
	c_{min}	c_{max}	c_{min}	c_{max}	c_{min}	c_{max}	c_{min}	c_{max}
0.5	0.020	0.030	0.020	0.030	0.020	0.030	0.020	0.030
0.8	0.036	0.052	0.036	0.052	0.036	0.052	0.032	0.046
1.0	0.050	0.070	0.050	0.070	0.050	0.070	0.045	0.063
1.2	0.063	0.090	0.066	0.090	0.066	0.090		
1.6	0.066	0.120	0.085	0.120	0.085	0.120		
2.0	0.123	0.180	0.130	0.190	0.130	0.190		

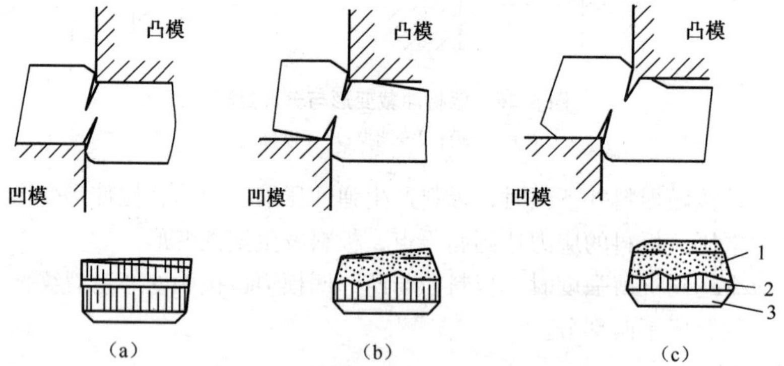

图 3.27 冲裁间隙对断面质量的影响

(a) 间隙过小；(b) 间隙适中；(c) 间隙过大

1—断裂带；2—光亮带；3—塌角

间隙合理时，上下剪裂纹会基本重合，获得的工件断面较光洁，毛刺最小。合理冲裁单面间隙值为

$$c = mt$$

式中　t——冲裁板料厚度，mm；

　　　m——与材料性能及板厚有关的系数，通常取 $m = 3\% \sim 8\%$。

间隙过小，上下剪裂纹向外错开，在冲裁件断面上会形成毛刺和叠层；间隙过大，材料中拉应力增大，塑性变形阶段过早结束，裂纹向里错开，不仅光亮带小，毛刺和剪裂带均较大。

(3) 凸、凹模刃口尺寸的确定

凸、凹模刃口的尺寸见表 3.4。

表 3.4 凸、凹模刃口的尺寸选择

项目	落料模		冲孔模	
	凹模尺寸	凸模尺寸	凹模尺寸	凸模尺寸
数值	工件尺寸，工件最小极限尺寸	工件尺寸减去合理间隙值 $2c$	孔的尺寸加合理间隙值 $2c$	孔的尺寸，工件最大极限尺寸
依据	落料件的尺寸取决于凹模尺寸		冲孔件的尺寸取决于凸模尺寸	
	冲裁过程中的磨损会使凹模尺寸增大，凸模尺寸减小			

2. 拉深

拉深是指利用模具将已落料的平面板坯压制成各种开口空心零件，或将已制成的开口空心件毛坯制成其他形状空心零件的一种变形工艺，又称拉延。采用拉深方法可生产筒形、阶梯形、锥形、球形、方盒形及其他不规则形状的薄壁零件。

(1) 拉深过程

如图 3.28 所示，直径为 D、厚度为 t 的毛坯经拉深模拉深，变成内径为 d、高度为 h 的开口圆筒形工件。在拉深过程中，毛坯的中心部分成为圆筒形工件的底部，基本不变形。毛坯的凸缘部分是主要变形区域。拉深过程实质就是将凸缘部分的材料逐渐转移到筒壁部分。在转移过程中部分材料由于拉深力的作用以及材料间的相互挤压作用，在其径向和切向分别产生拉应力和切应力，在两种应力的共同作用下，凸缘部分的材料发生塑性变形。在凸模的作用下不断被压入凹模形成圆筒形开口空心件。

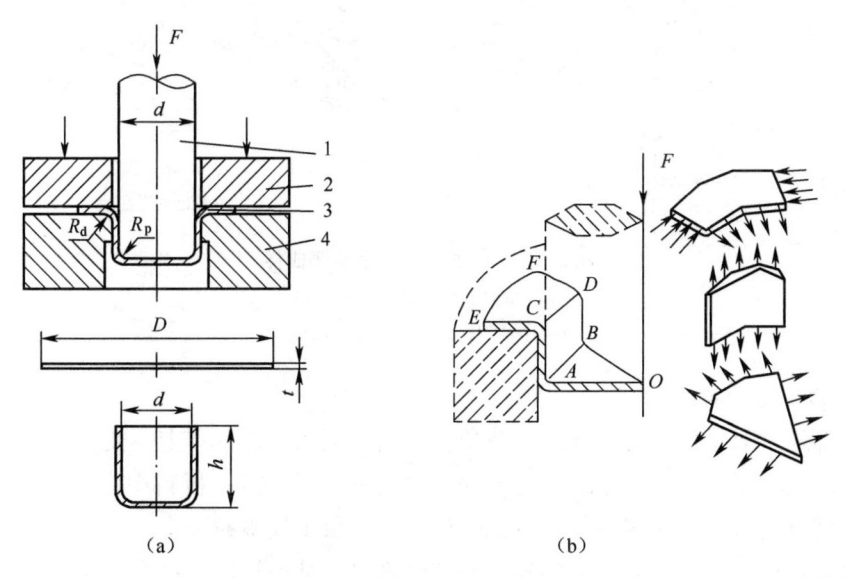

图 3.28 拉深过程及变形分析

(a) 拉深过程；(b) 变形分析

1—凸模；2—压边圈；3—板料；4—凹模

（2）拉深时的主要质量问题

①起皱。拉深时，凸缘部分是拉深过程中的主要变形区，而凸缘变形区的主要变形是切向压缩。当切向压应力较大而板料又较薄时，凸缘部分的材料便会失去稳定而在凸缘的整个周围产生波浪形的连续弯曲，这就是拉深时的起皱现象。为防止起皱，实际生产中常采用压边圈来提高拉深时允许的变形程度。

②拉裂。经过拉深后，筒形件壁部的厚度与硬度都会发生变化。筒壁越靠上，切向压缩越大，壁部越厚，变形量越大，加工硬化现象就严重，硬度越高。筒壁的底部靠近圆角处几乎没有切向压缩，变形程度小，加工硬化现象小，材料的屈服点低，壁厚变薄。整个筒壁部由上而下壁厚逐渐变小，硬、薄板料拉深时最容易产生破裂。拉裂是筒形件拉深时最主要的破坏形式。拉深时，极限变形程度就是以不拉裂为前提的。

3. 弯曲

弯曲是利用模具或其他工具将坯料一部分相对另一部分弯曲成一定的角度和圆弧的变形工序。

（1）弯曲变形过程

板料弯曲中最基本的是 V 形件的弯曲，其弯曲过程如图 3.29 所示。开始弯曲时，板料的弯曲内侧半径大于凸模的圆角半径，随凸模的下压，板料内侧半径逐渐减小，同时弯曲力臂也逐渐减小。当凸模、板料、凹模三者完全压合，板料的内侧半径及弯曲力臂达到最小时，弯曲过程结束。

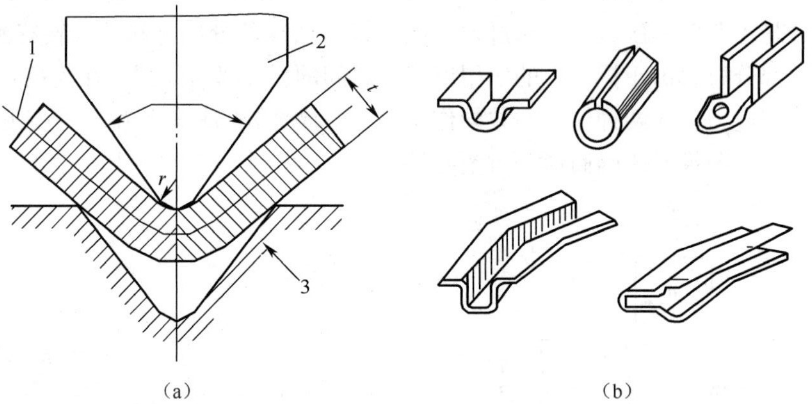

图3.29　弯曲变形过程及弯曲件

（a）弯曲过程；（b）弯曲产品

1—中性层；2—凸模；3—凹模

（2）弯曲变形的特点

弯曲变形通常只发生在弯曲件的弯曲角范围内，圆角以外基本上不变形。板料靠近凸模的内侧长度缩短（受压），靠近凹模的外侧长度伸长（受拉），板料中间中性层长度不变。当板料外侧受到的拉应力超过板料的抗拉强度时，外层金属被拉裂。

弯曲件在弯曲变形结束后，会伴随一些弹性恢复，从而造成工件弯曲角度、弯曲半径与模具的形状、尺寸不一致的现象，称为弯曲件的回弹现象。弯曲件的回弹会直接影响其精度。因此，在设计弯曲模时应使模具的弯曲角 α_p 比弯曲件弯曲角 α 小一个回弹角 $\Delta\alpha$，回弹

· 68 ·

角通常小于10°。材料的屈服强度越高，相对弯曲半径越大，则回弹值越大；当弯曲半径一定时，板料越厚，则回弹越小。

（3）弯曲件的结构工艺性

①最小弯曲半径。弯曲件的最小弯曲半径不能小于材料许可的最小半径，否则会造成弯曲处外层材料的破裂。

②弯曲件的直边高度。弯曲臂过短不易弯成，应使弯曲臂长度 $h > 2t$；如必须是短臂，则应先弯成长臂，再切去多余部分。

③弯曲件孔边距。带孔件弯曲时，为避免孔被拉成椭圆，孔不能离弯曲处太近，应使 $L > 2t$。

④工艺孔。弯曲件半径较小的弯边交接处，容易因应力集中而产生裂纹，应事先在交接处钻出工艺孔，以预防裂纹的产生。

4. 其他成形工序

（1）翻边

翻边是指将零件的孔边缘或外边缘在模具作用下翻成竖立边缘的一种冲压工艺方法，如图3.30所示。翻边工序广泛应用于汽车、拖拉机、车辆制造等部门的机器零件中。

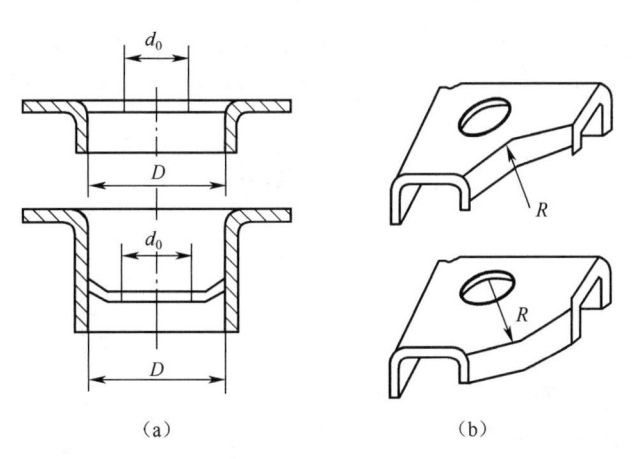

图 3.30 翻边
(a) 孔翻边；(b) 外缘翻边

翻边工艺的特点如下：

①可加工形状复杂且具有良好刚度和合理空间形状的零件。

②可代替无底拉深件和拉深后切底工序，减少工序和模具，提高生产率，降低成本，节省原材料。

③可代替某些复杂零件形状的拉深工作，故翻边特别适用于小批量试制性生产。

（2）收口

收口是指将中空零件的口径缩小、壁厚变厚，获得所需形状的工序。

（3）胀形

胀形是指利用压力将直径较小的筒形零件或锥形零件由内向外膨胀成直径较大的凸出曲面零件，或者在板材上形成刚性筋条的一种塑性成形工艺方法，如图3.31所示。

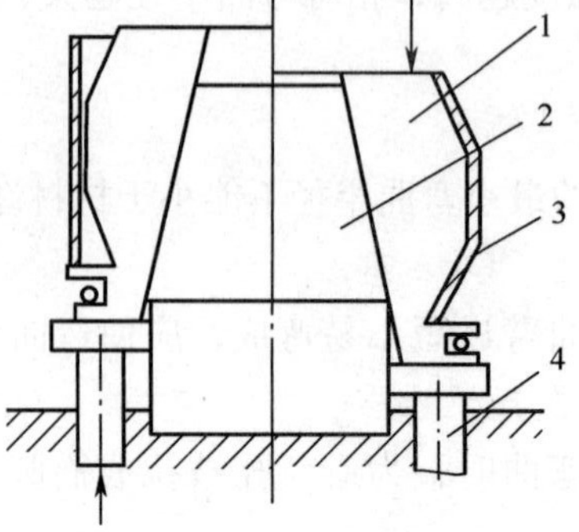

图 3.31　刚模胀形

1—分瓣凸模；2—芯子；

3—工件；4—顶杆

胀形工艺的特点如下：

①局部塑性变形，材料不向变形区外转移，也不从变形区外进入变形区内。

②零件变形区内的材料处于两相受拉的应力状态，膨胀时零件一般要变薄。

③胀形极限变形程度主要取决于材料的塑性，塑性越好，极限变形程度越大。

④胀形零件表面光洁，质量较好；零件回弹现象小。

胀形工艺主要用于圆柱形空心毛坯的胀形，如水壶嘴；管类毛坯的胀形，如波纹管；也常用于平板毛坯的局部胀形，如压制突起、凹坑、加强筋、花纹图案及标记等。

思考与实训

一、填空题

1. 自由锻造的基本工序有 _____、_____、_____、_____、_____、_____、_____ 和 _____ 等。

2. 为防止墩粗时中心偏移，坯料加热必须 _____、_____。

3. 模锻按锻件成形特点可分为 _____ 和 _____。其中 _____ 是带飞边的。

二、名词解释

拔长锻造比

墩粗锻造比

芯棒拔长

芯棒扩孔

三、简答题

1. 自由锻工艺规程编制的原则是什么？

2. 自由锻工艺规程编制有哪些步骤？

3. 拟定锻造工序方案时应注意哪些事项？

四、实训题

采用锻造方法制作如图 3.1 所示的台阶轴（锻造精度为 F 级）。

项目四 焊 接

项目目标

- 了解焊条电弧焊焊接过程及对焊条电弧焊电源的基本要求。
- 熟悉焊条电弧焊的设备和工具。
- 掌握焊条电弧焊工艺。
- 学会焊条电弧焊操作技术。

一、项目导入

完成两块板料的对缝焊接,单面焊双面成形,如图4.1所示。

焊件外形尺寸:12 mm×200 mm×300 mm。

焊件材料:Q235。

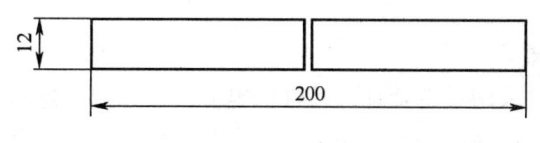

图 4.1 板料的对接

二、相关知识

焊接是指通过加热或加压,或两者并用,并且采用或不用填充材料,使焊件达到原子间结合的一种加工方法。在金属加工工艺领域,焊接属于连接方法之一,焊接工艺虽然历史不长,但近年来发展十分迅速。

焊接的方法很多,常用的有电弧焊、气焊和电阻焊等,其中电弧焊使用最为广泛。

焊接时,经加热熔化又随后冷却凝固的那部分金属叫焊缝,被焊的工件材料叫母材,两个工件连接处称为焊接接头,如图4.2所示。

焊条电弧焊是利用焊条与焊件之间产生的电弧热量,将焊条和焊件熔化,从而获得牢固接头的一种手工操作的焊接方法。

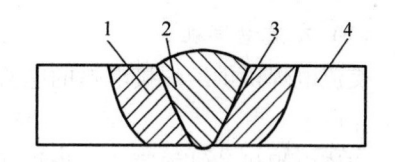

图 4.2 熔焊焊接接头及各区域名称
1—热影响区;2—焊缝;
3—熔合线;4—母材

（一）焊条电弧焊的焊接过程和电源要求

1. 焊条电弧焊的焊接过程

焊条电弧焊的焊接过程如图 4.3 所示。焊接前，先将工件和焊钳通过导线分别接到电焊机的两极上，并用焊钳夹持焊条。焊接时，先将焊条与工件瞬间接触，造成短路，然后迅速提起焊条，并使焊条与工件保持一定的距离，这时在焊条与工件之间便产生了电弧。电弧热将工件接头处和焊条熔化，形成一个熔池。随着焊条沿焊接方向向前移动，新的熔池不断产生，原先的熔池则不断冷却、凝固，形成焊缝，从而使分离的工件连成整体。

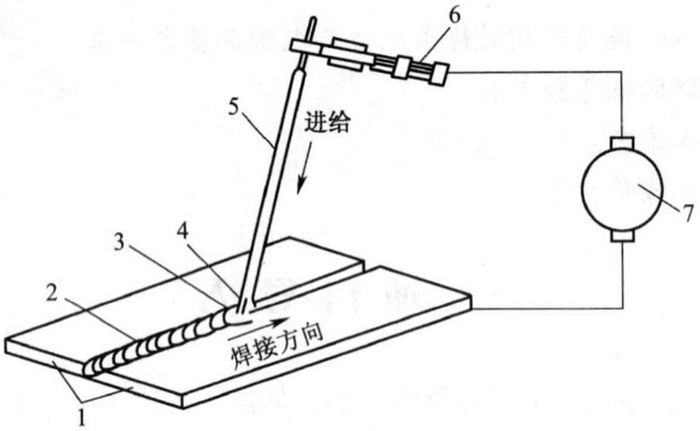

图 4.3　焊条电弧焊
1—工件；2—焊缝；3—熔池；4—电弧；5—焊条；6—焊钳；7—电焊机

2. 对电源外特性的要求

焊条电弧焊焊接时要采用具有陡降外特性的电源。因为焊条电弧焊时，电弧的静特性曲线呈 L 形，当焊工由于手的抖动引起弧长变化时，焊接电流也随之变化；采用陡降的外特性电源时，同样的弧长变化所引起的焊接电流变化比缓降外特性或平特性电源引起的电流变化要小得多，有利于保持焊接电流的稳定，从而使焊接过程稳定。

（二）焊条电弧焊的设备和工具

1. 焊条电弧焊的主要设备

焊条电弧焊的主要设备是电焊机。按产生电流的种类不同，电焊机分为交流电焊机和直流电焊机两大类。

（1）交流电焊机

交流电焊机供给焊接电弧的电流是交流电，它实际上是符合焊接要求的降压变压器，如图 4.4 所示。

交流电焊机的结构简单，价格便宜，使用可靠，维修方便，工作噪声小；缺点是焊接时电弧不够稳定。BX1 - 330 型电焊机是目前国内使用较多的一种交流电焊机。

（2）直流电焊机

直流电焊机供给焊接电弧的电流是直流电，是由交流电动机和直流电焊发电机组成的，如图 4.5 所示。交流电动机带动直流电焊发电机旋转，直流电焊发电机则发出满足焊接要求的直流电，其空载电压为 50 ~ 80 V、工作电压为 30 V 左右，电流调节也分粗调和细调两级。

直流电焊机的特点是能够得到稳定的直流电，因此引弧容易、电弧稳定、焊接质量较好。但是结构复杂，价格比交流电焊机贵得多，维修较困难，使用时噪声大。在焊接质量要求高或焊接薄碳钢件、有色金属、铸铁和特殊钢件时，宜采用直流电焊机。目前旋转式直流电焊机已被弧焊整流器代替。

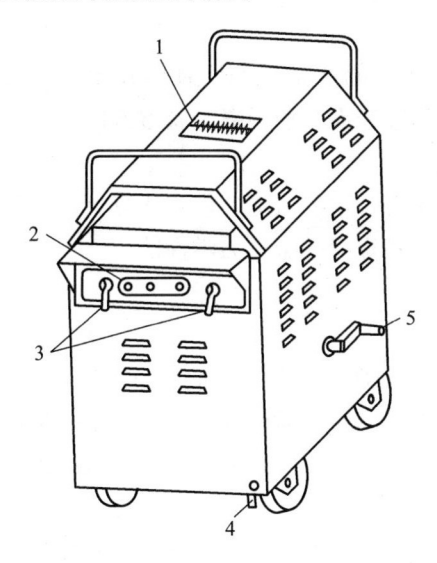

图 4.4 交流电焊机

1—电流指示盘；2—线圈抽头（粗调电流）；3—焊接电源两极；4—接地；
5—调节手柄（细调电流）

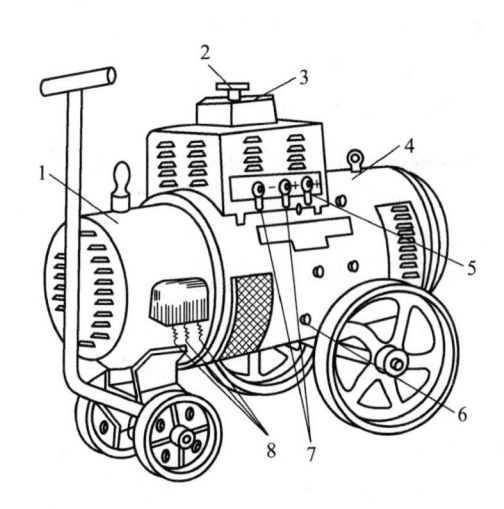

图 4.5 直流电焊机

1—交流电动机；2—调节手柄（细调电流）；
3—电流指示盘；4—直流电焊发电机；5—正极抽头
（粗调电流）；6—接地螺钉；7—焊接电源两极
（接工件和焊条）；8—接外电源

（3）逆变电源

逆变电源是近几年发展起来的焊接电源，它具有体积小、质量小、节约材料、高效节能、通应性强等优点。

2. 焊条电弧焊的工具

进行焊条电弧焊时必需的工具有：夹持焊条的焊钳，保护操作者的皮肤、眼睛免于灼伤的电焊手套和面具，清除焊条缝表面及渣壳的清渣锤和钢丝刷等。

3. 焊条

焊条（见图 4.6）由焊芯和药皮组成。焊条在使用前应烘干。

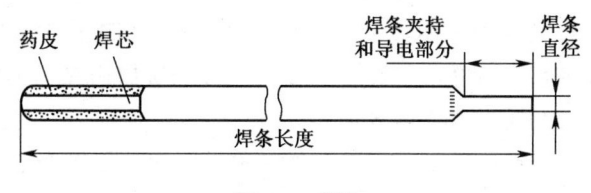

图 4.6 焊条

（1）焊芯的作用

焊芯是一根具有一定直径和长度的金属丝。以其直径作为焊条直径。焊接时焊芯的作用：一是作为电极，产生电弧；二是熔化后作为填充金属，与熔化的母材一起形成焊缝。

（2）药皮的作用

压涂在焊芯表面上的涂料层叫药皮。药皮具有下列作用：

①提高焊接电弧的稳定性。涂有焊条药皮后，其中含有钾和钠成分的"稳弧剂"能提高电弧的稳定性，使焊条在交流电或直流电的情况下都容易引弧、稳定燃烧以及熄灭后再引弧。

②保护熔化金属不受外界空气的影响。药皮熔化后产生的"造气剂"使熔化金属与外界空气隔离，防止空气侵入，熔化后形成的熔渣覆盖在焊缝表面，使焊缝金属缓慢冷却，有利于焊缝中气体的逸出。

③过渡合金元素使焊缝获得所要求的性能。药皮中含有合适的造渣、稀渣成分，使焊接可获得良好的流动性，还可使焊缝金属合金化，有利于提高焊缝的金属力学性能。

（3）焊条的分类

按焊条药皮熔化后的熔渣特性分类如下：

①酸性焊条。其熔渣的主要成分是酸性氧化物，具有较强的氧化性，合金元素烧损多，因而力学性能较差，特别是塑性和冲击韧性比碱性焊条低。同时，酸性焊条脱氧、脱磷硫能力低，因此，热裂纹的倾向也较大。但这类焊条焊接工艺性较好，对弧长、铁锈不敏感，且焊缝成形好，脱渣性好，广泛用于一般金属结构。

②碱性焊条。其熔渣的主要成分是碱性氧化物和铁合金。由于脱氧完全，合金过渡容易，能有效地降低焊缝中的氢、氧、硫，所以，焊缝的力学性能和抗裂性能均比酸性焊条好。碱性焊条可用于合金钢和重要碳钢的焊接。但这类焊条的工艺性能差，引弧困难，电弧稳定性差，飞溅大，不易脱渣，必须采用短弧焊。

（4）焊条型号的编制

碳钢和低合金钢焊条型号按 GB 5117—2012、GB 5118—2012 规定，其型号编制方法在这里由于篇幅所限不再讲述。

（三）焊条电弧焊的工艺

焊条电弧焊的工艺主要包括焊接的接头形式、焊缝的空间位置和焊接参数。

1. 接头分类

焊接接头包括焊缝和热影响区。一个焊接结构总是由若干个焊接接头组成。焊接接头可分为对接接头、T 形接头、十字接头、搭接接头、角接接头、端接接头、斜对接接头、卷边接头、套管接头和锁底对接接头共 10 种，如图 4.7 所示。

对接接头是各种焊接结构中采用最多的一种接头形式。当工件较薄时，只要在工件接口处留出一定的间隙，就能保证焊透。焊接前需要把工件的接口边缘加工成一定的形状，称为坡口。对接接头常见的坡口形状如图 4.8 所示。

V 形坡口加工方便。X 形坡口由于焊缝两面对称，引起的焊接变形小，当工件厚度相同时，较 V 形坡口节省焊条。U 形坡口容易焊透，工件变形小，用于焊接锅炉、高压容器等重要厚壁构件。但 X 形坡口和 U 形坡口加工比较费工时。

2. 焊接方法

按焊缝的空间位置不同，焊接方法可分为平焊、立焊、横焊和仰焊，如图 4.9 所示。

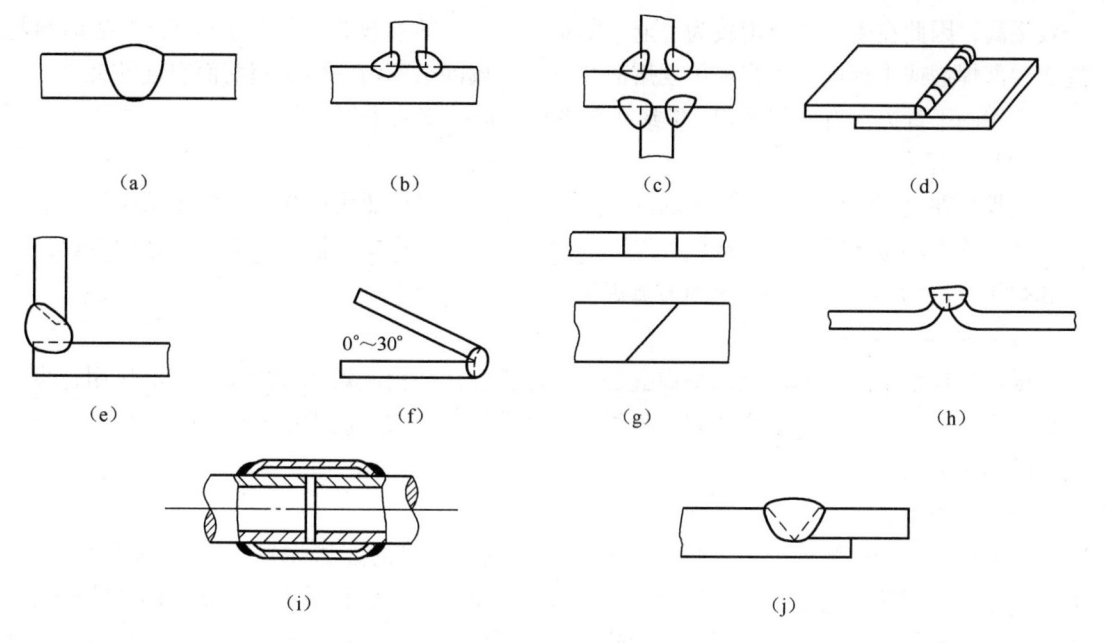

图 4.7　焊接接头的形式

(a) 对接接头；(b) T形接头；(c) 十字接头；(d) 搭接接头；(e) 角接接头；
(f) 端接接头；(g) 斜对接接头；(h) 卷边接头；(i) 套管接头；(j) 锁底对接接头

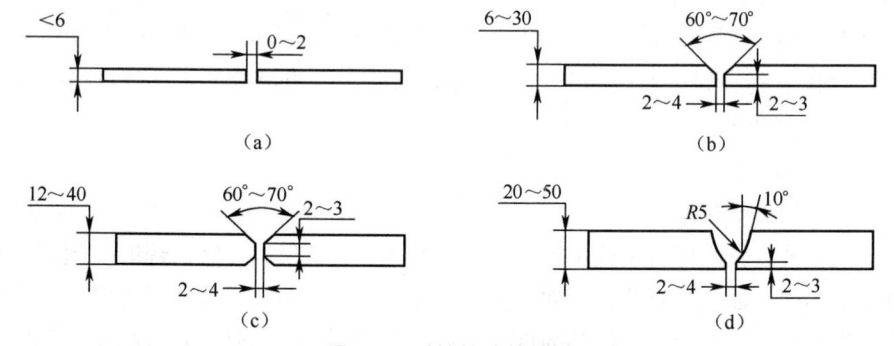

图 4.8　对接接头的坡口

(a) 平头坡口；(b) V形坡口；(c) X形坡口；(d) U形坡口

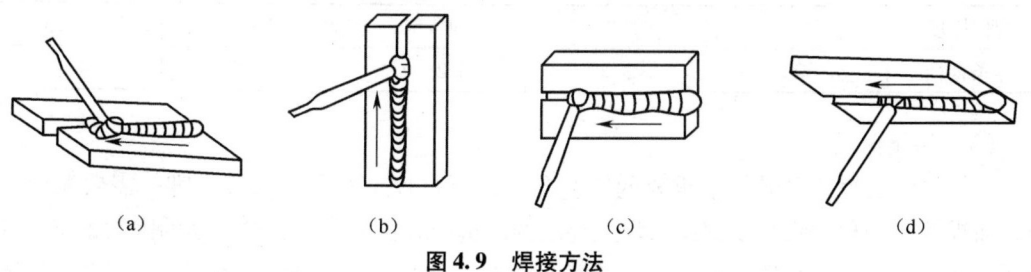

图 4.9　焊接方法

(a) 平焊；(b) 立焊；(c) 横焊；(d) 仰焊

(1) 平焊

平焊是在水平面上的任何方向进行焊接的一种操作方法。由于焊缝处在水平位置，熔滴主要靠自重过渡，操作技术比较容易掌握，可以选用较大直径的焊条和较大的焊接电流，生产效率高，因此在生产中应用较为普遍。如果焊接工艺的参数选择和操作不当，打底时容易造成根部焊瘤或未焊透，也容易出现熔渣与熔化金属混杂不清或熔渣超前而引起的夹渣。

常用的平焊方法有对接平焊、T形接头平焊和搭接接头平焊三种。

（2）立焊

立焊是在垂直方向上进行焊接的一种操作方法，由于受重力的作用，焊条熔化所形成的熔滴及熔池中的金属要下淌，造成焊缝形成困难，质量受影响。因此，立焊时选用的焊条直径和焊接电流均小于平焊，并采用短弧焊接。

（3）横焊

横焊是在水平方向上焊接水平焊缝的一种操作方法。由于熔化金属受重力的作用，容易下淌而产生各种缺陷，因此应采用短弧焊接，并选用较小直径的焊条和较小的焊接电流以及适当的运条方法。

（4）仰焊

焊缝位于燃烧电弧的上方，焊工在仰视位置进行焊接的方法称为仰焊。仰焊劳动强度大，是最难的焊接方法之一。仰焊时，熔化金属在重力作用下较易下淌，熔池的形状和大小不易控制，容易出现夹渣、未焊透、凹陷现象，运条困难，表面不易焊得平整。焊接时，必须正确选用焊条直径和焊接电流，以减少熔池的面积。尽量使用厚药皮焊条和维持最短的电弧，有利于熔滴在很短的时间内过渡到熔池中，促进焊缝成形。

3. 焊条电弧焊的工艺参数

焊接工艺参数（焊接规范）是指焊接时，为保证焊接质量而选定的诸物理量，主要是焊条直径、焊接电流、焊接速度和电弧长度等。选择合适的焊接工艺参数对提高焊接质量和生产效率是十分重要的。

（1）焊条直径

焊条直径可根据焊件厚度进行选择。厚度越大，选用的焊条直径应越大（见表4.1），但厚板对接，接头坡口打底焊时要选用较细焊条。另外，接头形式不同，焊缝空间位置不同，焊条直径也有所不同。如T形接头应比对接接头使用的焊条粗些，立焊、横焊等空间位置比平焊时所选用的焊条应细一些。立焊焊条的最大直径不超过5 mm，横焊、仰焊直径不超过4 mm。

表4.1　焊条直径与焊件厚度的关系　　　　　　　　　　　　　　　　　　mm

焊件厚度	2	3	4～5	6～7	>13
焊条直径	2	3.2	3.2～4	4～5	4～6

（2）焊接电流

焊接电流是焊条电弧焊最重要的工艺参数，也是焊工在操作过程中唯一需要调节的参数，而焊接速度和电弧长度都是由焊工控制的。选择焊接电流时，要考虑的因素很多，如焊条直径、药皮类型、工件厚度、接头类型、焊接位置等。但主要由焊条直径、焊接位置来决定。焊条直径越大，焊接电流越大。每种直径的焊条都有一个最合适的电流范围，见表4.2。可以根据下面的经验公式计算焊接电流：

$$I = (25 \sim 60) d$$

式中　I——焊接电流，A；

d——焊条直径,mm。

表 4.2　各种直径的焊条使用电流的参考值

焊条直径/mm	1.6	2.0	2.5	3.2	4.0	5.0	6.0
焊接电流/A	25~40	40~65	50~80	100~130	160~210	260~270	260~300

在平焊位置焊接时,可选用偏大些的焊接电流。横、立、仰焊位置焊接时,焊接电流应比平焊位置小 10%~20%。角焊电流比平焊电流稍大些。

另外,碱性焊条选用的焊接电流比酸性焊条小 10% 左右;不锈钢焊条比碳钢焊条选用的电流小 20% 左右。

总之,电流过大或过小都易产生焊接缺陷。电流过大时,焊条易发红,使药皮变质,而且易造成咬边、弧坑等缺陷,同时还会使焊缝过热,促使晶粒粗大。

(3) 焊接速度

焊接速度的快慢一般由焊工凭经验掌握。

(4) 电弧长度

操作时一般用短弧,通常要求电弧长度不超过焊条的直径。

三、项 目 实 施

(一) 实训准备

1. 焊件的准备

①板料 2 块,材料为 Q235A,尺寸如图 4.10 所示。

②矫平。

③焊前清理坡口及坡口两侧各 20 mm 范围内的油污、铁锈及氧化物等,直至呈现金属光泽为止。

2. 焊件的装配

①装配间隙。始端为 3 mm,终端为 4 mm。

②焊前的点固。为了固定两工件的相对位置,焊接前需进行定位焊,通常称为点固,如图 4.11 所示。若工件较长,可每隔 300 mm 左右点固一个焊点。

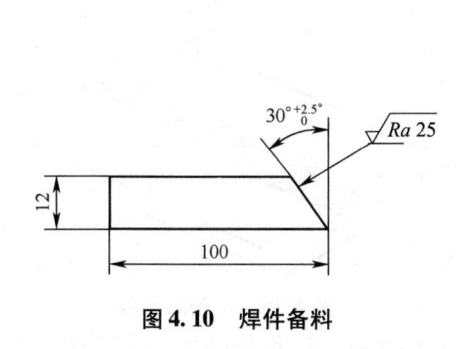

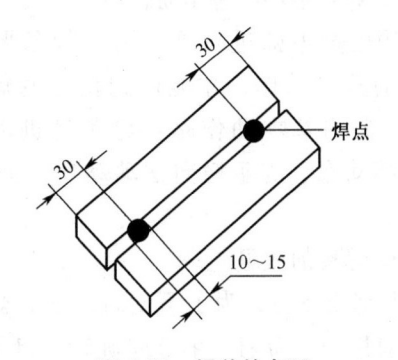

图 4.10　焊件备料

图 4.11　焊前的点固

③预制反变形量为 3°~4°。

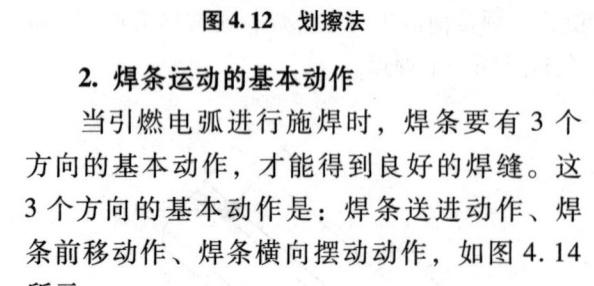

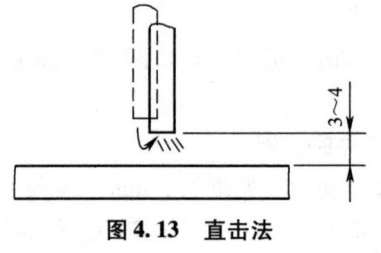

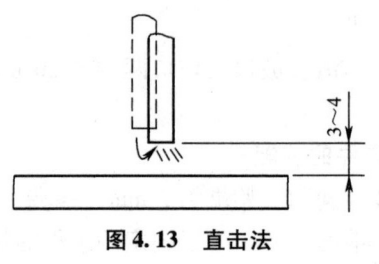

④错边量 ≤1.2 mm。

3. 焊接材料

①焊条选用 E4303,直径为 3.2 mm 和 4.0 mm。

②焊条在使用前应在 100 ℃~150 ℃烘干,保温 2 h。

4. 焊接设备

交、直流电焊机均可。

5. 工艺参数的选择

按表 4.1 选择焊条直径。

按表 4.2 选择焊接电流。

(二) 焊条电弧焊的操作技术

1. 引弧方法

引弧一般有两种方法:划擦法和直击法。

(1) 划擦法

先将焊条末端对准焊缝,然后将手腕扭转一下,使焊条在焊件表面轻微划一下,动作有点像划火柴,用力不能过猛。引燃电弧后焊条不能离开焊件太高,一般为 15 mm 左右,并保持适当的长度,开始焊接,如图 4.12 所示。

(2) 直击法

先将焊条末端对准焊缝,然后稍点一下手腕,使焊条轻轻碰一下焊件,随即将焊条提起引燃电弧,迅速将电弧移至起头位置,并使电弧保持一定长度,开始焊接,如图 4.13 所示。

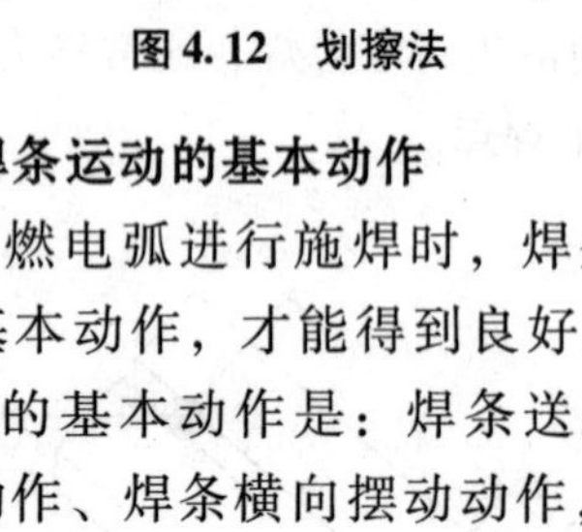

图 4.12 划擦法

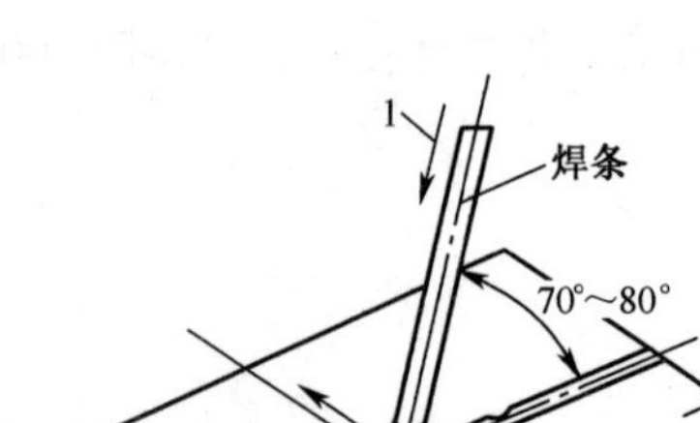

图 4.13 直击法

2. 焊条运动的基本动作

当引燃电弧进行施焊时,焊条要有 3 个方向的基本动作,才能得到良好的焊缝。这3 个方向的基本动作是:焊条送进动作、焊条前移动作、焊条横向摆动动作,如图 4.14所示。

3. 焊接的收尾

焊缝结尾时,为了不出现尾坑,焊条应停止向前移动,而朝一个方向旋转,自下而上地慢慢拉断电弧,以保证接尾处的成形良好。

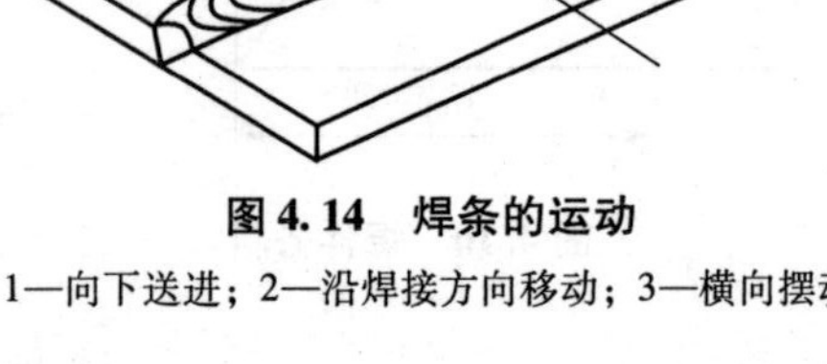

图 4.14 焊条的运动

1—向下送进;2—沿焊接方向移动;3—横向摆动

4. 焊后清理

用钢刷等工具把焊渣和飞溅物清理干净。

四、知识扩展

（一）气焊

气焊是利用可燃性气体和氧气混合燃烧所产生的火焰来熔化工件与焊丝进行焊接的一种焊接方法，如图4.15所示。

气焊通常使用的可燃性气体是乙炔（C_2H_2），氧气是气焊中的助燃气体。乙炔用纯氧助燃，与在空气中燃烧相比，能大大提高火焰的温度。乙炔和氧气在焊炬中混合均匀后，从焊嘴喷出燃烧，将工件和焊丝熔化形成熔池，冷凝后形成焊缝。

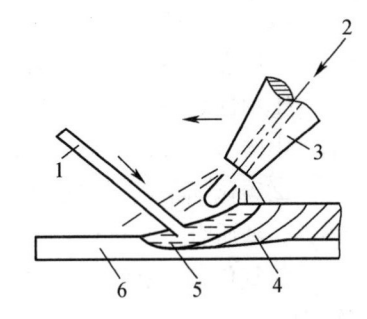

图4.15 气焊示意图

1—焊丝；2—乙炔＋氧气；3—焊炬；
4—焊缝；5—熔池；6—工件

气焊主要用于焊接厚度在3 mm以下的薄钢板，铜、铝等有色金属及其合金，以及铸铁的补焊等。此外，在没有电源的野外作业也常使用。

气焊的主要优点是设备简单，操作灵活方便，不需要电源。但气焊火焰的温度比电弧焊低，热量比较分散，生产效率低，工件变形严重，所以应用不如电弧焊广泛。

1. 气焊设备

气焊设备及连接方式如图4.16所示。气焊设备主要包括乙炔瓶、氧气瓶、减压器和焊炬（见图4.17）。

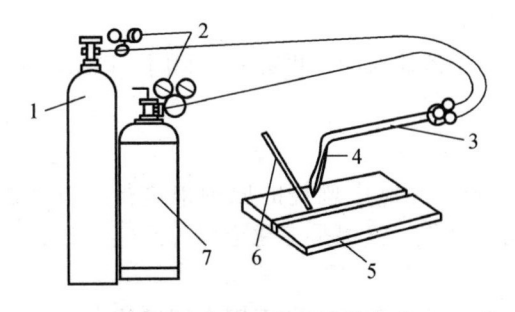

图4.16 气焊设备及连接方式

1—氧气瓶；2—减压器；3—焊炬；4—焊嘴；5—工件；6—焊丝；7—乙炔瓶

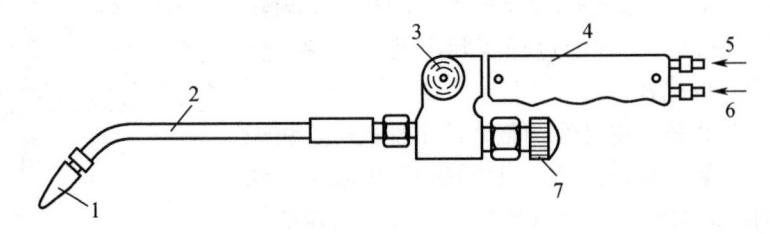

图4.17 焊炬结构示意图

1—焊嘴；2—混合管；3—乙炔阀门；4—手把；5—乙炔；6—氧气；7—氧气阀门

2. 气焊的基本操作

气焊的基本操作有点火、调节火焰、平焊焊接和熄火等几个步骤。

（1）点火

点火时，先把氧气阀门略微打开，以吹掉气路中的残留杂物，然后打开乙炔阀门，点燃火焰。若有放炮声或者火焰点燃后即熄灭，则应减少氧气或放掉不纯的乙炔，再行点火。

（2）调节火焰

火焰点燃后，逐渐开大氧气阀门，将碳化焰调整为中性焰。

①中性焰是氧气与乙炔气的混合比为 1.1～1.2 时燃烧所形成的火焰。适用于焊接低碳钢、中碳钢、低合金钢、不锈铜、纯铜、铝等金属材料。

②碳化焰是氧气与乙炔气的混合比小于 1.1 时燃烧所形成的火焰。适用于焊接高碳钢、铸铁、硬质合金等材料。

③氧化焰是氧气与乙炔气的混合比大于 1.2 时燃烧所形成的火焰。适用于焊接黄铜、镀锌钢板等。

（3）平焊焊接

气焊时，右手握焊炬，左手拿焊丝。在焊接开始时，为了尽快地加热和熔化工件形成熔池，焊炬倾角应大些，接近于垂直工件。正常焊接时，焊炬倾角一般保持在 40°～50°，如图 4.18 所示。焊接结束时，则应将倾角减小一些，以便更好地填满弧坑和避免焊穿。

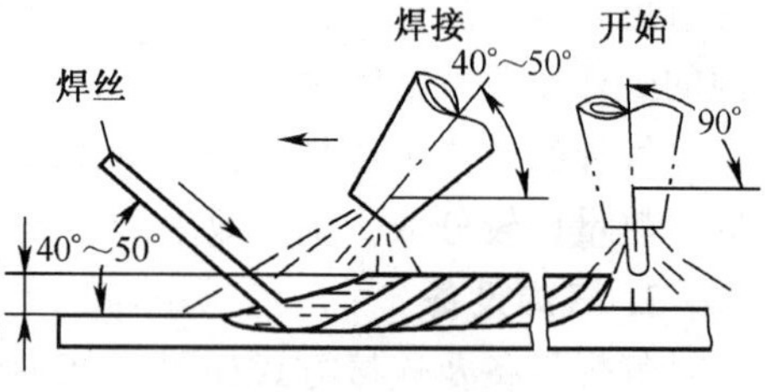

焊炬向前移动的速度应保证工件熔化并保证熔池具有一定的大小。工件熔化形成熔池后，再将焊丝适量地点入熔池内熔化。

图 4.18　焊炬倾角

（4）熄火

工件焊完熄火时，应先关乙炔阀门，再关氧气阀门，以减少烟尘和避免发生回火。

（二）气割

气割是根据高温金属能在纯氧中燃烧的原理来进行的。它与气焊是本质不同的过程，气焊是熔化金属，而气割是金属在纯氧中燃烧。

气割时，先用火焰将金属预热到燃点，再用高压氧使金属燃烧，并将燃烧所生成的氧化物熔渣吹走，形成切口，如图 4.19 所示。金属燃烧时放出大量的热，又预热待切割的部分。所以，气割的过程实际上就是预热—燃烧—去渣重复进行的过程。

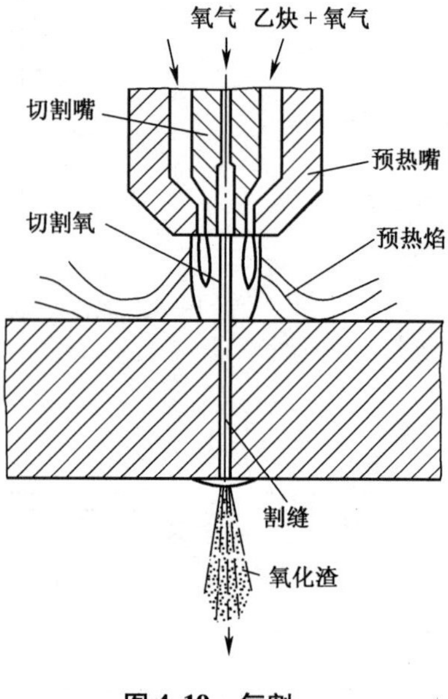

手工气割的过程是：将已经调整好的中性氧—乙炔焰对准开始气割的位置，进行预热；当预热到红色时（达到燃点），打开割炬上面的切割氧气阀门，高压、高速的氧气流便从割嘴的中心孔喷向割缝处，使割缝处的金属发生剧烈燃烧，生成的氧化物熔渣被高速的氧气流吹走，金属

图 4.19　气割

· 80 ·

燃烧放出的热量对后面没有切割的金属预热，随着割炬沿切割方向的移动，后面切割线上的金属不断燃烧，并不断对未切割部分进行预热，新产生的氧化物熔渣不断被吹走，便形成割口，直至切割完成。

通常可以进行气割的金属材料有低、中碳钢和低合金钢，而高碳钢、高合金钢、铸铁以及铜、铝等有色金属及其合金，均难以进行气割。

气割时，用割炬代替焊炬，其余设备与气焊相同。割炬的构造如图4.20所示。割炬与焊炬比较，增加了输送切割氧气的管道和阀门。割嘴的结构与焊嘴也不相同。割嘴的出口有两条通道，周围的一圈是乙炔与氧气的混合气体出口，中间的通道为切割氧的出口，两者互不相通。

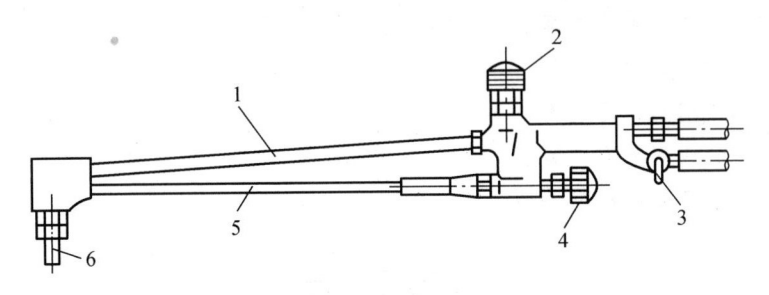

图4.20 割炬
1—切割氧气管；2—切割氧气阀门；3—乙炔阀门；
4—预热氧气阀门；5—预热焰混合气体管；6—割嘴

与其他切割方法比较，气割最大的优点是灵活方便、适应性强。它可在任意位置和任意方向切割任意形状和任意厚度的工件。另外，气割设备简单、操作方便、生产率高、切口质量也相当好，但对金属材料的使用范围有一定的限制。由于低碳钢和低合金钢是应用最广的材料，所以气割应用非常普遍。

思考与实训

1. 什么是焊接电弧？
2. 常用的焊条电弧焊机有哪几种？说说你在实习中使用的电焊机的主要参数及其含义。
3. 焊芯与药皮各起什么作用？
4. 常见的焊接接头形式有哪些？坡口的作用是什么？
5. 焊条电弧焊操作时，应如何引弧、运条和收尾？
6. 气焊有哪些优缺点？
7. 气焊设备有哪些？各有什么作用？
8. 完成两块板料的对缝焊接，单面焊双面成形，如图4.1所示。

项目五　钳　　工

项目目标

- 掌握钳工工作的主要内容。
- 掌握钳工操作的方式。
- 熟悉钳工使用的工具。
- 了解钳工的适用范围、类别。
- 掌握钳工常用设备及附件的使用特点。

一、项目导入

用钳工加工方法完成凹凸镶配件，如图 5.1 所示。

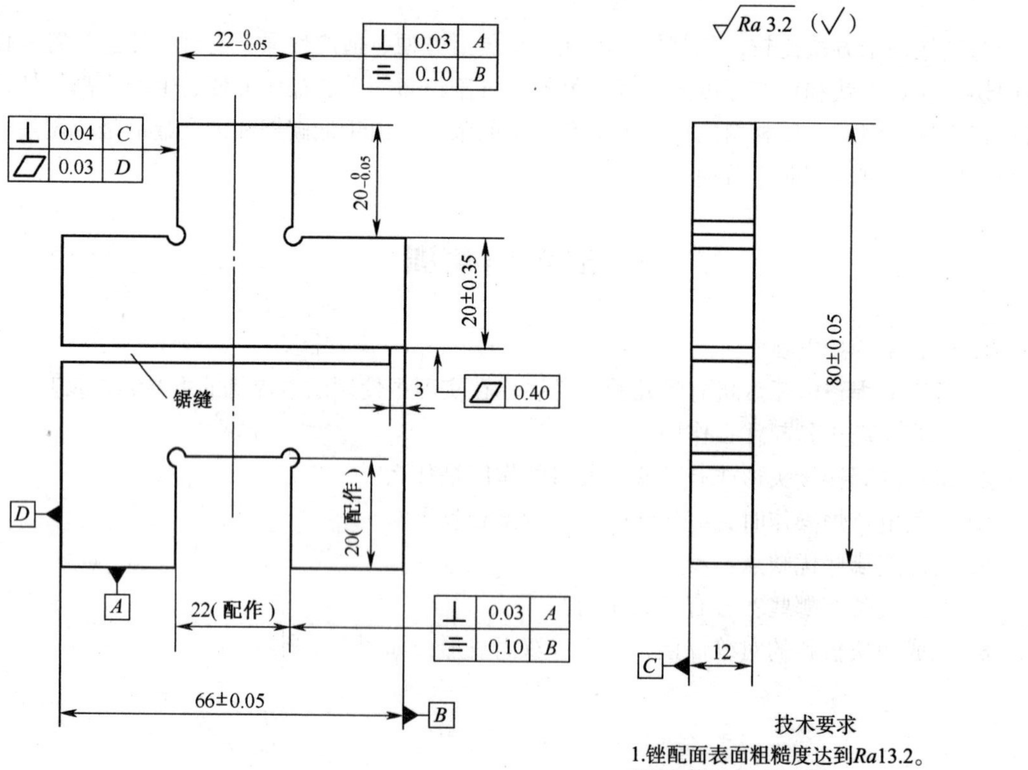

技术要求

1.锉配面表面粗糙度达到 $Ra13.2$。
2.凹凸体配合互换间隙 ≤0.06 mm。
3.锯割表面不可自行锯断，待检查后锯开。
4.去全部锐边。

图 5.1　凹凸镶配件

材料：Q235。

规格：81 mm×67 mm×12 mm（平磨二面）。

二、相关知识

钳工需要掌握各项基本操作技能。本项目主要介绍划线、錾削、锯削、锉削、刮削等操作技术，掌握零、部件和产品的装配与拆卸等技能。

（一）划线

1. 定义

划线是指根据图样要求，在毛坯或工件上用划线工具划出待加工部位的轮廓线或作为基准的点、线的操作。

2. 种类

划线分为平面划线和立体划线两种。

（1）平面划线

只需在毛坯或工件的一个表面上划线后即能明确表示加工界限的，称为平面划线，如图5.2所示。

（2）立体划线

在毛坯或工件上几个互成不同角度（通常是相互垂直）的表面上划线，才能明确表示加工界限的，称为立体划线，如图5.3所示。

图5.2 平面划线 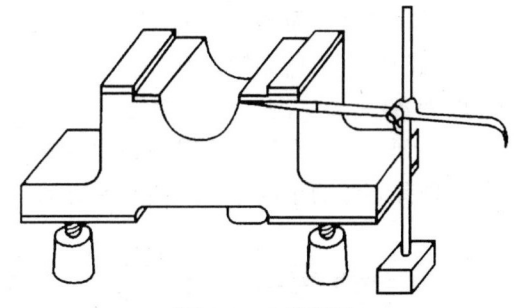　　　　图5.3 立体划线

3. 划线的作用

划线工作不仅在毛坯表面上进行，也经常在已加工过的表面上进行，如在加工后的平面上划出钻孔及多孔之间相互关系的加工线。划线的作用有以下几方面。

①确定工件的加工余量，使机械加工有明确的尺寸界限。

②便于复杂工件按划线来找正在机床上的正确位置。

③能够及时发现和处理不合格的毛坯，避免再加工而造成更严重的经济损失。

④采用借料划线可以使误差不大的毛坯得到补救，使加工后的零件仍能符合图样要求。

4. 划线的要求

①保证尺寸准确。

②线条清晰均匀。

③长、宽、高3个方向的线条互相垂直。

④不能依靠划线直接确定加工零件的最后尺寸。

5. 常用划线工具的种类

划线工具按用途分类如下。

（1）基准工具

基准工具包括划线平板、方箱、V形铁、三角铁、弯板（直角板）以及各种分度头等。

（2）量具

量具包括钢板尺、量高尺、游标卡尺、万能角度尺、直角尺以及钢卷尺等。

（3）绘划工具

绘划工具包括划针、划线盘、高度游标尺、划规、划卡、平尺、曲线板以及手锤、样冲等。

（4）辅助工具

辅助工具包括垫铁、千斤顶、C形夹头和夹钳以及找中心划圆时打入工件孔中的木条、铅条等。

6. 常用划线工具的构造和使用方法

（1）划线平板

划线平板一般由铸铁制成，如图5.4所示。工作表面经过精刨或刮削，也可采用精磨加工而成。较大的划线平板由多块组成，适用于大型工件划线。它的工作表面应保持水平并具有较好的平面度，是划线或检测的基准。

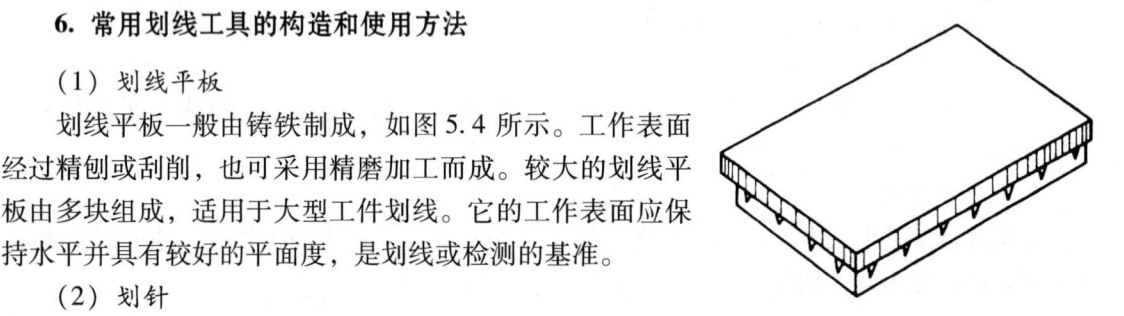

图5.4　划线平板

（2）划针

划针是在工件表面划线用的工具，常用的划针用工具钢或弹簧钢制成（有的划针在其尖端部位焊有硬质合金），直径一般为$\phi 3 \sim \phi 5$。需要注意的是，划线时用力不可太大，线条要一次划成并保证均匀、清晰。弯头划针用在直划针难以划到的地方。

使用划针划线的正确方法如图5.5所示。

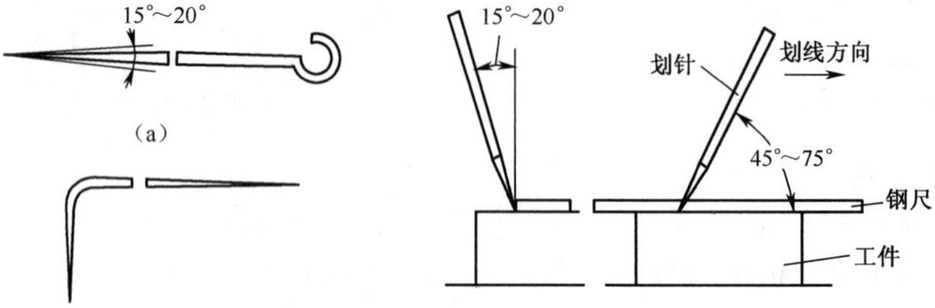

图5.5　划针

（a）直划针；（b）弯头划针；（c）划针用法

（3）划规

划规由工具钢或不锈钢制成，两脚尖端淬硬，或在两脚尖端焊上一段硬质合金，使之耐磨。常用的划规如图5.6所示。可以用量取的尺寸定角度、划分线段、划圆、划圆弧线、测量两点间距离等。

（4）划线盘

划线盘主要用于毛坯件的立体划线和校正工件位置。

划线盘由底座、立杆、划针和锁紧装置等组成，如图5.7所示。

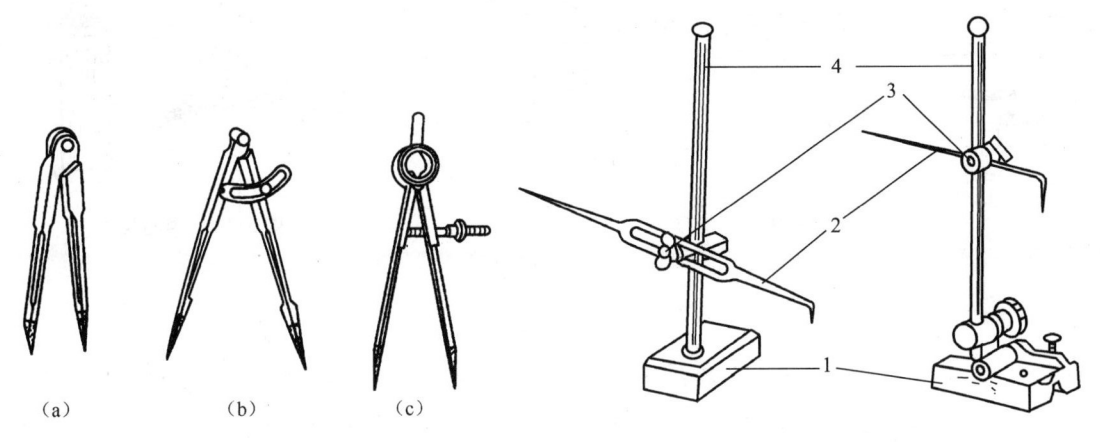

图5.6 划规
(a) 普通划规；(b) 扇形划规；(c) 弹簧划规

图5.7 划线盘
1—底座；2—划针；3—锁紧装置；4—立杆

不用时，划线盘的针尖上套一节塑料管，以保护针尖。

（5）样冲

样冲（见图5.8）用于在已划好的线上冲眼，以保证划线标记、尺寸界限及确定中心。样冲一般由工具钢制成，尖梢部位淬硬；也可以由较小直径的报废铰刀、多刃铣刀改制而成。

（6）千斤顶

千斤顶（见图5.9）通常3个一组使用，螺杆的顶端淬硬，一般用来支承形状不规则、带有伸出部分的工件和毛坯件，以进行划线和找正工作。

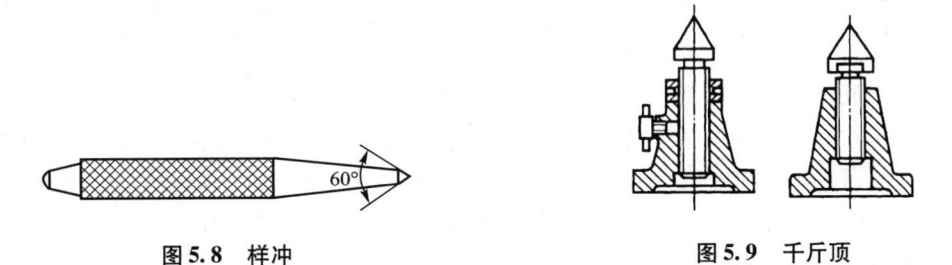

图5.8 样冲

图5.9 千斤顶

（7）V形铁

V形铁一般由铸铁或碳钢精制而成，相邻各面互相垂直，主要用来支承轴、套筒、圆盘等圆形工件，以便于找中心和划中心线，保证划线的准确性，同时保证稳定性。各种V形铁如图5.10所示。

（8）中心架

在划线时，中心架（见图5.11）用来对空心的圆形工件定圆心。

（9）垫铁

垫铁是用于支承和垫平工件的工具，便于划线时找正。常用的垫铁有平行垫铁、V形垫铁和斜楔垫铁，如图5.12所示。垫铁一般用铸铁和碳钢加工制成。

· 85 ·

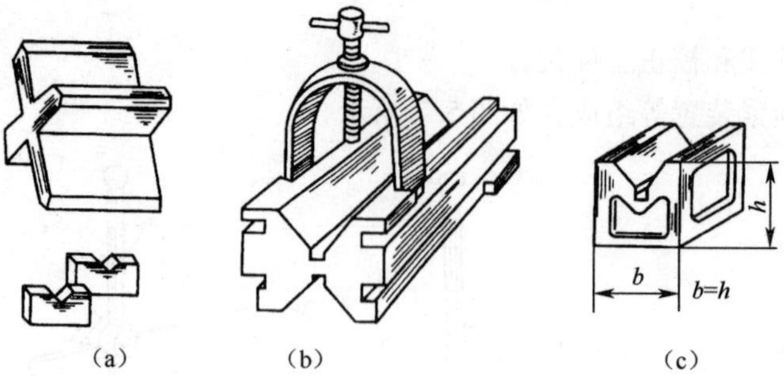

金属工艺实训

图 5.10 V 形铁

(a) 普通 V 形铁；(b) 带有夹持架的 V 形铁；(c) 精密 V 形铁

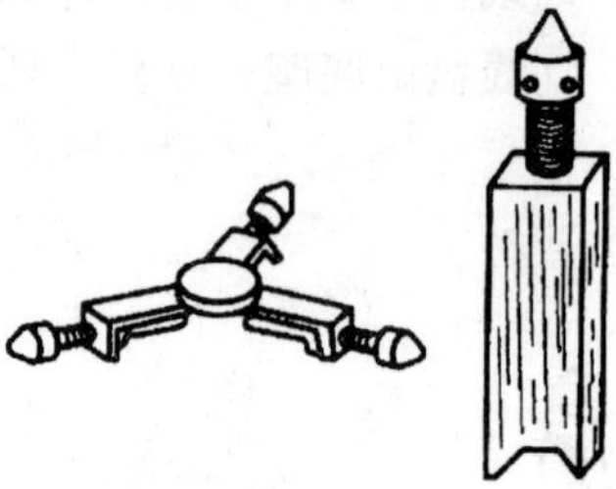

图 5.11 中心架

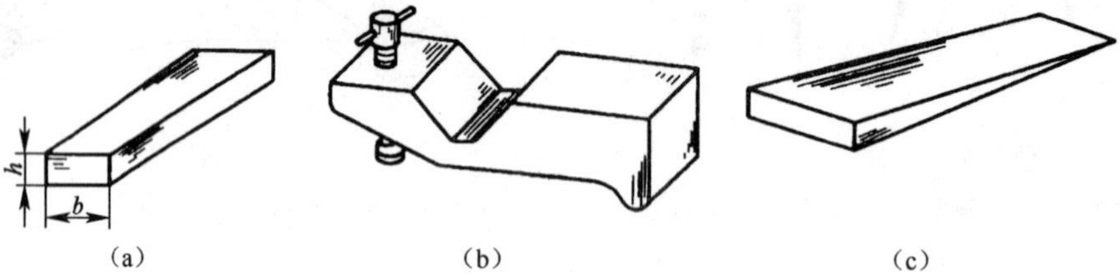

图 5.12 垫铁

(a) 平行垫铁；(b) V 形垫铁；(c) 斜楔垫铁

（10）**万能分度头**

①分类。分度头主要分为直接分度头、万能分度头、光学分度头 3 种。万能分度头最为常用，是一种较准确的等分角度的工具，是铣床上等分圆周用的附件。钳工在划线中也常用它对工件进行分度和划线。

②规格。以分度头主轴中心线到底座的距离表示。例如，FW125 型、FW200 型、FW250 型，代号中"F"代表分度头，"W"代表万能型，125、200、250 分别表示分度头主轴中心线到底座的距离为 125 mm、200 mm、250 mm。

③作用。在分度头的主轴上装有三爪卡盘，把分度头放在划线平板上，配合使用划线盘或量高尺，便可进行分度划线。还可在工件上划出水平线、垂直线、倾斜线和等分线或不等分线。

④万能分度头的结构与传动原理，如图 5.13 所示。

由于蜗轮蜗杆的传动比是 1/40，若工件在圆周上的等分数目 z 已知，则工件每转过一个等分，分度头主轴转过 $1/z$ 转。

因此，工件转过每一个等分时，分度头手柄应转过的转数用下式确定：

$$n = \frac{40}{z}$$

式中　n——在工件转过每一等分时，分度头手柄应转过的转数；

　　　　z——工件等分数。

如要使工件按 z 等分度，每次工件（主轴）要转过 $1/z$ 转，则分度头手柄所转转数为 n 转，它们应满足如下比例关系：

· 86 ·

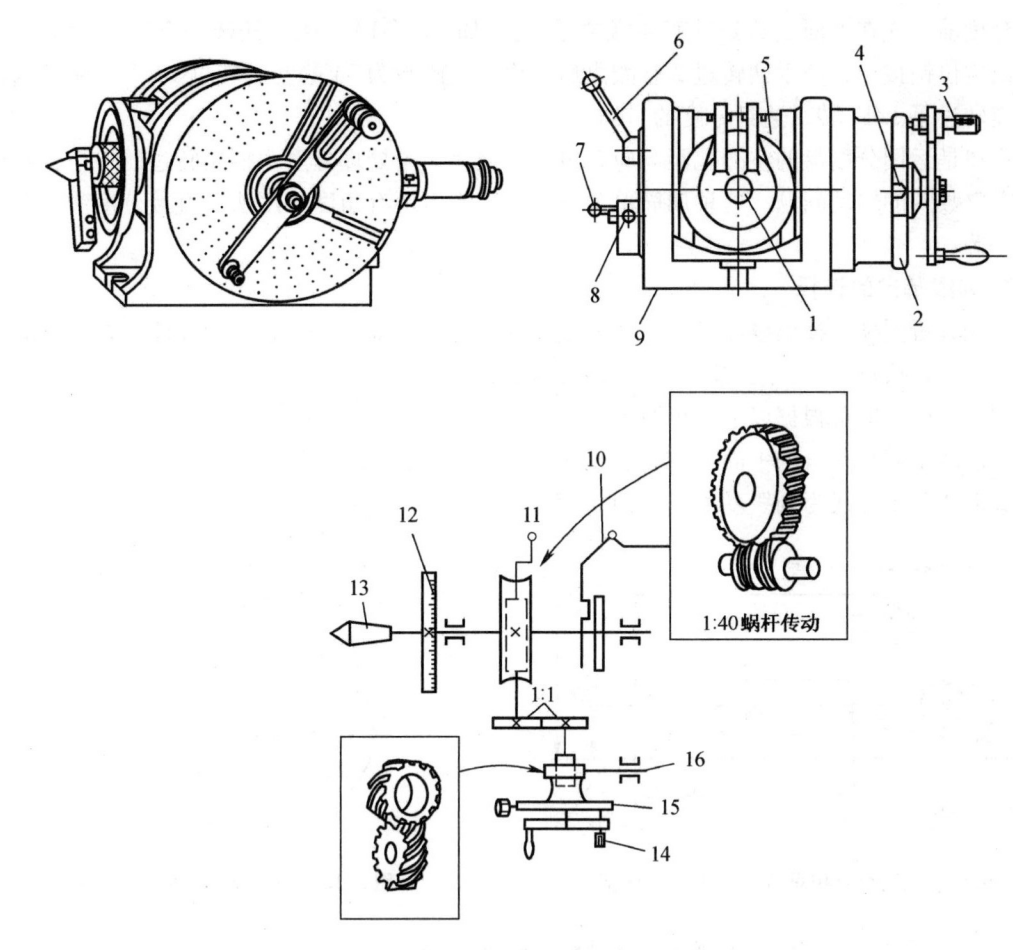

图5.13 万能分度头的结构与传动原理

1,13—主轴;2—孔盘;3—摇柄;4—分度盘固定销;5—转动体;6—刹紧主轴手柄;
7,11—蜗杆脱落手柄;8—蜗轮副间隙调整螺母;9—底座;10—主轴锁紧手柄;
12—刻度盘;14—定位销;15—分度盘;16—交换齿轮

$$1:\frac{1}{40}=n:\frac{1}{z}$$

即
$$n=\frac{40}{z}$$

可见,只要把分度手柄转过 $40/z$ 转,就可以使主轴转过 $1/z$ 转。

例 5-1 现要铣齿数 $z=17$ 的齿轮。每次分度时,分度手柄转数为

$$n=\frac{40}{z}=\frac{40}{17}=2\frac{6}{17}$$

这就是说,每分一齿,手柄需转过2整圈再多转6/17圈。此处6/17圈是通过分度盘来控制的。国产分度头一般备有两块分度盘,分度盘正反两面上有许多数目不同的等距孔圈。

第一块分度盘正面各孔圈数依次为24、25、28、30、34、37;反面各孔圈数依次为38、39、41、42、43。

第二块分度盘正面各孔圈数依次为46、47、49、51、53、54;反面各孔圈数依次为57、58、59、62、66。

分度前，先在上面找到分母 17 倍数的孔圈（如 34、51），从中任选一个，如选 34。把手柄的定位销拔出，使手柄转过 2 整圈之后，再沿孔圈数为 34 的孔圈转过 12 个孔距。这样主轴就转过了 1/17 转，达到分度的目的。

上述是运用分度盘的整圈孔距与应转过孔距之比，来处理分度手柄要转过的一个分数形式的非整数圈的转动问题。这种属简单分度法，生产上还有角度分度法、直接分度法和差动分度法等。

7. 划线基准的选择

应先分析图样，找出设计基准，使划线基准与设计基准尽量一致，这样能够直接量取划线尺寸，简化换算过程。划线时，应从划线基准开始。

划线基准一般可根据以下 3 个原则来选择。

①以两个互相垂直的平面（或线）为划线基准，如图 5.14 所示。

②以两条中心线为划线基准，如图 5.15 所示。

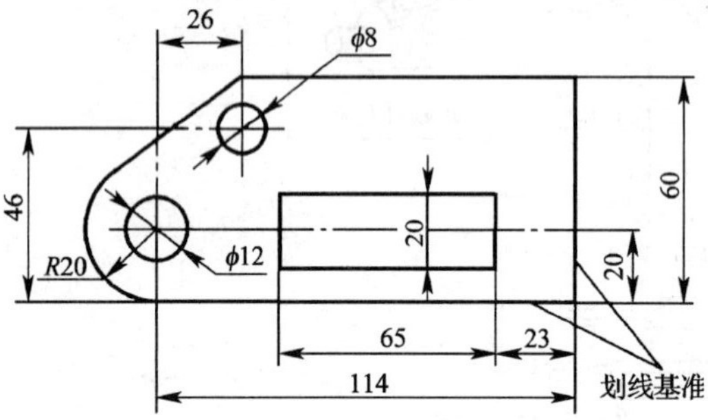

图 5.14　以两个互相垂直的平面为划线基准

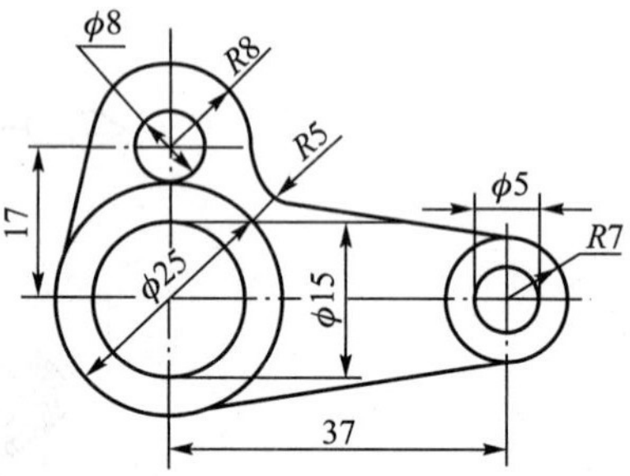

图 5.15　以两条中心线为划线基准

③以一个平面和一条中心线为划线基准，如图 5.16 所示。

8. 找正

找正就是利用划线工具（如划线盘、角尺、单脚规等）使工件上有关的毛坯表面处于合适的位置。

①毛坯上有不加工表面时，通过找正后再划线，可使加工表面与不加工表面之间保证尺寸均匀。如图 5.17 所示的轴承座，其底板的厚度不均，底板上表面 A 为不加工表面，以该面为依据划出下底面加工线，从而使底板上、下两面基本保持平行。

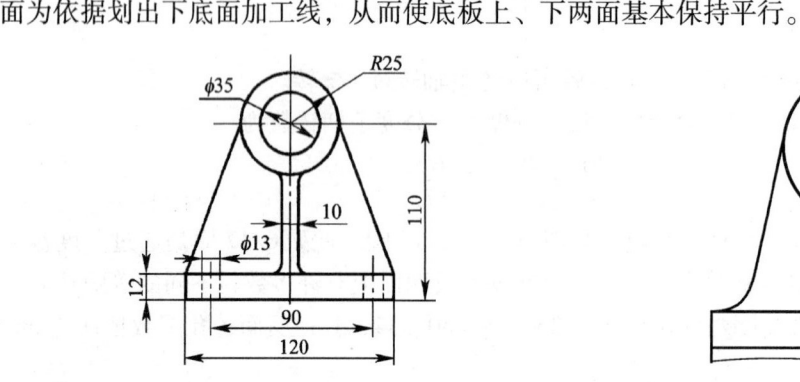

图 5.16　以一个平面和一条中心线为划线基准

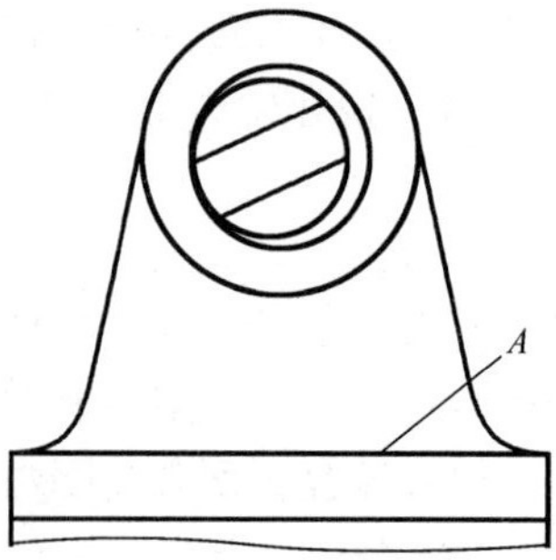

图 5.17　毛坯件划线时的找正

②当毛坯工件上有两个以上的不加工表面时，应选择其中面积较大、较重要的或外观质量要求较高的表面为主要找正依据。

③当毛坯上没有不需要加工的表面时，通过对各加工表面自身位置的找正后再划线，可使各加工表面的加工余量得到合理和均匀的分布，而不至于出现过于悬殊的情况。

9. 借料

借料就是通过试划和调整，使各个待加工面的加工余量合理分配、互相借用，从而保证各加工表面都有足够的加工余量，而误差和缺陷可在加工后排除。

10. 划线步骤

（1）工具的准备

划线前，必须根据工件划线的图样及各项技术要求，合理地选择所需要的各种工具。每件工具都要进行检查，如有缺陷，应及时修整或更换，否则会影响划线质量。

（2）工件的准备

①工件的清理。

②工件的涂色。

③在工件孔中装中心塞块，以便找孔的中心，用划规划圆。

（3）划线

①看清图样，详细了解工件上需要划线的部位；明确工件及其划线有关部分在产品中的作用和要求；了解有关后续加工工艺。

②确定划线基准。

③初步检查毛坯的误差情况，确定借料的方案。

④正确安放工件和选用工具。

⑤划线。先划基准线和位置线，再划加工线，即先划水平线，再划垂直线、斜线，最后划圆、圆弧和曲线。

⑥仔细检查划线的准确性及是否有线条漏划，对错划或漏划应及时改正，保证划线的准确性。

⑦在线条上冲眼。冲眼必须打正，毛坯面要适当深些，已加工面或薄板件要浅些、稀些。精加工面和软材料上可不打样冲眼。

（二）錾削

錾削是利用手锤锤击錾子，实现对工件切削加工的一种方法。采用錾削，可除去毛坯的飞边、毛刺、浇冒口，切割板料、条料，开槽以及对金属表面进行粗加工等。尽管錾削工作效率低，劳动强度大，但由于它所使用的工具简单，操作方便，因此在许多不便机械加工的场合仍起着重要作用。

1. 錾削工具

（1）錾子

錾子一般由碳素工具钢锻成，切削部分磨成所需的楔形后，经热处理便能满足切削要求。錾子由头部、柄部及切削部分组成。头部一般制成锥形，以便锤击力能通过錾子轴心。柄部一般制成六边形，以便操作者定轴握持。切削部分则可根据錾削对象不同，制成3种类型，如图5.18所示。

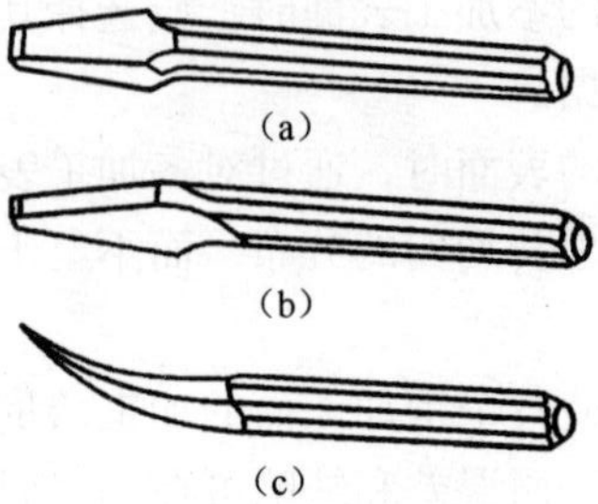

图5.18　錾子

（a）扁錾；（b）尖錾；

（c）油槽錾

①扁錾（阔錾）。切削部分扁平，刃口略带弧形。应用于錾削平面、去除毛刺、分割板料等场合，如图5.19所示。

②尖錾（狭錾）。尖錾的切削刃比较短，切削部分两侧面从切削刃起向柄部逐渐变小。尖錾的应用如图5.20所示。

图5.19　扁錾的应用

（a）板料錾切；（b）錾断条料；（c）錾削窄平面

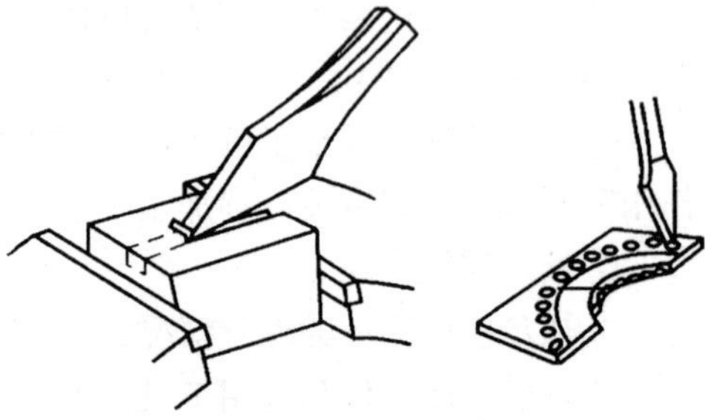

图5.20　尖錾的应用

（a）錾槽；（b）分割曲线形板料

③油槽錾。油槽錾的切削刃很短，并呈圆弧形，主要錾削油槽，如图5.21所示。

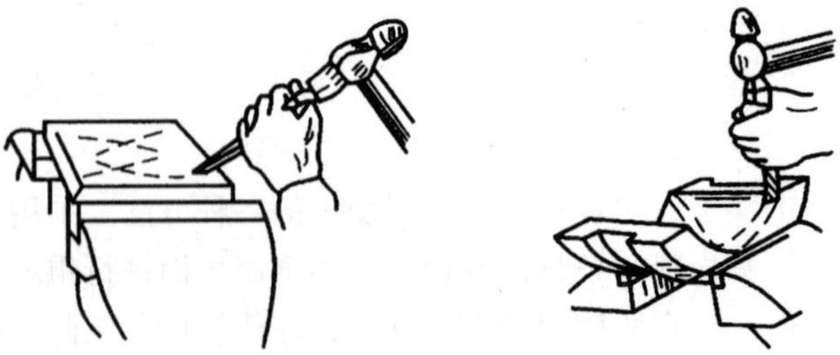

图5.21　油槽錾的应用

（a）錾平面油槽；（b）錾曲面油槽

錾子的切削参数如下：

材料：T7A、T8A。

切削部分：呈楔形。

硬度：热处理后56～62HRC。

· 90 ·

楔角 β_0：錾子前刀面与后刀面之间的夹角称为楔角，如图 5.22 所示。

后角 α_0：錾子后刀面与切削平面之间的夹角。

前角 γ_0：錾子前刀面与基面之间的夹角。

$$\alpha_0 + \beta_0 + \gamma_0 = 90°$$

（2）手锤

手锤由锤头、木柄等组成。根据用途不同，锤头有软、硬之分。软锤头材料种类有铅、铝、铜、硬木、橡皮等几种，也可在硬锤头上镶或焊一段铅、铝、铜材料。软锤头多用于装配和矫正。硬锤头主要用錾削，其材料一般为碳素工具钢，锤头两端锤击面经淬硬处理后磨光。木柄用硬木制成，如胡桃木、檀木等。

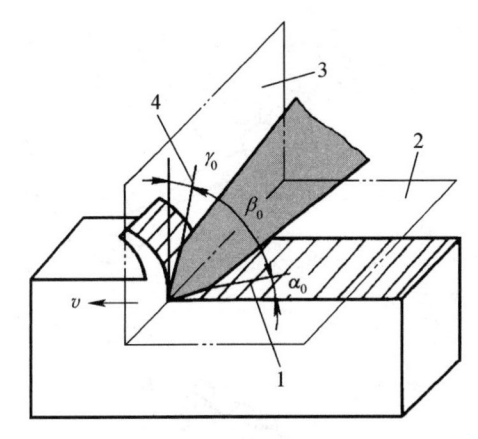

图 5.22 錾子的几何角度油槽錾的应用
1—后刀面；2—切削平面；3—基面；4—前刀面

使用较多的是两端为球面的手锤。手锤的规格指锤头的质量，常用的有 0.25 kg、0.5 kg、1 kg 等几种。手柄的截面形状为椭圆形，以便操作时定向握持。柄长约 350 mm，若过长，会使操作不便，过短则又使挥力不够。

为了使锤头和手柄可靠地连接在一起，锤头的孔做成椭圆形，且中间小两端大。木柄装入后，再敲入金属楔块，以确保锤头不会松脱。

2. 錾削方法

（1）握錾子的方法（见图 5.23）

錾子用左手的中指、无名指和小指握持，大拇指与食指自然合拢，让錾子的头部伸出约 20 mm。錾子不要握得太紧，否则，手所受的振动就大。錾削时，小臂要自然平放，并使錾子保持正确的后角。

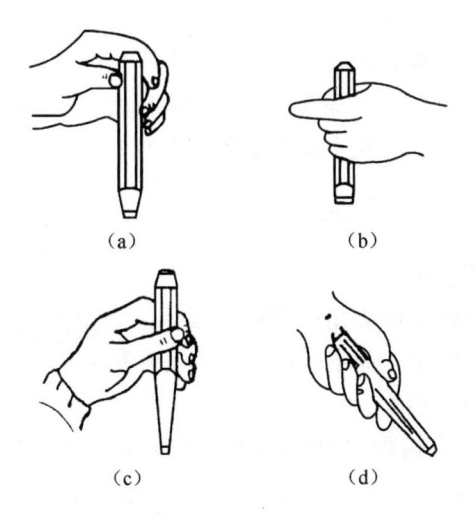

图 5.23 錾子的握法
(a) 立握法；(b) 正握法；(c) 反握法；(d) 斜握法

（2）挥锤方法

挥锤方法分腕击、肘击、臂击、拢击，如图 5.24 所示。

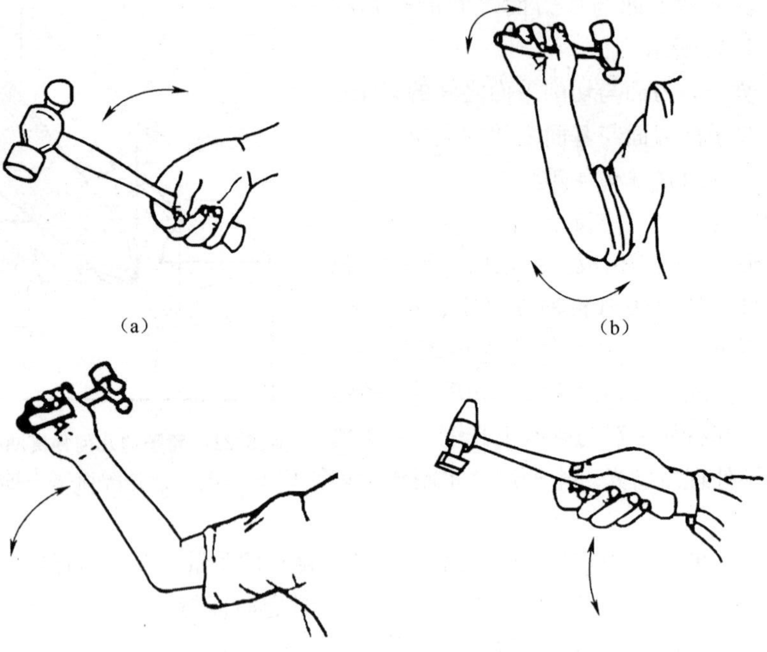

金属工艺实训

图 5.24 挥锤方法

(a) 腕击；(b) 肘击；(c) 臂击；(d) 拢击

①腕击、拢击。腕击、拢击只利用手腕的运动来挥锤。此时锤击力较小，一般用于錾削的开始和收尾，或錾油槽等场合。

②肘击。利用手腕和肘一起运动来挥锤。敲击力较大，应用最广。

③臂击。利用手腕、肘和臂一起挥锤。锤击力最大，用于需要大量錾削的场合。

（3）錾削姿势

錾削时，两脚互成一定角度，左脚跨前半步，右脚稍微朝后，身体自然站立，重心偏开右脚。右脚要站稳，右腿伸直，左腿膝盖关节应稍微自然弯曲。眼睛注视錾削处，以便观察錾削的情况，而不应注视锤击处。左手握錾使其在工件上保持正确的角度。右手挥锤，使锤头沿弧线运动，进行敲击。

3. 平面的錾削方法

錾削平面时，主要采用扁錾。

开始錾削时，应从工件侧面的尖角处轻轻起錾。因尖角处与切削刃接触面小，阻力小，易切入，能较好地控制加工余量，而不致产生滑移及弹跳现象。起錾后，再把錾子逐渐移向中间，使切削刃的全宽参与切削。

当錾削快到尽头，与尽头相距约 10 mm 时，应调头錾削，否则尽前头的材料会崩裂。对铸铁、青铜等脆性材料尤应如此。

錾削较宽平面时，应先用窄錾在工件上錾若干条平槽，再用扁錾将剩余部分錾去，这样能避免錾子的切削部分两侧受工件的卡阻。

錾削较窄平面时，应选用扁錾，并使切削刃与錾削方向倾斜一定的角度。其作用是易稳定住錾子，防止錾子左右晃动而使錾出的表面不平。

·92·

錾削余量一般为每次 0.5~2 mm。余量太小,錾子易滑出;而余量太大又使錾削太费力,且不易将工件表面錾平。

4. 油槽的錾法

油槽一般起储存和输送润滑油的作用,当用铣床无法加工油槽时,可用油槽錾开油槽。油槽要求錾得光滑且深浅一致。

錾油槽前,首先要根据油槽的断面形状对油槽錾的切削部分进行准确刃磨,再在工件表面准确划线,最后一次錾削成形。也可以先錾出浅痕,再一次錾削成形。

在平面上錾油槽时,錾削方法基本上与錾削平面一致。而在曲面上錾槽时,錾子的倾斜角度应随曲面变化而变化,以保持錾削时的后角不变。錾削完毕后,要用刮刀或砂布等除去槽边的毛刺,使槽的表面光滑。

5. 錾切板料

在缺乏机械设备的场合下,有时要依靠錾子切断板料或分割出形状较复杂的薄板工件。

(1) 在台虎钳上錾切

当工件不大时,将板料牢固地夹在台虎钳上,并使工件的錾削线与钳口平齐,再进行切断。为使切削省力,应用扁錾沿着钳口并斜对着板面成 30°~45°自左向右錾切。因为斜对着錾切时,扁錾只有部分刃錾削,阻力小而容易分割材料,切削出的平面也较平整。

(2) 在铁砧或平板上錾切

当薄板的尺寸较大而不便在台虎钳上夹持时,应将它放在铁砧或平板上錾切。此时錾子应垂直于工件。为避免碰伤錾子的切削刃,应在板料下面垫上废旧的软铁材料。

(3) 用密集排孔配合錾切

当需要在板料上錾切较复杂零件的毛坯时,一般先按所划出的轮廓线钻出密集的排孔,再用扁錾或窄錾逐步切成。

6. 錾削时的安全事项

①防止锤头飞出。要经常检查木柄是否松动或损坏,以便及时进行调整或更换。操作者不准戴手套操作,木柄上不能有油等,以防手锤滑出伤人。

②要及时磨掉錾子头部的毛刺,以防毛刺划手。

③錾削过程中,为防止切屑飞出伤人,操作者应戴上防护眼镜,工作地周围应装有安全网。

④经常对錾子进行刃磨,保持正确的后角,錾削时防止錾子滑出工件表面。

(三) 锯削

锯削主要指用手锯对材料或工件进行分割或锯槽等加工方法。它适用于较小材料或工件的加工。

1. 手锯

手锯由锯弓和锯条组成。

(1) 锯弓

锯弓是用来张紧锯条的,分为固定式和可调式两类,如图 5.25 所示。固定式锯弓的长度不能调整,只能使用单一规格的锯条。可调式锯弓可以使用不同规格的锯条,故目前广泛使用。

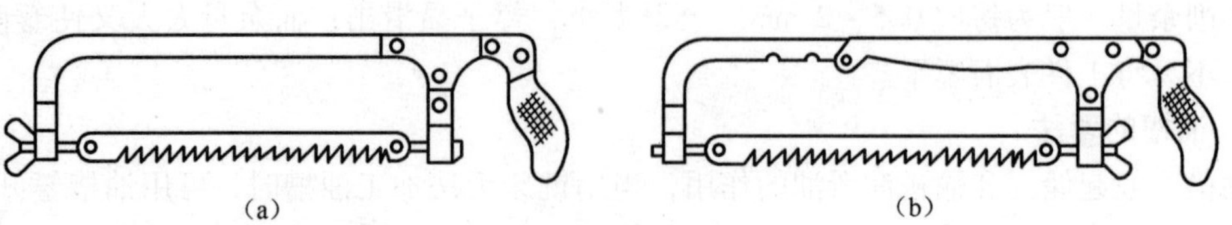

金属工艺实训

图 5.25 锯弓的形式

(a) 固定式；(b) 可调式

（2）锯条

锯条是用来直接锯削材料或工件的刃具。

①锯条的材料。锯条是用碳素工具钢（如 T10 或 T12）或合金工具钢冷轧而成，并经热处理淬硬。

②锯条的规格。锯条的尺寸规格以锯条两端安装孔间的距离来表示。

钳工常用的锯条尺寸规格为 300 mm，其宽度为 12 mm，厚度为 0.6～0.8 mm。

锯条的粗细规格是按锯条上每 25 mm 长度内齿数表示的。14～18 齿为粗齿，24 齿为中齿，32 齿为细齿。

③锯齿的角度。锯条的切削部分由许多锯齿组成，每个齿相当于一把錾子，起切割作用。

常用锯条的前角 γ 为 0°、后角 α 为 40°～50°、楔角 β 为 45°～50°，如图 5.26 所示。

④锯路。锯条的锯齿按一定形状左右错开排列称为锯路。锯路有交叉、波浪等不同的排列形状，如图 5.27 所示。

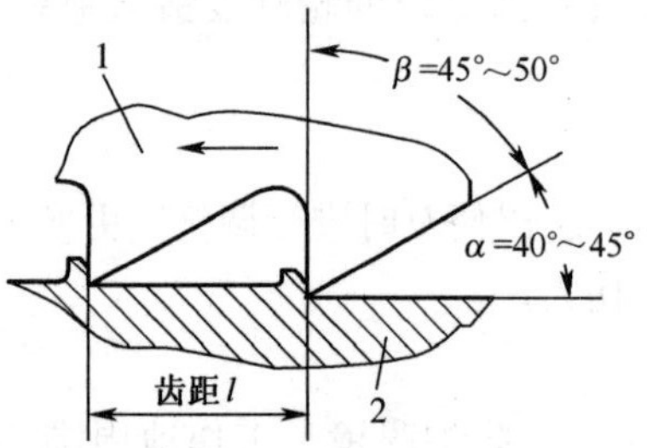

图 5.26 锯齿的角度

1—锯齿；2—工件

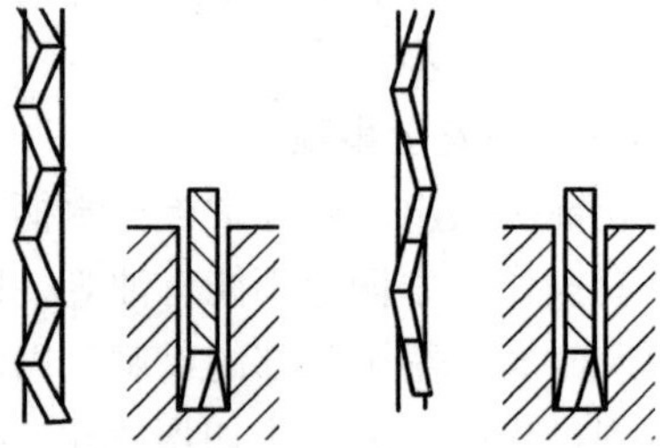

图 5.27 锯路

锯路的作用是使锯缝宽度大于锯条背部的厚度，防止锯割时锯条卡在锯缝中，并减少锯条与锯缝的摩擦阻力，使排屑顺利，锯割省力。

⑤锯条粗细的选择。锯条的粗细应根据加工材料的硬度、厚薄来选择。

锯割软的材料（如铜、铝合金等）或厚材料时，应选用粗齿锯条，因为锯屑较多，要求较大的容屑空间；锯割硬材料（如合金钢等）或薄板、薄管时，应选用细齿锯条，因为材料硬，锯齿不易切入，锯屑量少，不需要大的容屑空间；锯薄材料时，锯齿易被工件勾住而崩断，需要同时工作的齿数多，使锯齿承受的力量减小；锯割中等硬度材料（如普通钢、铸铁等）和中等硬度的工件时，一般选用中齿锯条。

具体锯条的粗细及用途见表 5.1。

· 94 ·

表 5.1　锯条的粗细及用途

锯齿粗细	每 25 mm 长度内含齿数目	用　　途
粗齿	14～18	锯铜、铝等软金属及厚工件
中齿	24	加工普通钢、铸铁及中等厚度的工件
细齿	32	锯硬钢板料及薄壁管子

2. 锯条的安装

锯条的安装应注意做到以下两个方面：

一是锯齿向前，因为手锯向前推时进行切削，向后返回是空行程，如图 5.28 所示。

二是锯条松紧要适当，太紧失去了应有的弹性，锯条容易崩断；太松会使锯条扭曲，锯缝歪斜，锯条也容易崩断。

锯条安装好后应检查是否与锯弓在同一个中心平面内，不能有歪斜和扭曲，否则锯削时锯条易折断且锯缝易歪斜。同时用右手拇指和食指抓住锯条轻轻扳动，锯条没有明显的晃动时，松紧即为适当。

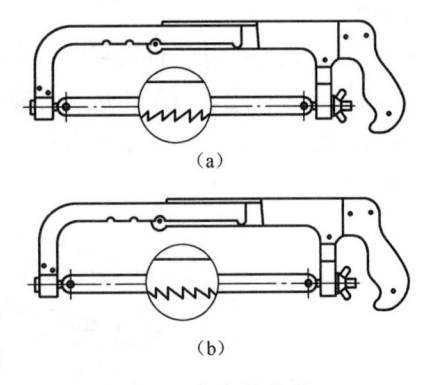

图 5.28　锯条的安装
（a）正确；（b）错误

3. 工件的夹持

工件一般应夹在虎钳的左面，以便操作；工件伸出钳口不应过长，应使锯缝离钳口侧面 20 mm 左右，要使锯缝线保持铅垂，便于控制锯缝不偏离划线线条；工件夹持应该牢固，防止工件在锯割时产生振动，同时要避免将工件夹变形和夹坏已加工面。

4. 锯削姿势及锯削运动

正确的锯削姿势能减轻疲劳，提高工作效率。握锯时，要自然舒展，右手握手柄，左手轻扶锯弓前端，如图 5.29 所示。锯削时，站立的位置应与錾削相似。夹持工件的台虎钳高度要适合锯削时的用力需要，即从操作者的下颚到钳口的距离以一拳一肘的高度为宜。锯削时右腿伸直，左腿弯曲，身体向前倾斜，重心落在左脚上，两脚站稳不动，靠左膝的屈伸使身体做往复摆动。即在起锯时，身体稍向前倾，与竖直方向约成 10°，此

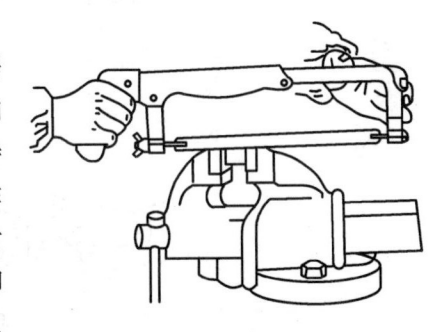

图 5.29　握锯姿势

时右肘尽量向后收，随着推锯的行程增大，身体逐渐向前倾斜。行程达 2/3 时，身体倾斜约 18°，左右臂均向前伸出。当锯削最后 1/3 行程时，用手腕推进锯弓，身体随着锯的反作用力退回到 15°位置。锯削行程结束后取消压力，将手和身体都退回到最初位置。

需要注意的是：锯削时推力和压力主要由右手控制，左手的作用主要是扶正。

锯削速度以每分钟 20～40 次为宜。速度过快，易使锯条发热，磨损加重；速度过慢，又直接影响锯削效率。一般锯削软材料可快些，锯削硬材料可慢些。必要时可用切削液对锯条进行冷却润滑。

锯削时，不要仅使用锯条的中间部分，而应尽量在全长度范围内使用。为避免局部磨

损，一般应使锯条的行程不小于锯条长的 2/3，以延长锯条的使用寿命。锯削时的锯弓运动形式有两种：一种是直线运动，适用于锯薄形工件和直槽；另一种是摆动，即在前进时，右手下压而左手上提，操作自然省力。锯断材料时，一般采用摆动式运动。

锯弓前进时，一般要加不大的压力，而后拉时不加压力。

5. 起锯方法

起锯是锯削工作的开始，起锯质量的好坏直接影响锯削质量。起锯分远起锯和近起锯两种。

远起锯是指从工件远离操作者的一端起锯［见图 5.30（a）］，此时锯条逐步切入材料，不易被卡住；近起锯是指从工件靠近操作者的一端起锯［见图 5.30（b）］，如果这种方法掌握不好，锯齿会一下子切入较深而易被棱边卡住，使锯条崩裂。因此，一般应采用远起锯的方法。

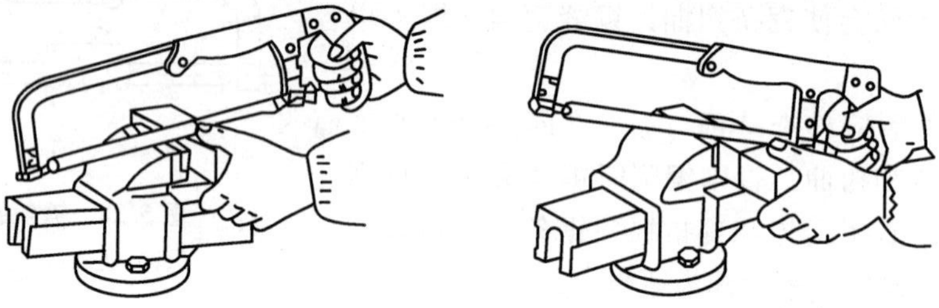

图 5.30 起锯方法

（a）远起锯；（b）近起锯

为了使起锯位置正确且平稳，可竖起左手大拇指，用指甲挡住锯条来定位，如图 5.31 所示。

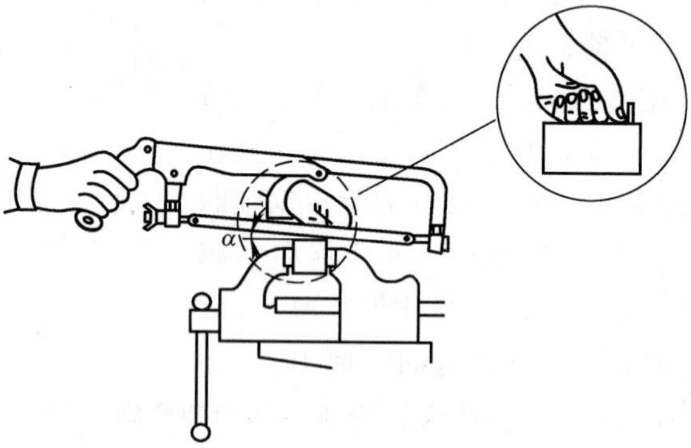

图 5.31 定位锯条

无论采取近起锯或是远起锯，起锯角 α 以 15°为宜，如图 5.32 所示。起锯角太大，则锯齿易被工件棱边卡住而崩齿；起锯角太小，则不易切入材料，锯条还可能打滑，把工件表面锯坏。

起锯的动作要点是"小""短""慢"。"小"指起锯时压力要小，"短"指往返行程要短，"慢"指速度要慢，这样可使起锯平稳。

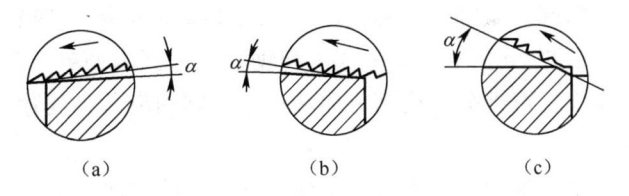

图 5.32 起锯角度

(a) α=15°；(b) α 太小易打滑；(c) α 太大易崩齿

根据以上要领，在所划的两条锯缝线间起锯。当起锯到槽深有 2~3 mm 时，锯条已不会滑出槽外，左手拇指可离开锯条，扶正锯弓逐渐使锯痕向后（向前）成为水平，然后往下正常锯割。

6. 锯削问题

锯削时发生的各种问题及其原因见表 5.2。

表 5.2 锯削问题及其原因

锯削问题		原 因
锯条损坏	折断	①锯条安装过紧或过松。 ②工件装夹不牢固或装夹位置不正确，造成工件抖动或松动。 ③锯缝产生歪斜，靠锯条强行纠正。 ④运动速度过快，压力太大，锯条容易被卡住。 ⑤更换锯条后，锯条在旧锯缝中被卡住而折断。 ⑥工件被锯断时没有减慢锯削速度和减小锯削力，使手锯突然失去平衡而折断
	崩齿	①锯条粗细选择不当。 ②起锯角过大，工件钩住锯齿。 ③铸件内有砂眼、杂物等
	磨损过快	①锯削速度过快。 ②未加切削液
锯削质量问题	工件尺寸不对	①划线不正确。 ②锯削时未留余量
	锯缝歪斜	①锯条安装过松或相对于锯弓平面扭曲。 ②工件未夹紧。 ③锯削时，顾前不顾后
	表面锯痕多	①起锯角度过小。 ②起锯时锯条未靠住左手大拇指定位

7. 工件的锯削方法

（1）棒料的锯削方法

锯削棒料时，如果要求锯出的断面比较平整，则从一个方向起锯直到结束，此称为一次起锯。若对断面的要求不高，为减小切削阻力和摩擦力，可以在锯入一定深度后再将棒料转过一定角度重新起锯，如此反复几次，最后锯断，称为多次起锯。显然，多次起锯较省力。

（2）管子的锯削方法

若锯薄管子，应使用两块木制 V 形或弧形槽垫块夹持，以防夹扁管子或夹坏表面。锯削时不能仅从一个方向锯起，否则管壁易钩住锯齿而使锯条折断。正确的锯法是每个方向只锯到管子的内壁处，然后把管子转过一角度再起锯，仍锯到内壁处，如此逐次进行直至锯断。在转动管子时，应使已锯部分向推锯方向转动，否则锯齿也会被管壁钩住。

（3）板料的锯削方法

锯削薄板料时，可将薄板夹在两木块或金属之间，连同木块或金属块一起锯削，这样既可避免锯齿被钩住，又可增加薄板的刚性。另外，若将薄板料夹在台虎钳上，用手锯作横向斜推，就能使同时参与锯削的齿数增加，避免锯齿被钩住，同时又能增加工件的刚性。

（4）深缝的锯削方法

当锯缝的深度超过锯弓高度时，称这种缝为深缝。在锯弓快要碰到工件时，应将锯条拆出并转过 90°重新安装，或把锯条的锯齿朝着锯弓背进行锯削，使锯弓背不与工件相碰。

（四）锉削

用锉刀对工件表面进行切削加工，使工件达到所要求的尺寸、形状和表面粗糙度，这种加工方法称为锉削。锉削的加工范围有：内外平面、内外曲面、内外角、沟槽及各种复杂形状的表面。锉削是钳工中重要的工作之一，尽管它的效率不高，但在现代工业生产中，用途仍很广泛。例如，对装配过程中的个别零件做最后修整；在维修工作中或在单件小批量生产条件下，对一些形状较复杂的零件进行加工；制作工具或模具；手工去毛刺、倒角、倒圆等。总之，在一些不易用机械加工方法来完成的表面，采用锉削方法更简便、经济，且能达到较低的表面粗糙度（尺寸精度可达 0.01 mm，表面粗糙度 Ra 值可达 1.6 μm）。

1. 锉刀的分类

锉刀是锉削的主要工具，常用碳素工具钢 T12、T13 制成，并经热处理淬硬至 62 ~ 67HRC。它由锉刀面、锉刀边、锉刀舌、锉刀尾、木柄等部分组成，如图 5.33 所示。

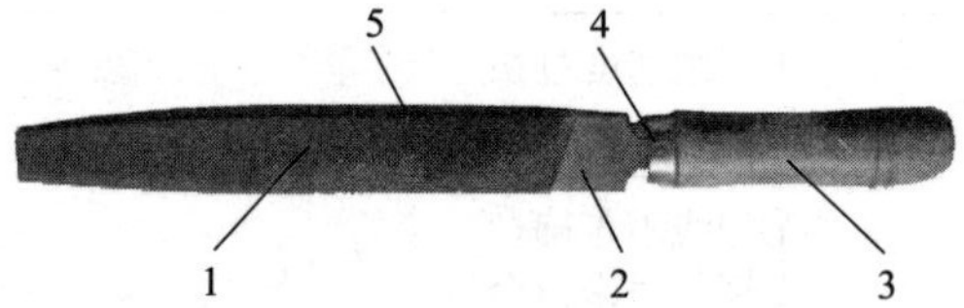

图 5.33　锉刀

1—锉刀面；2—锉刀尾；3—木柄；4—锉刀舌；5—锉刀边

锉刀按用途可分为普通锉、整形锉（什锦锉）和特种锉 3 类。

（1）普通锉

普通锉按其截面形状可分为平锉、半圆锉、方锉、三角锉及圆锉 5 种。图 5.34 所示为普通锉的种类及其相应适宜的加工表面。

（2）整形锉

整形锉（什锦锉）主要用于精细加工及修整工件上难以机械加工的细小部位。它由若干把各种截面形状的锉刀组成一套，如图 5.35（a）所示。

（3）特种锉

特种锉是为加工零件上特殊表面用的，它有直的、弯曲的两种，其截面形状很多，如图 5.35（b）所示。

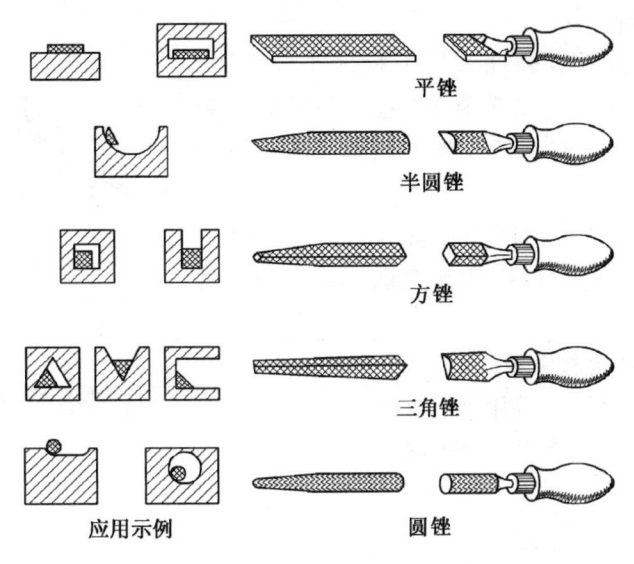

图 5.34 各种普通锉及其适宜的加工表面

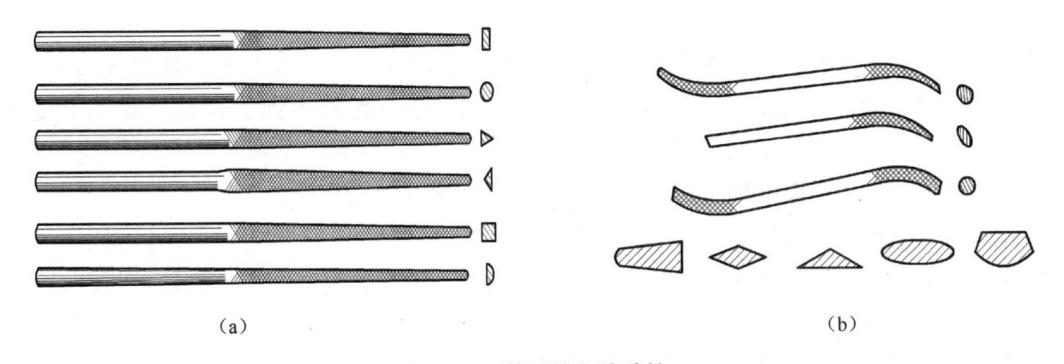

图 5.35 整形锉和特种锉
(a) 整形锉（什锦锉）；(b) 特种锉

2. 锉刀的规格

锉刀的规格主要指尺寸规格。钳工锉的尺寸规格指锉身的长度，特种锉和整形锉的尺寸规格指锉刀全长。

日常生产中，锉刀还必须明确锉齿规格和截面形状。锉齿规格指锉刀面上齿纹疏密程度，可分为粗齿、中齿、细齿、油光齿等。截面形状指锉刀的截面形状。

锉刀齿纹有单纹和双纹两种，双纹是交叉排列的锉纹，形成切削齿和空屑槽，便于断屑和排屑。单齿纹锉刀一般用于锉削铝合金等软材料。

3. 锉刀的选用

合理选用锉刀，对保证加工质量，提高工作效率和延长锉刀使用寿命有很大的影响。一般选择原则是：根据工件形状和加工面的大小选择锉刀的形状和规格；根据材料的软硬、加工余量、精度和粗糙度的要求选择锉刀齿纹的粗细。

粗锉刀的齿距大，不易堵塞，适宜于粗加工（即加工余量大、精度等级和表面质量要求低）及铜、铝等软金属的锉削；细锉刀适宜于钢、铸铁以及表面质量要求高的工件的锉削；油光锉只用来修光已加工表面，锉刀越细，锉出的工件表面越光，但生产率越低。

4. 锉刀柄的装卸

先用手将锉刀锉舌轻轻插入锉刀柄的小圆孔中，然后用木槌敲击打入（见图5.36）。也可将锉刀柄朝下，左手扶正锉刀柄，右手抓住锉刀两侧面，将锉刀镦入锉刀柄直至紧固为止。

拆锉刀柄要巧借台虎钳的力：将两钳口位置缩小至略大于锉刀厚度，用钳口挡住锉刀柄，用手用力将锉刀顿出柄部。

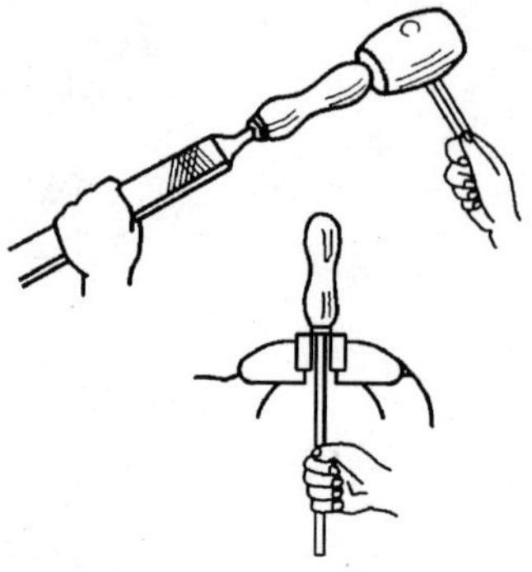

图5.36 锉刀柄的装卸

5. 锉刀的正确使用和保养

①新锉刀先使用一面，等用钝后再使用另一面。

②在粗锉时，应充分使用锉刀的有效全长，避免局部磨损。

③锉刀上不可沾油和沾水。

④不准用嘴吹锉屑，也不要用手清除锉屑。当锉刀堵塞后，应用铜丝刷顺着锉纹方向刷去锉屑。

⑤不可锉毛坯件的硬皮或淬硬的工件。锉削铝、锡等软金属，应使用单齿纹锉刀。

⑥铸件表面如有硬皮，则应先用旧锉刀或锉刀的一侧齿边锉去硬皮，然后再进行加工。

⑦锉削时不准用手摸锉过的表面，因手有油污，再锉时会打滑。

⑧锉刀使用完毕时必须清刷干净，以免生锈。

⑨放置锉刀时，不要使其露出工作台面，以防锉刀跌落伤脚；也不能把锉刀与锉刀叠放或锉刀与量具叠放。

⑩锉刀不能做撬棒用或敲击工件，防止锉刀折断伤人。

6. 锉削的基本技能

（1）装夹工件

工件必须牢固地夹在台虎钳钳口的中部，需锉削的表面略高于钳口。夹持已加工表面时，应加钳口铜。

（2）锉刀的握法

应根据锉刀种类、规格和使用场合的不同，正确握持锉刀，以提高锉削质量。

①大锉刀握法。右手心抵着锉刀木柄的端头，大拇指放在锉刀木柄的上面，其余4指弯在木柄的下面，配合大拇指捏住锉刀木柄，左手则根据锉刀的大小和用力的轻重可有多种姿势，如图5.37（a）所示。

②中锉刀握法。右手握法大致和大锉刀握法相同，左手用大拇指和食指捏住锉刀的前端，如图5.37（b）所示。

③小锉刀握法。右手食指伸直，拇指放在锉刀木柄上面，食指靠在锉刀的刀边，左手几个手指压在锉刀中部，如图5.37（c）所示。

④什锦锉握法。一般只用右手拿着锉刀，食指放在锉刀上面，拇指放在锉刀的左侧，如图5.37（d）所示。

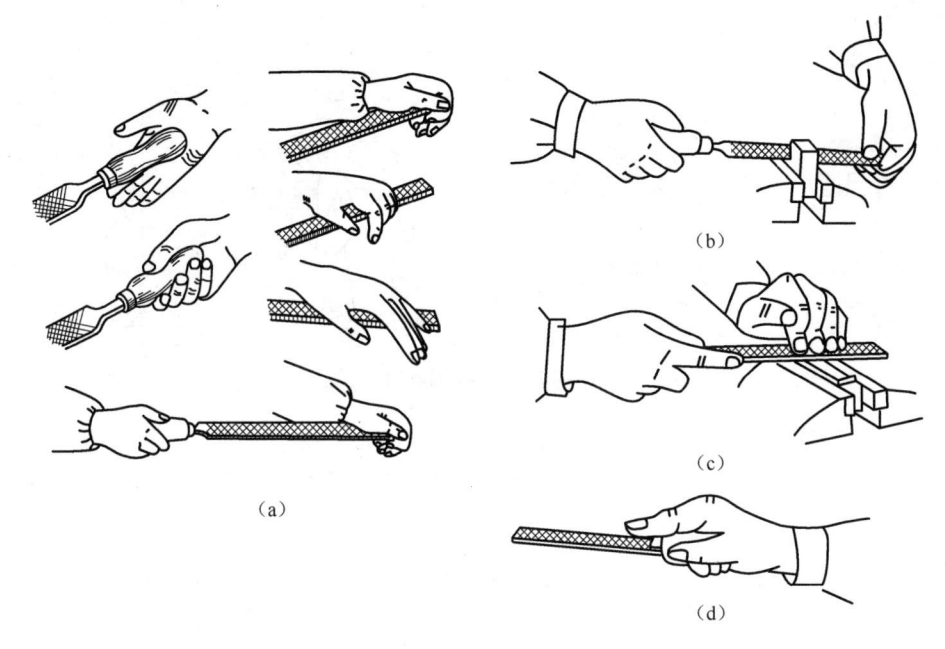

图 5.37　锉削时手的姿势
(a) 大锉刀握法；(b) 中锉刀握法；(c) 小锉刀握法；(d) 什锦锉握法

(3) 锉削的姿势

正确的锉削姿势能够减轻疲劳，提高锉削质量和效率。锉削姿势与锉刀大小有关。下面介绍大锉刀的锉削姿势。

①站立姿势。人站在台虎钳左侧，身体与台虎钳约成75°，左脚在前，右脚在后，两脚分开约与肩膀同宽。身体稍向前倾，重心落在左脚上，使得右小臂与锉刀成一直线，左手肘部张开，左上臂部分与锉刀基本平行，如图5.38所示。

②锉削姿势。左腿在前弯曲，右腿伸直在后，身体向前倾（约10°），重心落在左腿。锉削时，两腿站稳不动，靠左膝的屈伸使身体做往复运动，手臂和身体的运动要相互配合，并使锉刀的全长得到充分利用，如图5.39所示。

(4) 掌握锉削时的用力

锉削时锉刀的平直运动是锉削的关键。锉削的力有水平推力和垂直压力两种。推力主要由右手控制，压力是由两个手控制的。

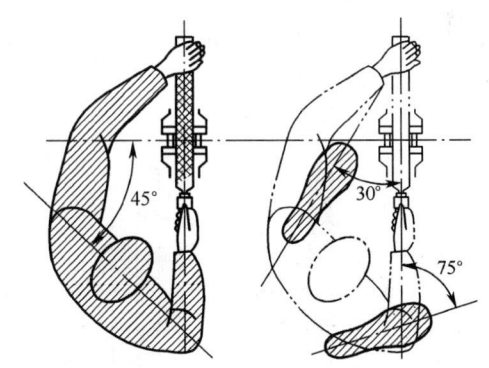

图 5.38　锉削时的站立姿势

由于锉刀两端伸出工件的长度随时都在变化，因此两手压力大小必须随着变化，使两手的压力对工件的力矩相等，这是保证锉刀平直运动的关键。如果锉刀运动不平直，工件中间就会凸起或产生鼓形面。

在锉削过程中，两手用力总的原则是"左减右加"。这需要多次反复练习、体会才会慢慢有所感觉。

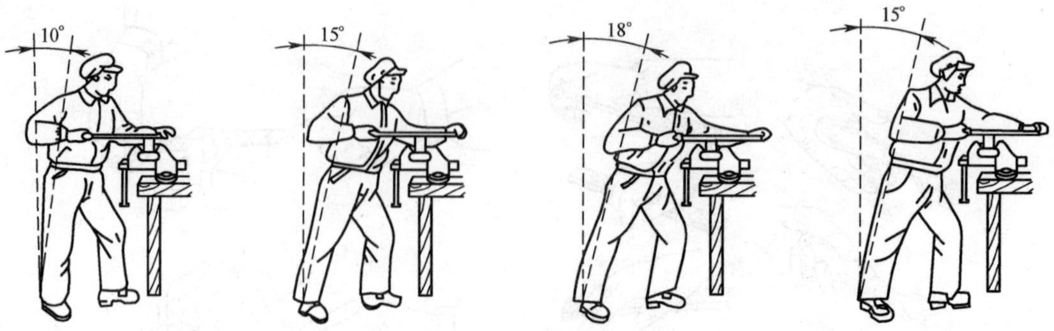

图 5.39 锉削姿势

（5）掌握锉削速度

锉削速度一般为每分钟 40 次左右。太快，操作者容易疲劳，且锉齿易磨钝；太慢，则切削效率低。

（6）锉削平面

用交叉锉法、顺向锉法及推锉法锉平面。

①交叉锉。锉刀贴紧工件表面，运行方向如图 5.40 所示。由于锉刀与工件接触面较大，较易把握锉刀的平衡，同时注意两手压力的"左减右加"。以交叉的两方向顺序对工件进行锉削，由于锉痕是交叉的，容易判断锉削表面的不平程度，因而也容易把表面锉平。

交叉锉法去屑较快，适用于平面的粗锉。

②顺向锉。不大的平面和最后锉光可以采用顺向锉。如图 5.41 所示，锉刀沿着工件表面横向或纵向移动，锉痕正直。

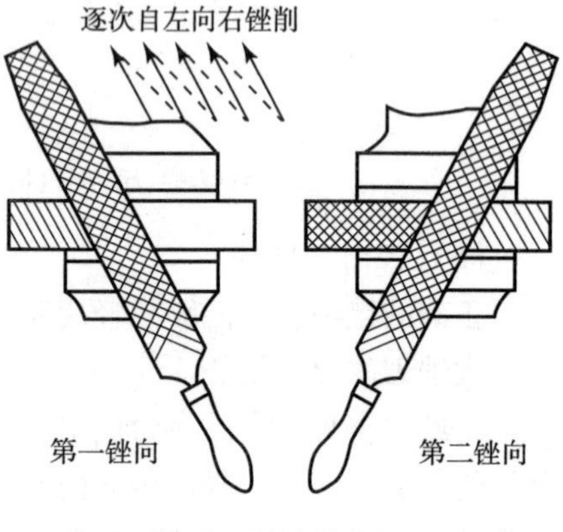

图 5.40 交叉锉法的运行方向

③推锉。如图 5.42 所示，两手对称地握住锉刀，用两大拇指推锉刀进行锉削。

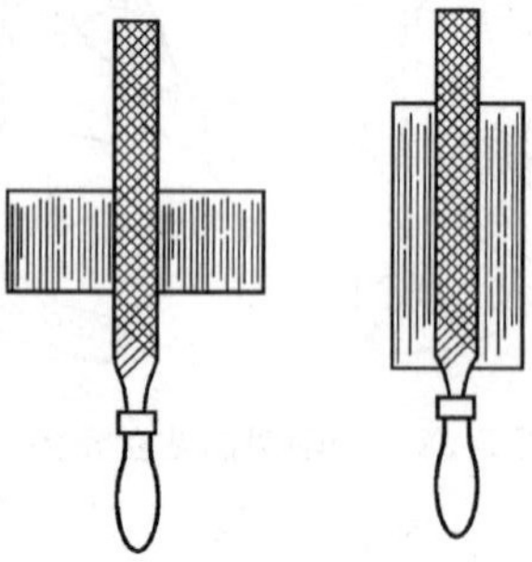

图 5.41 顺向锉

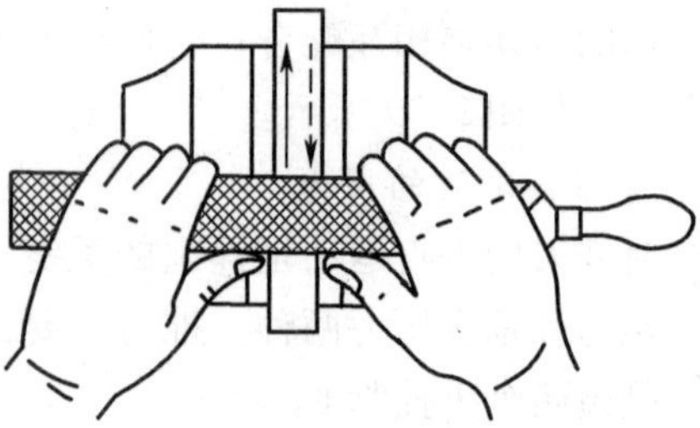

图 5.42 推锉

这种方法适用于较窄表面且已经锉平、加工余量很小的情况，旨在修正尺寸和减小表面粗糙度。

（7）锉削垂直面

锉削基本方法同锉削平面，但锉削过程中除检查自身平面度外，还应注意检查与其他面

· 102 ·

的垂直度。

(8) 锉削口诀

两手握锉放件上，左臂小弯横向平，右臂纵向保平行，左手压来右手推，上身倾斜紧跟随，右腿伸直向前倾，重心在左膝弯曲，锉行四三体前停，两臂继续送到头，动作协调节奏准，左腿伸直借反力，体心后移复原位。

（五）刮削

刮削是指用刮刀在半精加工过的工件表面上刮去微量金属，以提高表面形状精度，改善配合表面之间接触精度的钳工作业。刮削是机械制造和修理中一般机械加工难以达到各种型面（如机床导轨面、连接面、轴瓦、配合球面等）的一种重要加工方法。

刮削具有切削量小、切削力小、产生热量小、加工方便和装夹变形小的特点。通过刮削后的工件表面，不仅能获得很高的形位精度、尺寸精度、接触精度、传动精度，还能形成比较均匀的微浅凹坑，创造了良好的存油条件。加工过程中，刮刀对工件表面进行多次反复的推挤和压光，使得工件表面组织紧密，从而得到较低的表面粗糙度值。

1. 刮削工具

刮刀一般用碳素工具钢 T10、T12A 或轴承钢 GCr15 经锻打后成形，后端装有木柄，刀刃部分经淬硬后硬度为 HRC60 左右，刃口需经过研磨。

刮削前工件表面先经切削加工，刮削余量为 0.05~0.4 mm，具体数值根据工件刮削面积和误差大小而定。

平面刮削的操作方法分为手刮法和挺刮法两种，刮刀也有手刮刀和挺刮刀，如图 5.43 所示。刀头部分切削角度如图 5.44 所示。

图 5.43 手刮刀和挺刮刀

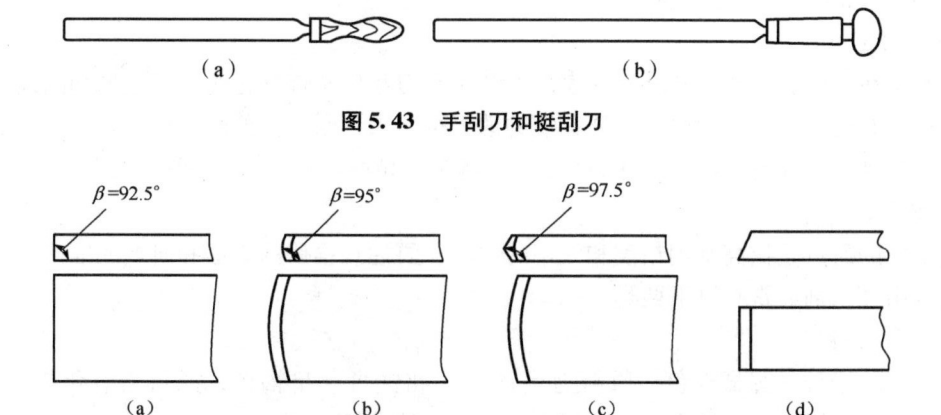

图 5.44 刮刀切削部分的几何形状和角度
(a) 粗刮刀；(b) 细刮刀；(c) 精刮刀；(d) 韧性材料刮刀

2. 刮削过程

刮削一般可分为粗刮、细刮、精刮和刮花 4 个步骤。对一些不重要的固定连接面和中间工序的基准面，可只进行粗刮；一般导轨面的刮削，则需要细刮；而对于精密工具（如精密平板、精密平尺等）和精密导轨表面，应进行精刮；刮花通常是为了美观而刮削表面。

（1）粗刮

工件经过机械加工或时效处理后，有显著的加工痕迹或锈斑。首先用刮刀采用连续推铲的方法刮削，又称长刮法。除去加工痕迹和锈斑后，通过涂色显示确定刮削的部位和刮削量。对刮削量较大的部位要多刮些或重刮数遍，但刀纹要交错进行，不允许重复在一点处刮削，以免局部刮出沉凹。这样反复数遍，直到在 25 mm×25 mm 面积上有 3~4 个点，粗刮就算完成。

粗刮时每刀刮削量要大，刀迹宽而长。

（2）细刮

粗刮后的工件表面，显点已比较均匀地分布于整个平面，但数量很少。细刮可使加工表面质量得到进一步提高。

细刮时，应刮削黑亮的显点，俗称破点（短刀法），使显点更趋均匀，数量更多。对黑亮的高点要刮重些，对暗淡的研点刮轻些。每刮一遍，显点一次，显点逐渐由稀到密，由大到小，直到每 25 mm×25 mm 面积上有 12~15 个点，细刮即完成。

为了得到较好的表面粗糙度，每刮一遍要变换一下刮削方向，使其形成交叉的网纹，以避免形成同一方向的顿纹。每刀刮削量要小，刀花宽度及长度也较小。

（3）精刮

精刮是在细刮的基础上进一步增加刮削表面的显点数量，使工件达到预期的精度要求。

精刮要求点子分布均匀，在 25 mm×25 mm 面积上有 20~25 个点。刮削部位和刮削方法要根据显点情况进行，黑亮的点子全部刮去（又称点刮法）。中等点子在顶部刮去一小片，小点留着不刮。这样大点分为几个小点，中等点分为两个小点，小点会变大，原来没有点的地方也会出现点，因此，接触点将迅速增加。刮削到最后三遍时，交叉刀迹大小应一致，排列整齐，以使刮削面美观。

（4）刮花

刮花是在刮削表面或机器外露的表面上利用刮刀刮出装饰性花纹，以增加刮削面的美观度，保证良好的润滑性，同时可根据花纹的消失情况来判断平面的磨损程度。

常见的刮花花纹有斜花纹（小方块）、鱼鳞花（鱼鳞片）、半月花等。

3. 显示剂

刮削中的研点是提高刮削精度和效率的关键，要注意推研的方法和研点的准确判断。

研点用显示剂通常有以下两类。

（1）红丹粉

红丹粉分铅丹（显橘红色，原料为氧化铝）和铁丹（呈褐色，原料为氧化铁）两种，其颗粒较细，使用时用机油调和，常用于钢和铸铁件的显点。

（2）蓝油

蓝油是用普鲁士蓝和蓖麻油及适量机油调和而成的，常用于精密工件、有色金属及合金工件上的刮削。

4. 检查刮削的精度

（1）接触精度的检验

用边长为 25 mm 的正方形方框内的研点数目来检查刮削表面的接触精度。正方形方框罩在被检查面上，如图 5.45（a）所示。

(2) 平面度和直线度（形状精度）的检验

用方框水平仪检验平面度和直线度（形状精度）。小型零件可用百分表检查平行度和平面度，如图 5.45（b）所示。

(3) 配合面之间的间隙（尺寸精度）的检验

用塞尺检验配合面之间的间隙（尺寸精度）。用标准圆柱利用透光法检查垂直度，如图 5.45（c）所示。

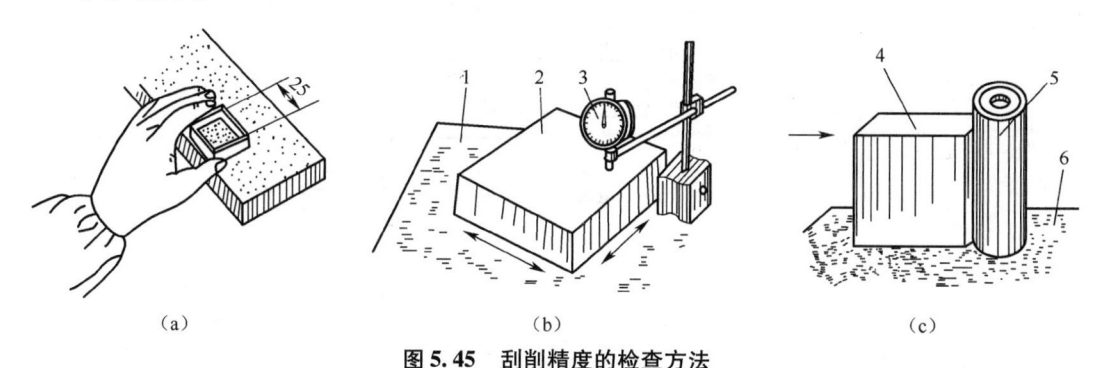

图 5.45 刮削精度的检查方法

(a) 用方框检查接触点；(b) 用百分表检查平行度；(c) 用标准圆柱检查垂直度

1，6—标准平板；2，4—工件；3—百分表；5—标准圆柱

5. 平面刮刀的刃磨

(1) 粗磨

先在砂轮上粗磨刮刀平面，使刮刀平面在砂轮外圆上来回移动，将两平面上的氧化皮磨去，然后将两个平面分别在砂轮的侧面上磨平，要求达到两平面互相平行，然后刃磨刮刀即可。

(2) 热处理

将粗磨好的刮刀，头部长度约为 25 mm 处放在炉中缓慢加热到 780 ℃ ~ 800 ℃（呈樱红色），取出后迅速放入冷水中冷却，浸入深度为 8 ~ 16 mm。刮刀接触水面时应做缓慢平移和间断地少许上下移动，这样可使淬硬与不淬硬的界限处不发生断裂。当刮刀露出水面部分颜色呈黑色，由水中取出部分颜色呈白色时，即迅速再把刮刀全部浸入水中冷却。精刮刀及刮花刮刀淬火时，可用油冷却，这样刀头不易产生裂纹，金属的组织较细，容易刃磨，切削部分硬度接近 60HRC。

(3) 再粗磨

热处理后的刮刀一般还须在细砂轮上粗磨，粗磨时的刮刀形状和几何角度须达到要求。但热处理后的刮刀刃磨时必须经常蘸水冷却，以防刃口部分退火。

(4) 精磨

经粗磨后的刮刀，刀刃还不符合平整和锋利的要求，必须在油石上精磨。精磨时，应在油石表面上滴适量机油，然后将刀头平面平贴在油石上来回移动，直至平面光整为止。精磨刮刀顶端的另一种方法是两手握刀身，向后拉动以磨锐刀刃，前推时应将刮刀提起。这种方法易掌握，但刃磨速度较慢。

在刃磨刮刀顶端时，它和刀头平面就形成刮刀的楔角 β，楔角的大小，一般应按粗刮、细刮和精刮的不同要求而定。

6. 刮削举例

刮削原始平板，如图 5.46 所示。

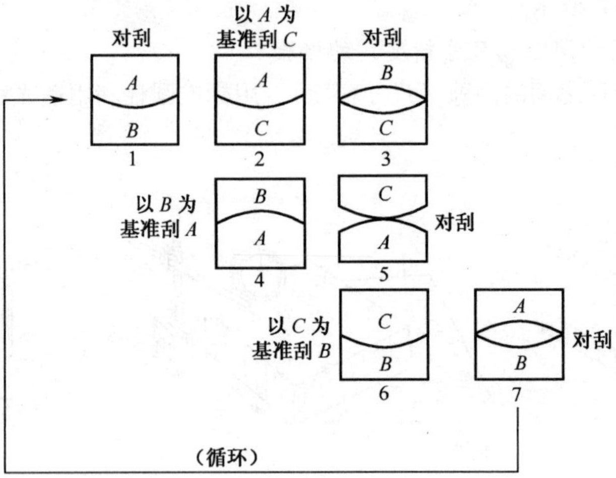

图 5.46 原始平板的刮削方法

（六）拆卸

一台机械是由许多零件组成的，这些零件在机械大修时，大部分需要经过拆装。而且，根据零件的不同精度、配合状况和技术要求，需采用不同的拆装工具、设备及方法。拆装工序复杂、要求严格，在机械修理中占有很大的工作量。如何合理地进行拆装的组织工作和革新拆装工具及设备将是非常重要的。这不仅影响到机械的修理质量，而且是提高工效、缩短机械修理时间、降低成本的重要环节。

机械修理前后的拆卸和安装，应当根据各种零件的位置、结构情况和技术要求，选用合适的工具。

①手用工具主要有固定开口扳手（又称死扳手）、呆扳手、梅花扳手、套筒扳手、内六角扳手、活扳手、扭矩扳手、螺丝刀、锁紧扳手及用于拆装各种形式的锁紧螺母时使用的扳手。

另外，手锤、木榔头、铜棒、老虎钳、尖嘴钳等也是常用的手用拆装工具。

②专用工具主要有以下几种：

a. 内挡圈及尖嘴手钳：用来拆装内弹簧挡圈，如图 5.47 所示。

b. 外挡圈及尖嘴手钳：用来拆装外弹簧挡圈，如图 5.48 所示。

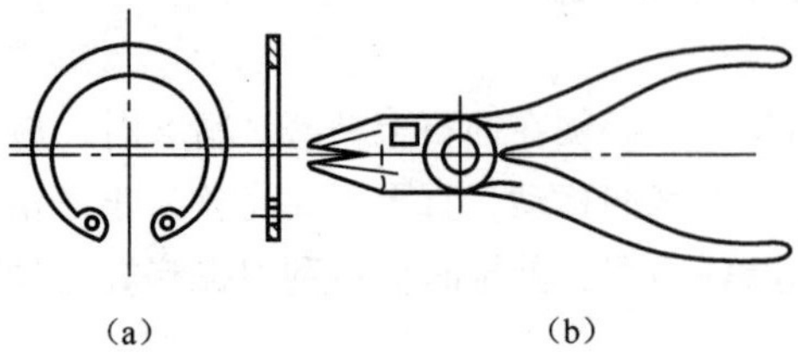

图 5.47 内挡圈及尖嘴手钳 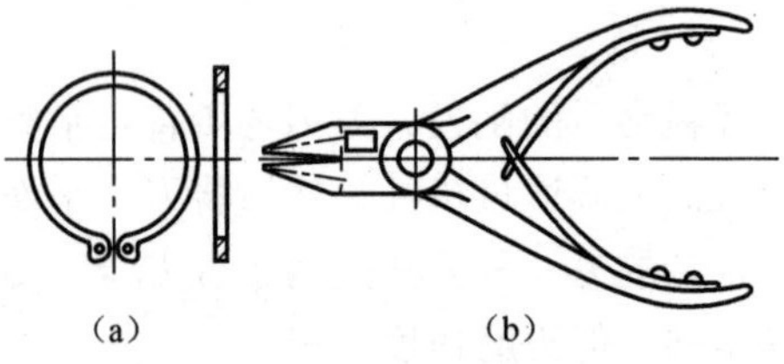　　　　图 5.48 外挡圈及尖嘴手钳

c. 拉键器：利用滑力重锤的惯性作用拆卸钩头紧键，如图 5.49 所示。
d. 拔销器：用来拔出带有螺纹的圆锥销，如图 5.50 所示。

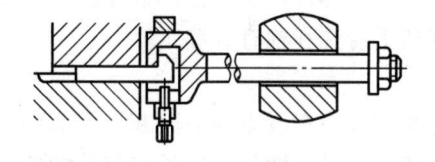

图 5.49　拉键器 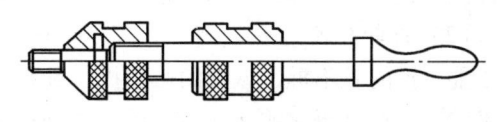　　　　　　　图 5.50　拔销器

e. 偏心扳手：拆装双头螺栓的专用扳手，如图 5.51 所示。
f. 拔轮器（又称拉模）：有两爪、三爪之分，用于拆卸各种不同的过盈配合件，如图 5.52 所示。

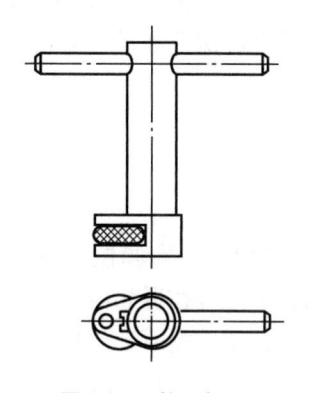

图 5.51　偏心扳手 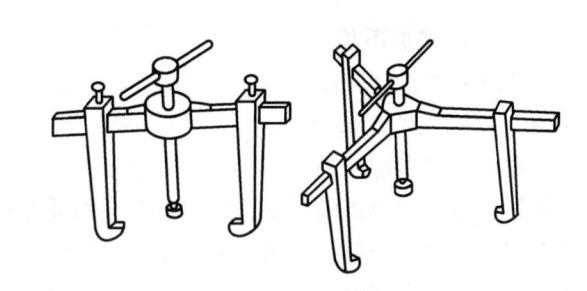　　　　　　　图 5.52　拔轮器

拆卸是修理工作的第一步，其主要目的是便于检查和修理。对于组装在一起的零部件，有的是无法检查其技术状态的，必须拆卸后进行检查、鉴定，以确定机器在修理时哪些零部件应当更换、哪些可以修复。因拆装工作占整个修理工作量的 30%～40%，且机械的构造又有其特点，零部件在质量、结构、精度上也差异极大，所以若拆卸不当，则将使零部件受损，造成不必要的浪费，甚至影响修理工作的进行。

1. 拆卸前的准备工作

（1）地点选择

拆卸前应选择好工作地点，不要选在有风沙、尘土的地方。

（2）场地清洁

不要使泥土、油污等弄脏地面。机器进入拆卸地点前，应进行外部清洗。

（3）保护措施

在清洗机器外部前，应预先拆下或保护好电气设备，以免受潮损坏。

（4）放油

应尽可能在拆卸前趁热放出机器中的润滑油。

（5）熟悉机器构造

拆卸前必须熟悉机器各部的构造，避免盲目乱拆。

2. 拆卸的一般原则

（1）根据结构特点，选用合理的拆卸步骤

机械的拆卸顺序，一般是先由整体拆成总成，由总成拆成部件，由部件拆成零件，或由附件到主机，由外部到内部。这样，可以避免混乱，有利于清洗和检查、鉴定。

（2）拆卸合理

能不拆的就不拆，该拆的必须拆。凡是不经拆卸就能通过检查设备或手段断定零部件的技术状态是符合要求的，就不必拆开。这样不但减少拆卸工作量，而且能延长零部件的使用寿命。对过盈配合件，拆装次数过多会使过盈量消失，装配不紧；对较精密的间隙配合件，拆后再装，很难恢复已磨合的配合关系，从而加速零件的磨损。但是，对于不拆开难以判断其技术状态，且又疑其有故障的，或无法进行必要保养的零部件，则一定要拆开。

（3）合理使用工具或设备

拆卸时，应尽量采用专用工具或选用合适的工具和设备。避免乱敲乱打，防止零件损伤或变形。拆卸螺栓或螺母尽量采用尺寸相符的固定扳手。拆卸轴套、滚动轴承、齿轮、皮带轮等，应使用拔轮器或压力机。

3. 拆卸的注意事项

拆卸时要考虑到装配等工序。为此，应注意以下事项。

（1）核对或做好记号

机器中有许多配合副，因为经过选配或质量平衡等原因，装配的方向和位置不允许改变。例如，多缸内燃机的活塞连杆组件都是按质量成组选配的，不允许在拆装后互换，所以都做有记号。在拆卸时，应核对原有记号，如已错乱或损坏不清，则应按原来的位置或方向重新标记，以便安装时对号入位，不致发生错乱。

（2）分类存放零件

①同一总成或同一部件的零件，尽量存放在一起。

②根据零件的大小与精密度，分别存放。

③不应互换的零件要成组存放。

④易丢失的零件，如垫圈、螺母，要用铁丝串起或放在专门容器里。各种螺栓应装上螺母存放。

4. 螺纹连接件的拆卸

螺纹连接具有比较简单、便于调节和可多次拆装等优点，因而应用最广，拆卸中遇到的最多。虽然螺纹连接件的拆卸比较容易，但往往因重视不够，工具选用得不合适，拆卸方法不正确而造成损坏。例如，使用大于螺母宽度的扳手，使螺母棱角拧圆；使用螺丝刀的厚度尺寸与螺钉顶部开槽不符，或用力不当，使开槽边缘削平损坏；使用过长的加力杆或未搞清螺纹旋向而拧反，致使螺栓折断或丝纹损坏。因此，拆卸螺纹连接件一定要选用合适的固定扳手或螺丝刀，尽量不用活扳手；对于较难拆卸的，一定要弄清螺纹方向，不要盲目乱拧或用过长的加力杆。拆卸双头螺栓，要用专用扳手。

（1）断头螺栓的拆卸

①在螺栓上钻孔，打入多角淬火钢杆，再把螺栓拧出，如图5.53（a）所示。

②如螺栓断在机件表面以下，则在断头端中心钻孔，在孔内攻反旋向螺纹，用相应反旋向螺钉或丝锥拧出，如图5.53（b）所示。

③如螺栓断在机件表面以上,则在断头上加焊螺母拧出,如图5.53(c)所示;或在凸出断头上用钢锯锯出一沟槽,然后用螺丝刀拧出。

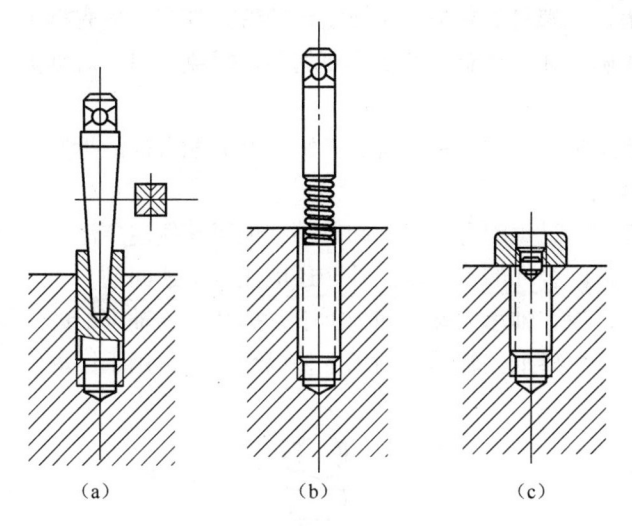

图5.53 断头螺栓的拆卸
(a)打多角淬火钢杆;(b)攻反旋螺纹;(c)加焊螺母

④用钻头把整个螺栓钻掉,重新攻比原来直径大的螺纹并选配相应的螺栓。
⑤用电火花在断头处打出方形或扁形槽,再用相应的钢杆拧出。

(2)锈死螺栓或螺母的拆卸
①用手锤敲打螺栓、螺母四周,以震碎锈层,然后拧出。
②可先向拧紧方向稍拧动一些,再向反方向拧,如此反复,逐步拧出。
③在螺母、螺栓四周浇些煤油,或放上蘸有煤油的棉丝,浸渗20 min左右。利用煤油很强的渗透力,渗入锈层,使锈层变松,然后再拧出。
④当上述3种方法都不奏效时,若零件许可,则用喷灯快速加热螺母或螺栓四周,使零件或螺母膨胀,然后快速拧出。

(3)成组螺纹连接件的拆卸
成组螺纹连接件除按照单个螺栓的方法拆卸外,还应注意以下事项:
①按规定顺序,先四周后中间,以对角线方式拆卸。首先将各螺栓先拧松1~2圈,然后逐一拆卸,以免力量最后集中到一个螺栓上,造成难以拆卸或零件变形损坏。
②先将处于难拆部位的螺栓卸下。
③悬臂部件的环形螺栓组拆卸时,应特别注意安全。除仔细检查是否垫稳、起重索是否捆牢外,拆卸时,应先从下面开始按对称位置拧松螺栓。最上部的一个或两个螺栓,应在最后分解吊离时取下,以免造成事故或损伤零件。
④对在外部不易观察到的螺栓,往往容易疏忽,应仔细检查。在整个螺栓组确实拆完后,方可用螺丝刀、撬棍等工具将连接件分离。否则,容易造成零件的损伤。

5. 过盈配合件的拆卸
拆卸过盈配合件,应使用专门的拆卸工具,如拔轮器、压力机等。禁止使用铁锤直接敲击机件,以免打坏。在无专用工具的情况下,可用木槌、铜锤、塑料锤或垫以木棒(块)、铜棒（块）用铁锤敲击。但直接打击零件的锤、棒等物的材质，应比零件的材质软。无论使用何种方法拆卸，都应注意以下事项。

①要检查有无销钉、螺钉等附加固定或定位装置。若有，应先拆下。

②加力部位要正确，并应注意零件受力要均匀，以免歪斜。对轴类零件，力应作用在受力面的中心。

③拆卸的方向要正确，特别是带台阶、有锥度的静配合件的拆卸。

6. 滚动轴承的拆卸

滚动轴承的拆卸属于过盈配合件的拆卸范畴，但因其使用广泛，又有拆卸特点，所以在拆卸时，除应遵循过盈配合件的拆卸要点外，还应注意下述问题。

拆卸滚动轴承时，应在轴承内圈上加力拆下，拆卸位于轴末端的轴承时，可用小于轴承内径的铜棒或软金属、木棒抵住轴端，轴承下垫以垫块，再用手锤敲击，如图5.54所示。

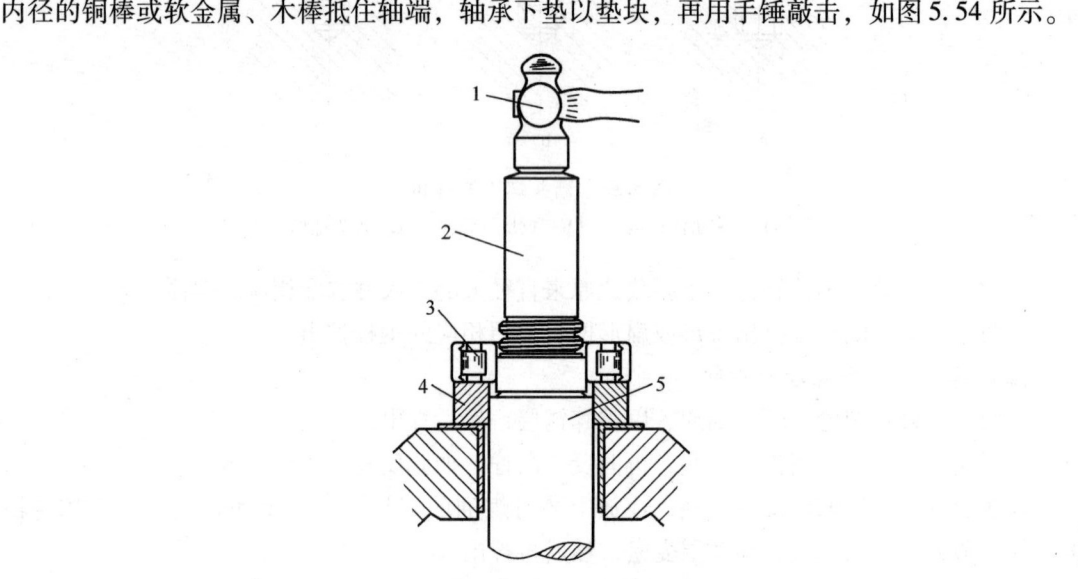

图5.54 用手锤、铜棒拆卸轴承

1—手锤；2—铜棒；3—轴承；4—垫块；5—轴

若用压力机拆卸，可用图5.55的垫法将轴承压出。关键是必须使垫块同时抵住轴承内外圈，且着力点正确，如图5.55（b）、图5.56（a）所示。否则，轴承将受损，如图5.56（b）所示。垫块可用两块等高的方铁或用U形和两半圆形铁组成。

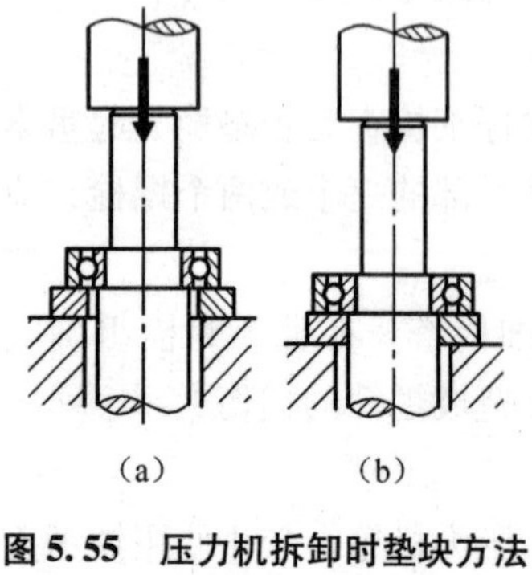

图5.55 压力机拆卸时垫块方法

（a）错误；（b）正确

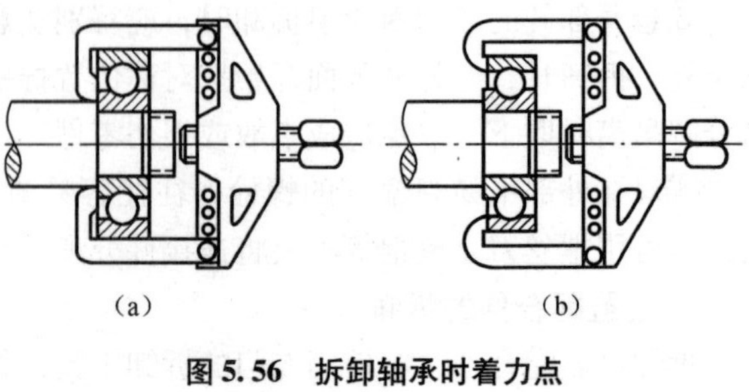

图5.56 拆卸轴承时着力点

（a）正确；（b）错误

· 110 ·

7. 铆接件的拆卸

铆接属于永久性连接，修理时一般不拆卸。只有当铆钉松动或铆合材料损坏需要更换时才拆卸。拆卸时必须将铆钉头用凿子或钻头去掉，也可用气割或电弧气刨。操作时应注意不损坏基体零件。

（七）装配

机械产品一般由许多零件和部件组合而成。按规定的技术要求，将零件或部件进行配合和连接，使之成为半成品或成品的工艺过程，称为装配。

装配是机械制造过程的最后阶段，在机械产品的制造过程中占有非常重要的地位，装配工作的质量对产品质量有很大影响。虽然零件的质量是产品质量的基础，但装配质量不好，即使有高质量的零件，也会出现质量差甚至不合格的产品。因此，必须十分重视产品的装配工作。

1. 装配过程

装配过程并不是将合格零件简单地进行连接，而是根据各级组装、部装和总装的技术要求，通过校正、调整、平衡、配作及反复试验来保证产品质量合格的过程。

机械产品的装配过程可以分为以下3个阶段。

（1）装配前的准备

①熟悉产品（包括部件、组件）装配图样、装配工艺文件和产品质量验收标准等，分析产品（包括部件、组件）结构，了解零件间的连接关系和装配技术要求。

②确定装配的顺序、方法，准备所需的装配工具。

③对装配所需的零件启封、清洗，去除油污等。

（2）装配

根据产品结构的复杂程度，装配工作可以分成组件装配、部件装配和总装配。

①组件装配是将若干零件连接成组件或将若干零件和组件连接成结构更为复杂一些的组件的工艺过程。如车床主轴箱中某一传动轴（轴和轴上零件）的装配。

②部件装配是将若干零件和组件连接成部件的工艺过程。如车床主轴箱、进给箱等部件的装配。

③总装配是将若干零件和部件装配成最终产品的工艺过程。如完整的机床、汽车、汽轮机等的装配。

（3）调整、精度检验和试车

①调整是指调节零件或机构间结合的松紧程度、配合间隙和相互位置精度，使产品各机构能协调地工作。常见的调整有轴承间隙调整、镶条位置调整、蜗轮轴向位置调整等。

②精度检验包括几何精度检验和工作精度检验。前者主要检查产品静态时的精度，如车床主轴轴线与床身导轨平行度的检验、主轴顶尖与尾座顶尖等高性检验、中滑板导轨与主轴轴线的垂直度检验等；后者主要检查产品在工作状态下的精度，对于机床来说，主要是切削试验，如车削螺纹的螺距精度检验、车削外圆的圆度及圆柱度检验、车削端面的平面度检验等。

③试车是指机器装配后，按设计要求进行的运转试验。试车用来检查产品运转的灵活性、工作温升、密封性能、震动、噪声、转速和输出功率等是否达到设计要求。试车包括空

运转试验、负荷试验和超负荷试验。

2. 装配精度

机器或部件装配后的实际几何参数与理想几何参数的符合程度称为装配精度。

（1）装配精度的分类

一般机械产品的装配精度包括零部件间的距离精度、相互位置精度、相对运动精度以及接触精度等。

①距离精度是指相关零件间距离的尺寸精度和装配中应保证的间隙。如卧式车床主轴轴线与尾座孔轴线不等高的精度、齿轮副的侧隙等。

②相互位置精度包括相关零部件间的平行度、垂直度、同轴度、跳动等。如主轴莫氏锥孔的径向圆跳动、其轴线对床身导轨面的平行度等。

③相对运动精度是指产品中有相对运动的零部件间在相对运动方向和相对速度方面的精度。相对运动方向的精度表现为零部件间相对运动的平行度和垂直度，如铣床工作台移动对主轴轴线的平行度或垂直度。相对速度的精度即传动精度，如滚齿机主轴与工作台的相对运动速度等。

④接触精度。零部件间的接触精度通常以接触面积的大小、接触点的多少及分布的均匀性来衡量。如主轴与轴承的接触、机床工作台与床身导轨的接触等。

（2）保证装配精度的方法

装配工作的主要任务是保证产品在装配后达到规定的各项精度要求，因此，必须采取合理的装配方法。保证装配精度的方法主要有以下几种。

①互换装配法是指在装配时各配合零件不经修理、选择或调整即可达到装配精度的方法。

互换装配法具有装配工作简单、生产率高、便于协作生产和维修、配件供应方便等优点，但应用有局限性，仅适用于参与装配的零件较少、生产批量大、零件可以用经济加工精度制造的场合。如汽车、中小型柴油机的部分零部件等。

②分组装配法是指在成批或大量生产中，将产品各配合副的零件按实测尺寸分组，装配时按组进行互换装配以达到装配精度的方法。

分组装配法装配前须对加工合格的零件逐件测量，并进行尺寸分组，装配时按对应组别进行互换装配，每组装配具有互换装配法的特点，因此在不提高零件制造精度的条件下，仍可以获得很高的装配精度。

③修配装配法是指在装配时修去指定零件上预留修配量以达到装配精度的方法。

修配装配法的特点是参与装配的零件仍按经济精度加工，其中一件预留修配量，装配时进行修配，补偿装配中的累积误差，从而达到装配质量的要求。用修配装配法可以获得较高的装配精度，但增加了装配工作量，生产率低，且要求工人技术水平高。多用于单件、小批生产，以及装配精度要求高的场合。修配件应选择易于拆装且修配量较小的零件。

④调整装配法是指在装配时改变产品中可调整零件的相对位置或选用合适的调整件以达到装配精度的方法。

调整装配法的特点是零件按经济加工精度制造，装配时产生的累积误差用机构设计时预先设定的固定调整件（又称补偿件）或改变可动调整件的相对位置来消除。

常用的调整方法有以下两种。

a. 固定调整法。预先制造各种尺寸的固定调整件（如不同厚度的垫圈、垫片等），装配时根据实际累积误差，选定所需尺寸的调整件装入，以保证装配精度的要求。如图 5.57 所示，传动轴组件装入箱体时，使用适当厚度的调整垫圈 D（补偿件）补偿累积误差，保证箱体内侧面与传动轴组件的轴向间隙。

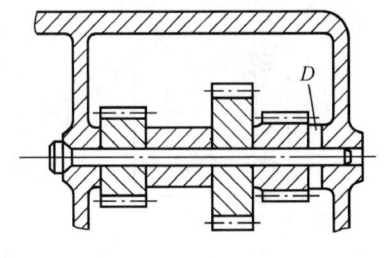

图 5.57　用垫圈调整轴向间隙

b. 可动调整法。使调整件移动、回转或移动和回转同时进行，以改变其位置，进而达到装配精度。常用的可动调整件有螺钉、螺母、楔块等。可动调整法在调整过程中不需拆卸零件，故应用较广。图 5.58 所示为通过调整螺钉使楔块上下移动，改变两螺母间距，以调整传动丝杠和螺母的轴向间隙。图 5.59 所示为用螺钉调整轴承间隙。

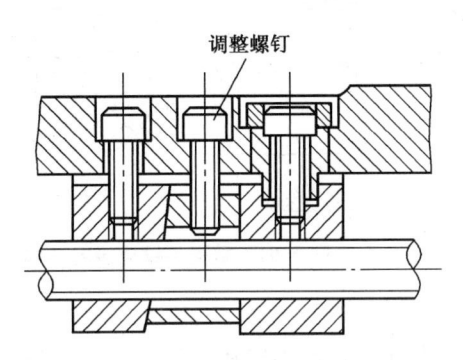

图 5.58　用螺钉和楔块调整轴向间隙

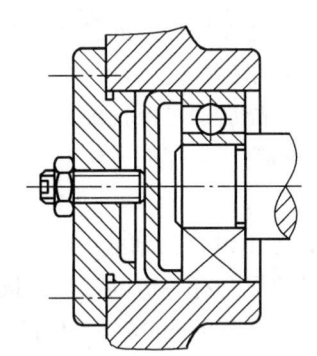

图 5.59　用螺钉调整轴承间隙

调整装配法可获得很高的装配精度，并且可以随时调整因磨损、热变形或弹性及塑性变形等原因所引起的误差。其不足是增加了零件数量及较复杂的调整工作量。

3. 可拆卸连接件的装配

常见的可拆卸连接有螺纹连接、平键连接、销连接等。

（1）螺纹连接件的装配

①主要技术要求。螺纹连接件装配的主要技术要求是：有合适、均衡的预紧力，连接后有关零件不发生变形，螺钉、螺母不产生偏斜和弯曲，以及防松装置可靠等。

②装配作业要点。

a. 装配时，螺纹件通常采用各种扳手（呆扳手、活动扳手、套筒扳手等）拧紧，拧紧力矩应适当：太小会降低连接强度，太大则可能扭断螺纹件。对于需要控制拧紧力矩的螺纹连接件，须采用限力矩扳手或测力扳手拧紧。

b. 成组螺纹连接件装配时，为了保证各螺钉（或螺母）具有相等的预紧力，使连接零件均匀受压，紧密贴合，必须注意各螺钉（或螺母）拧紧的顺序（见图 5.60），各组螺纹连接均采用对称拧紧的顺序。

③螺纹连接的防松措施。做紧固用的螺纹连接一般具有自锁作用，但在受到冲击、震动或变载荷作用时，有可能松动，因此应采取相应的防松措施。常用的方法是设置锁紧螺母、弹簧垫圈、串联钢丝和使用开口销与带槽螺母等防松装置。

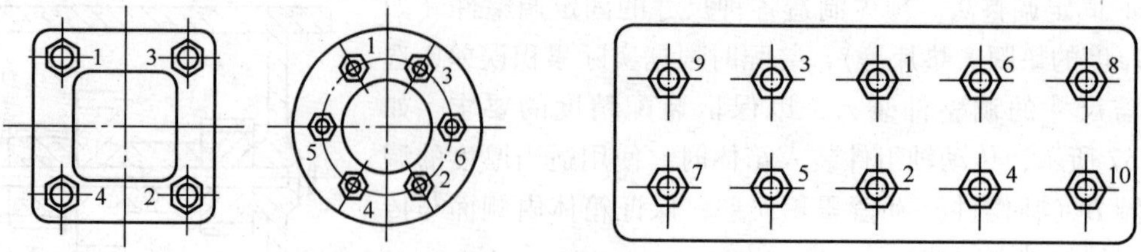

金属工艺实训

图 5.60　螺钉（或螺母）的拧紧顺序

（2）平键连接件的装配

①主要技术要求。平键连接件装配的主要技术要求是：保证平键与轴及轴上零件键槽间的配合要求，能平稳地传递运动与转矩。普通平键连接的结构及剖面尺寸如图 5.61 所示。

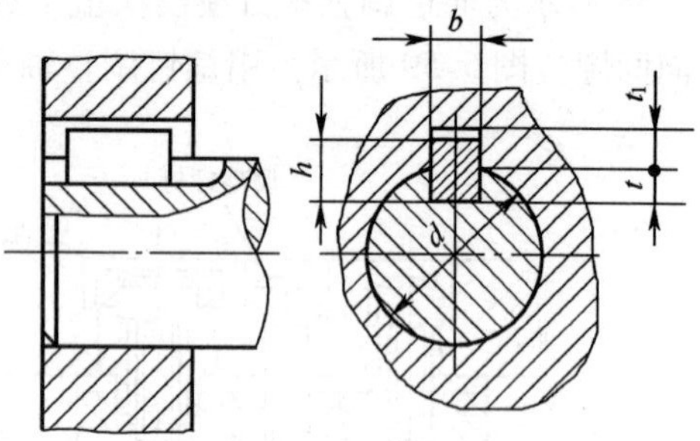

②装配作业要点。成批、大量生产中的平键连接，平键采用标准件，轴与轴上零件的键槽均按标准加工，装配后即可保证配合要求。单件、小批生产中，常用手工修配的方法达到配合要求，其作业要点如下。

图 5.61　普通平键连接的结构

a. 以轴上键槽为基准，配锉平键的两侧面，使其与轴槽的配合有一定的过盈；同时配锉键长，使键端与轴槽有 0.1 mm 左右的间隙。

b. 将轴槽锐边倒钝，用铜棒或台虎钳（使用软钳口）将平键压入轴槽，并使键底面与槽底贴合。

c. 配装轴上零件（齿轮、带轮等），平键顶面与轴上零件键槽底面必须留有一定的间隙，并注意不要破坏轴与轴上各件原有的同轴度。平键两侧面与轴上零件键槽侧面间应有一定过盈，若配合过紧，可修整轴上零件键槽的侧面，但不允许有松动，以保证平稳地传递运动和转矩。

（3）销连接件的装配

①主要技术要求。销连接在机械中主要起定位、紧固及传递转矩、保护等作用，如图 5.62 所示。

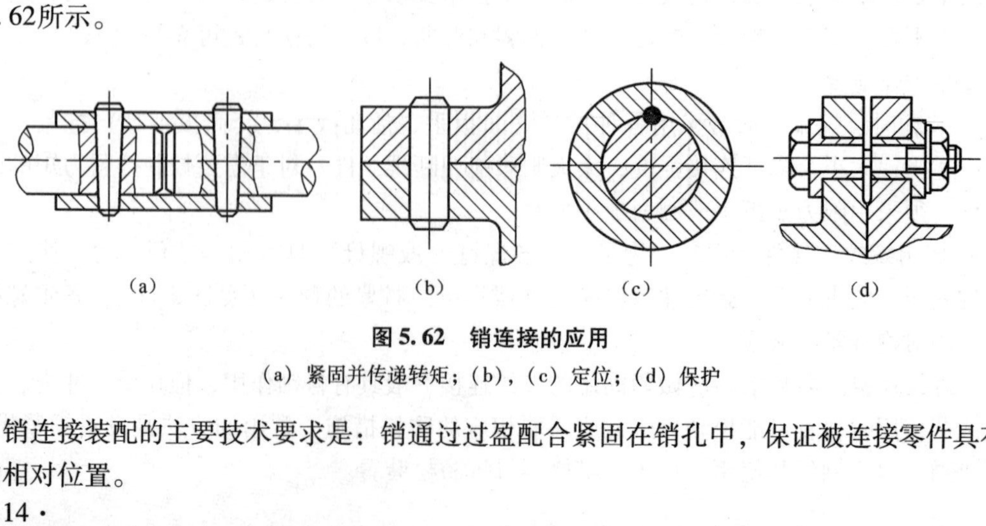

图 5.62　销连接的应用

（a）紧固并传递转矩；（b），（c）定位；（d）保护

销连接装配的主要技术要求是：销通过过盈配合紧固在销孔中，保证被连接零件具有正确的相对位置。

· 114 ·

②装配作业要点。

a. 将被连接的两零件按规定的相对位置装配,达到位置精度要求后予以固定。

b. 将零件组合在一起钻孔、铰孔,以保证两零件销孔位置的一致性。对于圆柱销孔,应选用正确尺寸的铰刀铰孔,以保证与圆柱销的过盈配合要求;对于圆锥销孔(锥度1∶50),铰孔时应将圆锥销塞入销孔试配,以圆锥销大端露出零件端面 3~4 mm 为宜。

c. 装配时,在圆柱销或圆锥销上涂油,使用铜锤将销敲入销孔,使销子仅露出倒角部分。有的圆锥销大端制有螺孔,便于拆卸时用拔销器将销取出。

4. 带传动机构的装配

常用的带传动有平带传动和 V 带传动等,如图 5.63 所示。

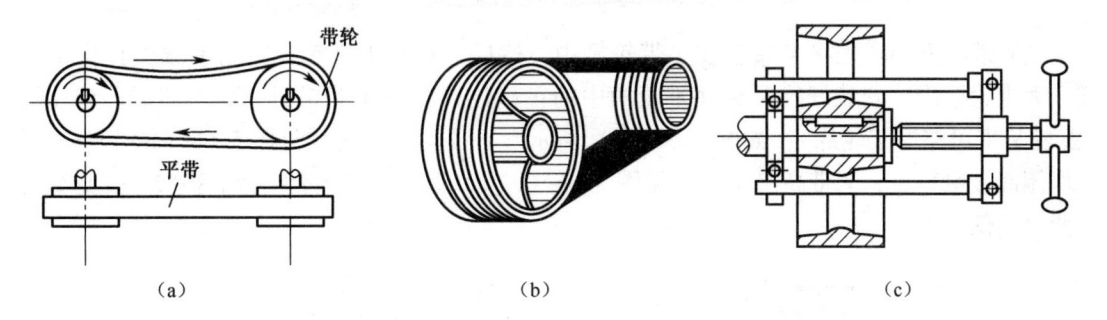

图 5.63 带传动
(a) 平带传动;(b) V 带传动;(c) 安装带轮

(1) 主要技术要求

带传动机构装配的主要技术要求是:带轮装于轴上,圆跳动不超过允差;两带轮的对称中心平面应重合,其倾斜误差和轴向偏移误差不超过规定要求;传动带的张紧程度适当。

(2) 装配作业要点

①带轮安装。带轮在轴上安装一般采用过渡配合。为防止带轮歪斜,安装时应尽量采用专用工具,如图 5.63 (c) 所示。安装后,使用划针盘或百分表检查带轮径向圆跳动和端面圆跳动,如图 5.64 所示。

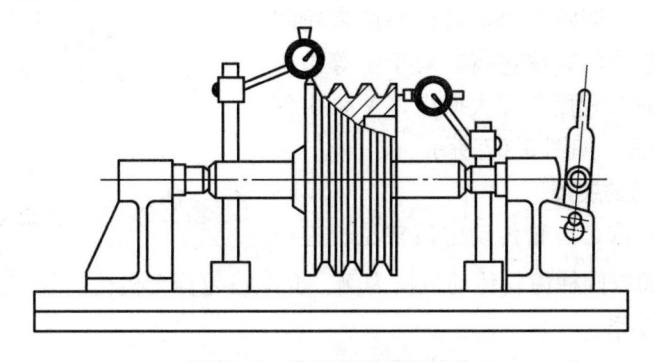

图 5.64 带轮圆跳动的检查

②带轮间相互位置的保证。带轮间相互位置的正确性一般在装配过程中通过调整达到。两带轮对称中心平面的重合程度,当两轮中心距较大时可用拉线方法检查,中心距不大时可用钢直尺检查,如图 5.65 所示。

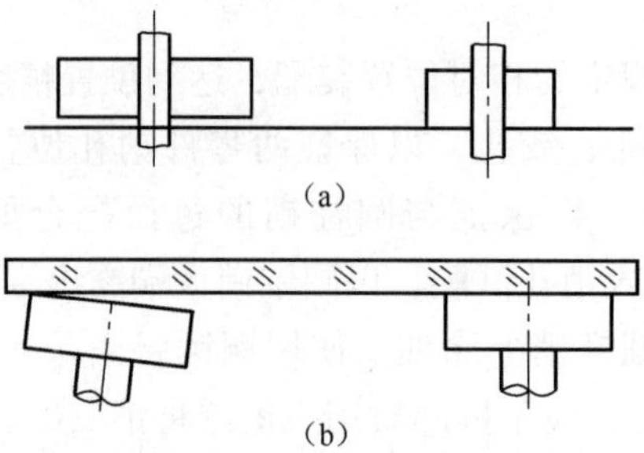

图 5.65　带轮相互位置正确性检查

(a) 拉线法；(b) 钢直尺法

③V 带的安装。先将 V 带套在小带轮槽中，然后边转动大带轮，边用手或工具将 V 带拨入大带轮槽中。安装好的 V 带在带轮槽中的正确位置应是 V 带的外边缘与带轮轮缘平齐（新装 V 带可略高于轮缘），如图 5.66 (a) 所示。V 带陷入槽底 [见图 5.66 (b)] 会导致工作侧面接触不良；V 带高出轮缘 [见图 5.66 (c)]，则使工作侧面接触面积减小，导致传动能力降低。

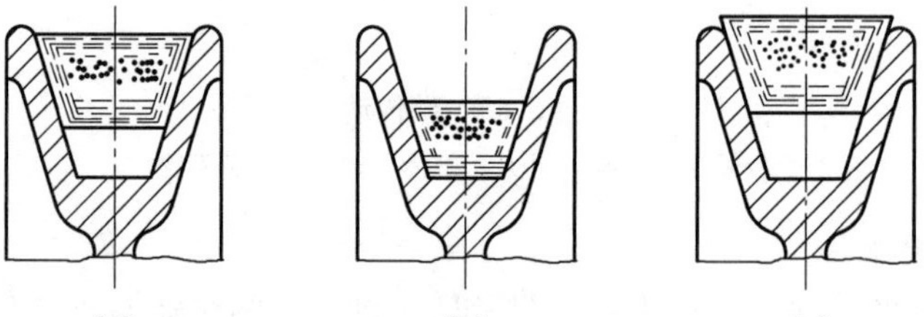

图 5.66　V 带在带轮槽中的位置

④张紧力的调整。张紧力应适当。张紧力太小，会使带传动打滑并引起带的跳动；张紧力太大，将造成传动带、轴和轴承的过早磨损，并使传动效率降低。张紧力的调整可以通过调整两带轮间的中心距或使用张紧轮的方法进行。对于中等中心距的 V 带传动，其张紧程度，以大拇指将 V 带中部压下 15 mm 左右为宜，如图 5.67 所示。

图 5.67　V 带张紧程度检查示意图

5. 齿轮传动机构的装配

圆柱齿轮传动机构是齿轮传动中最常见、应用最普遍的一种。下面以圆柱齿轮传动机构为例，介绍齿轮传动机构的装配方法。

（1）主要技术要求

圆柱齿轮传动机构装配的主要技术要求是：保证两齿轮间严格的传动比；轮齿之间的侧隙和齿面的接触质量符合规定要求；齿宽的错位误差小于规定值。

（2）装配作业要点

①齿轮的安装。齿轮与轴的连接有固定连接和空套连接两种方式。齿轮与轴固定连接时一般采用过渡配合和键连接；齿轮空套在轴上时则采用间隙配合。齿轮的轴向位置通常用轴

· 116 ·

肩保证。齿轮压装在轴上后，须检查径向和端面圆跳动应不超过允差。

齿轮圆跳动检查的方法如图 5.68 所示，将齿轮轴架在 V 形架上，把适当规格的圆柱规放在齿轮的齿槽内，百分表的测量杆垂直抵在圆柱规工作表面的最高处，记录读数，每隔 3~4 齿检测一次，齿轮回转一周时百分表的最大读数与最小读数之差就是径向圆跳动值。检查端面圆跳动时应防止齿轮轴向移动。

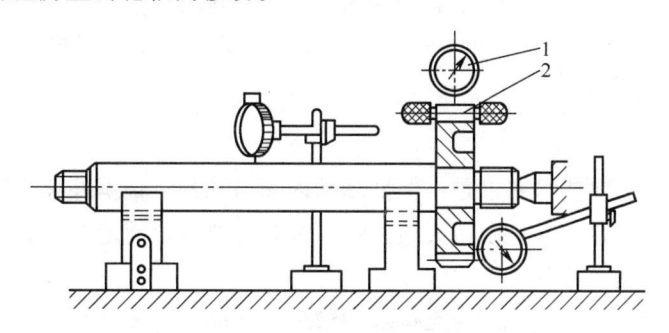

图 5.68 齿轮圆跳动的检查
1—百分表；2—圆柱规

②齿轮副侧隙的保证。齿轮啮合时应具有规定要求的侧隙。侧隙在齿轮零件加工时用控制齿厚的上、下偏差来保证，也可在装配时通过调整中心距来达到。装配时，侧隙可用塞尺或百分表直接测量。用百分表直接测量时，应先将一齿轮固定，再将百分表测量杆抵在另一齿轮的齿面上，测出的可动齿轮齿面的摆动量即为侧隙。若用百分表不便直接测量，则使用拨杆进行，如图 5.69 所示。侧隙值可通过下式换算：

$$j = \frac{cd}{2L}$$

式中　j——齿轮副法向侧隙，mm；
　　　c——摆动齿轮时百分表读数差，mm；
　　　d——齿轮分度圆直径，mm；
　　　L——拨杆有效长度（测量点至齿轮中心的距离），mm。

大模数齿轮副的侧隙较大，可用压扁软金属丝的方法测量：将直径适当的软金属丝垂直于齿轮轴线方向放置在齿面上，齿轮啮合时被压扁的软金属丝厚度即为侧隙，如图 5.70 所示。

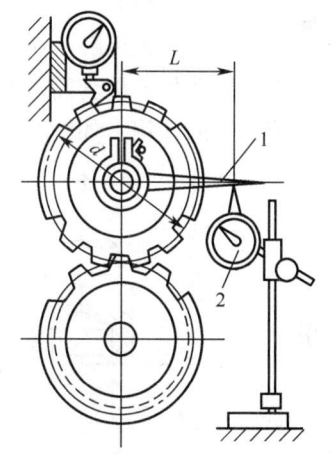

图 5.69 齿轮副侧隙的测量
1—拨杆；2—百分表

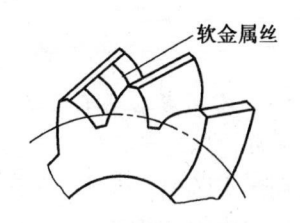

图 5.70 用软金属丝测量侧隙

③齿轮副的接触质量。齿轮副啮合的接触质量用接触斑点的大小及位置来衡量，用涂色法经无载荷跑合后检查。好的接触质量，其接触斑点大小按高度方向量度一般为 40%~55%，按长度（齿宽）方向量度一般为 50%~80%，接触斑点应在齿面的中部，如图 5.71 所示。中心距太大，接触斑点上移；中心距太小，接触斑点下移；两齿轮轴线不平行，则接触斑点偏向齿宽方向一侧。如出现上述情形，可在中心距允差的范围内，通过刮削轴瓦或调整轴承座改善。

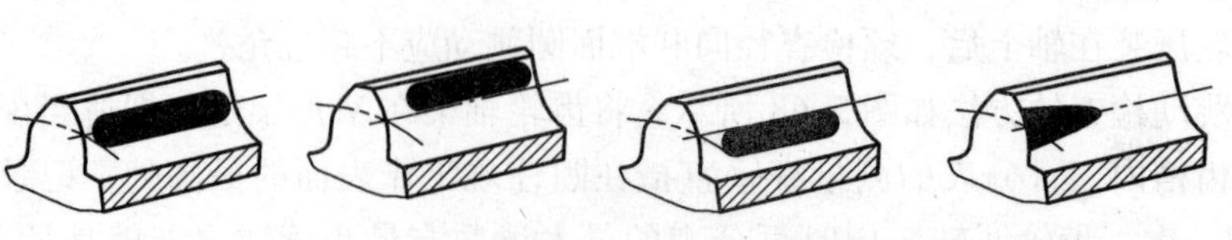

图 5.71　齿轮副接触质量的检查

(a) 正确啮合；(b) 中心距太大；(c) 中心距太小；(d) 两齿轮轴线歪斜

6. 滚动轴承装配

(1) 主要技术要求

滚动轴承装配的主要技术要求是：保证轴承内圈与轴颈、轴承外圈与轴承座孔的正确配合；径向、轴向游隙符合要求；回转灵活；噪声和温升值符合规定要求。

(2) 滚动轴承的装配方法

滚动轴承为标准产品，装配前应先将滚动轴承去除油封，轴承和与之相配合的零件用煤油清洗干净，并在配合表面上涂以润滑油。需要用润滑脂润滑的轴承，在清洗后按要求涂上洁净的润滑脂。

滚动轴承的内圈与轴颈一般采用过盈配合，外圈与轴承座孔一般采用过渡配合。装配时使用锤子或压力机压装。由于轴承的内、外圈较薄，装配时容易变形，因此，应使用铜质或软质钢材制造的装配套筒垫在内、外圈上，使压装时内、外圈受力均匀，并保证滚动体不受任何装配力的作用，如图 5.72 所示。如果轴承内圈与轴颈配合的过盈量较大，可将轴承放入有网格的油箱（以保证受热均匀）中加热后装配；小型轴承则可用挂钩挂在油中加热。

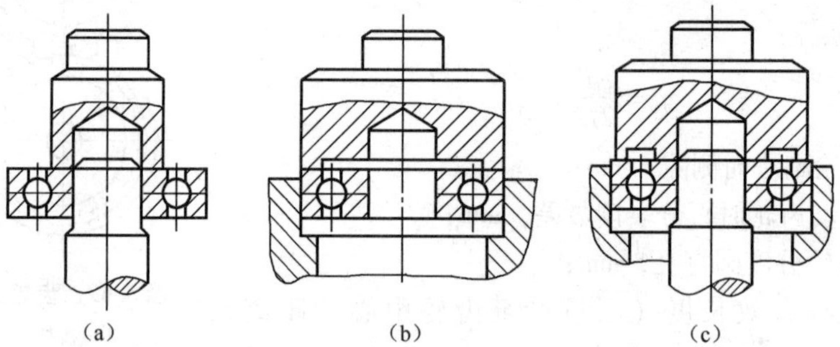

图 5.72　滚动轴承的压装

(a) 压装内圈；(b) 压装外圈；(c) 同时压装内、外圈

(3) 常用滚动轴承装配的作业要点

①深沟球轴承。轴承的游隙不能调整。轴承内圈以过盈配合装到轴颈上后，会引起直径扩大而减小游隙。因此，装配时应注意控制其实际过盈量，以保证装配后仍有合适的游隙。

②圆锥滚子轴承。轴承的内、外圈分开安装，内圈、保持架和滚动体装在轴颈上，外圈装在轴承座孔中。轴承的游隙通过调整内、外圈的轴向相对位置控制。常用的调整方法有用垫圈调整、用螺钉通过带凸缘的垫片调整、用螺纹环调整 3 种，如图 5.73 所示。

③推力角接触球轴承。这种轴承可承受径向和单向轴向载荷，通常成对使用，常用在转速较高、回转精度要求较高的场合，如机床主轴、蜗轮减速器等。为了提高轴承的刚度和回转精度，常在装配时给轴承内、外圈加一预载荷，使轴承内、外圈产生轴向相对

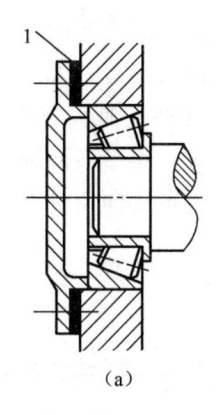

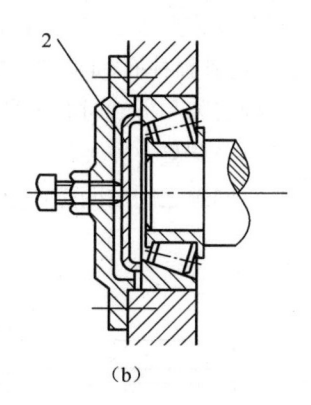

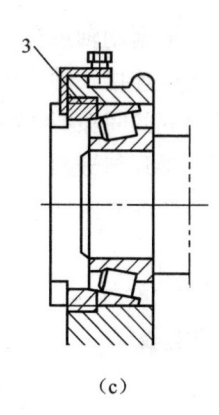

图 5.73　圆锥滚子轴承的间隙调整

(a) 用垫圈调整；(b) 用螺钉、凸缘垫片调整；(c) 用螺纹环调整

1—垫圈；2—凸缘垫片；3—螺纹环

位移，消除轴承的游隙，使滚动体与内、外圈滚道产生初始的接触弹性变形，这种方法称为预紧，如图 5.74 所示。预紧后，滚动体与滚道的接触面积增大，承载的滚动体数量增多，各滚动体受力较均匀，因此轴承刚度增大，寿命延长。但预紧力不能过大，否则会使轴承磨损和发热增加，显著降低其寿命。

预紧方法有：用两个长度不等的间隔套筒分别抵住成对轴承的内、外圈；将成对轴承的内圈或外圈的宽度磨窄，如图 5.75 所示。为了获得一定的预紧力，事先必须测出轴承在给定预紧力作用下内、外圈的相对偏移量，据此确定间隔套筒的尺寸，或内、外圈宽度的磨窄量。

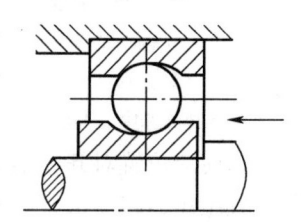

图 5.74　推力角接触球轴承的预紧

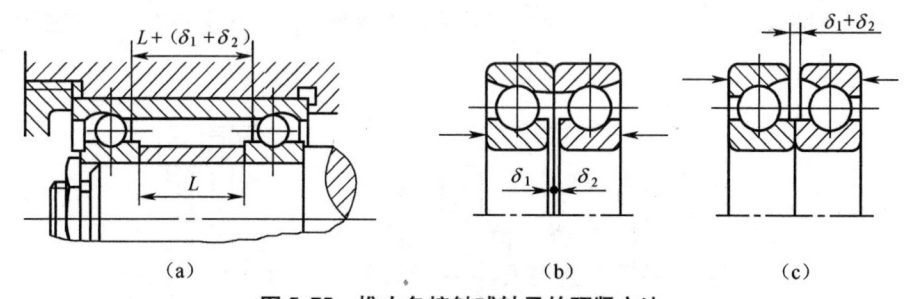

图 5.75　推力角接触球轴承的预紧方法

(a) 用两个长度不等的间隔套筒；(b) 磨窄轴承内圈；(c) 磨窄轴承外圈

④推力球轴承。这种轴承只能承受轴向载荷，且不宜高速工作（高速时常用推力角接触球轴承替代）。装配时，内径较小的紧圈与轴颈过盈配合并紧靠轴肩，以保证与轴颈无相对运动，内径较大的松圈则紧靠在轴承座孔的端面上，不能装反，如图 5.76 所示。

7. 滑动轴承的装配

(1) 主要技术要求

滑动轴承装配的主要技术要求是：轴颈与轴承配合表面达到规定的单位面积接触点数；配合间隙符合规定要求，以保证工作时得到良好的润滑；润滑油通道畅通，孔口位置正确。

普通的向心滑动轴承有整体、对开和锥形表面3种结构形式。整体式结构简单，轴套与轴承座用过盈配合连接，轴套内孔分为光滑圆柱孔和带油槽圆柱孔两种形式，如图5.77所示。轴套与轴颈之间的间隙不能调整，机构安装和拆卸时必须沿轴向移动轴或轴承，很不方便。对开式轴承，其轴瓦与轴颈之间的间隙可以调整，安装简单，维修方便。锥形表面轴承的轴套有外柱内锥与外锥内柱两种结构，轴套与轴颈之间的间隙通过轴与轴套的轴向相对位移调整。

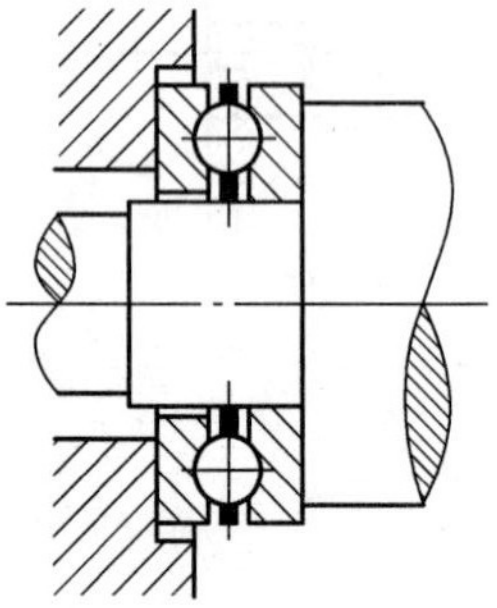

图 5.76　推力球
轴承的安装

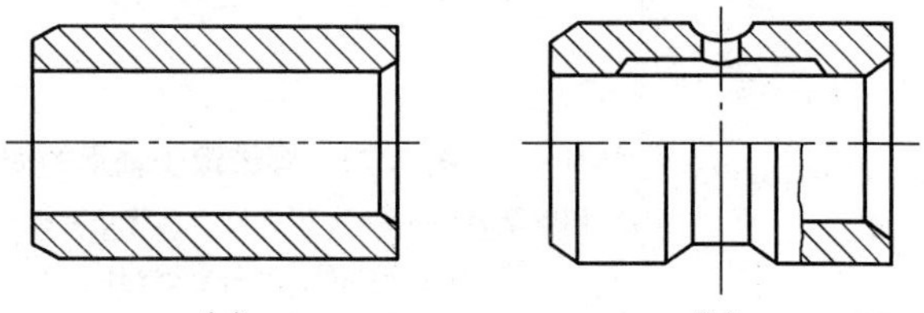

图 5.77　整体式滑动轴承的轴套

（a）光滑轴套；（b）带油槽轴套

（2）整体式轴承装配作业要点

①压装轴套。压装前，应清洁配合表面并涂以润滑油。有油孔的轴套压前应与轴承座上的油孔周向位置对齐，不带凸肩的轴套压入轴承座后应与座孔端面齐平。压装轴套可用锤子敲入或用压力机压入，但均应注意防止轴套歪斜。常用的压装方法有3种，如图5.78所示。

a. 使用衬垫压入。在轴套上垫以衬垫，用锤子直接将其敲入轴承座，如图5.78（a）所示。衬垫的作用主要是避免击伤轴套。这种方法简单，但容易发生轴套歪斜。

b. 使用导向套压入。在使用衬垫的同时采用导向套［见图5.78（b）］，由导向套控制压入方向，防止轴套歪斜。

c. 使用专用芯轴。图5.78（c）所示为使用专用芯轴导向的方法主要用于薄壁轴套的压装。

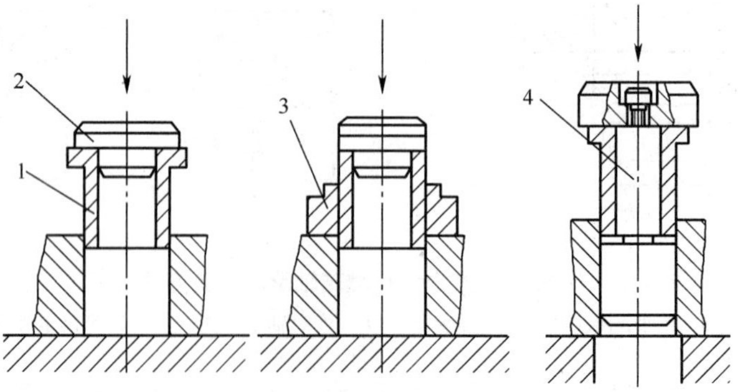

图 5.78　轴套的压装方法

（a）用衬垫；（b）用导向套；（c）用专用芯轴
1—轴套；2—衬垫；3—导向套；4—专用芯轴

②轴套孔壁的修正轴套压入后，其内孔容易发生变形，如尺寸变小，圆度、圆柱度误差增大等；此外箱体（机体）两端轴承的轴套孔的同轴度误差也会增大。因此，应检查轴承与轴的配合情况，并根据轴套与轴颈之间规定的间隙和单位面积接触点数的要求进行修正，

· 120 ·

直至达到规定要求。轴套孔壁的修正常采用铰孔、刮削或滚压等方法。

8. 减速器的装配

（1）减速器的结构

减速器安装在原动机与工作机之间，用来降低转速和相应增大转矩。图 5.79 所示为常

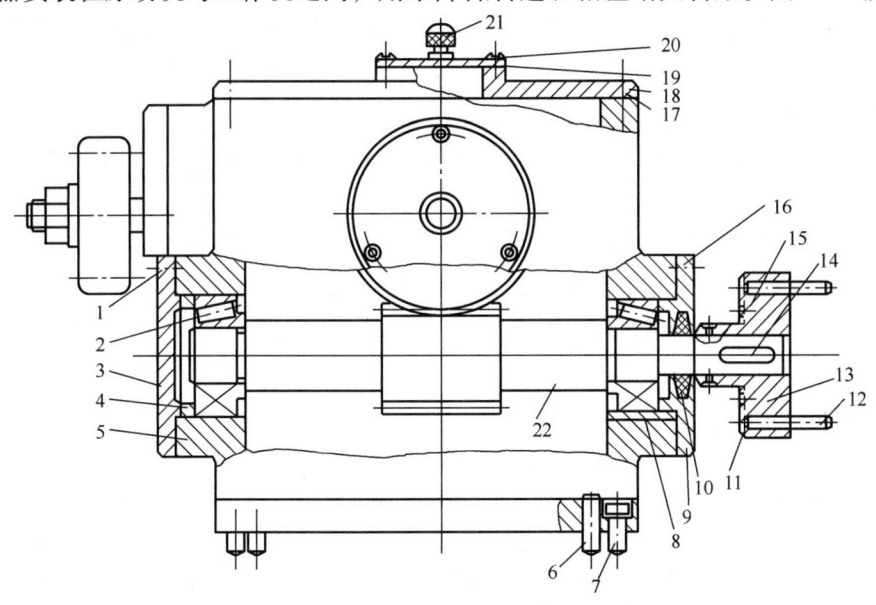

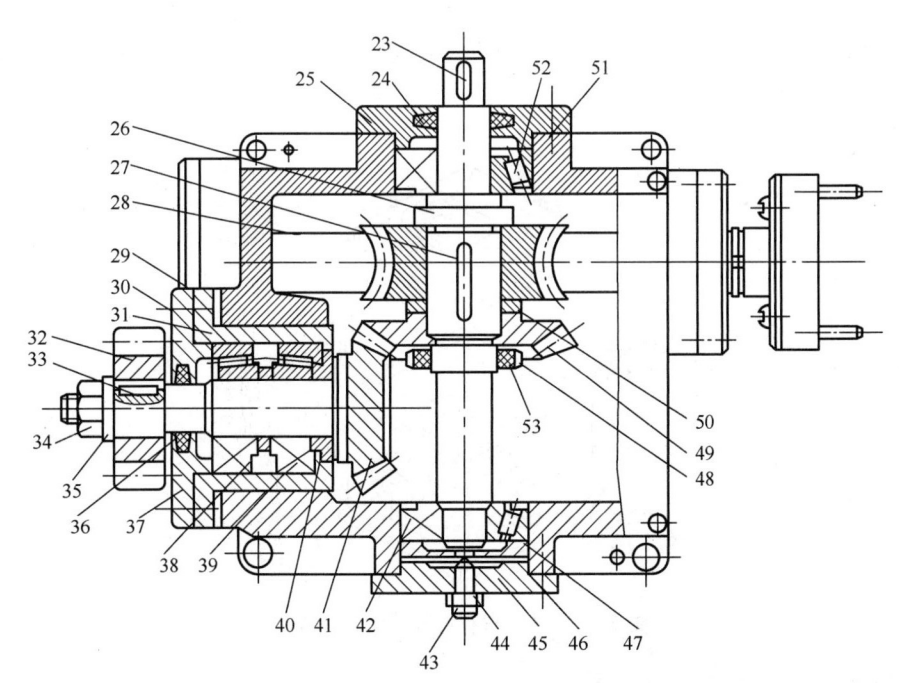

图 5.79 常用的蜗轮、锥齿轮减速器部件装配图

1，7，15，16，17，20，30，43，46，51—螺钉；2，8，39，42，52—轴承；3，9，25，37，45—轴承盖；4，29，50—调整垫圈；5—箱体；6，12—销；10，24，36—毛毡；11—环；13—联轴器；14，23，27，33—平键；18—箱盖；19—盖板；21—手把；22—蜗杆轴；26—轴；28—蜗轮；31—轴承套；32—圆柱齿轮；34，44，53—螺母；35，48—垫圈；38—隔圈；40—衬垫；41，49—锥齿轮；47—压盖

用的蜗轮、锥齿轮减速器部件装配图。这类减速器具有结构紧凑、外廓尺寸较小、降速比大、工作平稳和噪声小等特点，应用较广泛。蜗杆副的作用是减速，其降速比很大；锥齿轮副的作用主要是改变输出轴方向。蜗杆采用浸油润滑，齿轮副和各轴承的润滑、冷却条件良好。

原动机的运动与动力通过联轴器 13 输入减速器，经蜗杆副减速增矩后，再经锥齿轮副，由圆柱齿轮 32 输出。

（2）减速器装配的主要技术要求

①零件和组件必须正确安装在规定的位置，不允许装入图样未规定的垫圈、衬套之类的零件。

②各轴线之间相互的位置精度（如平行度、垂直度等）必须严格保证。

③蜗杆副、锥齿轮副正确啮合，符合相应规定要求。

④回转件运转灵活；滚动轴承游隙合适，润滑良好，不漏油。

⑤各固定连接应牢固、可靠。

（3）装配的前期工作

装配的前期工作包括零件清洗、整形和补充加工等。

①零件清洗。用清洗剂清除零件表面的防锈油、灰尘、切屑等污物，防止装配时划伤、研损配合表面。

②整形。锉修箱盖、轴承盖等铸件的不加工表面，使其与箱体结合部位的外形一致，对于零件上未去除干净的毛刺、锐边及运输中因碰撞而产生的印痕也应锉除。

③补充加工。如箱体与箱盖、箱盖与盖板、各轴承盖与箱体的连接孔和螺孔的配钻、攻螺纹等，如图 5.80 所示。

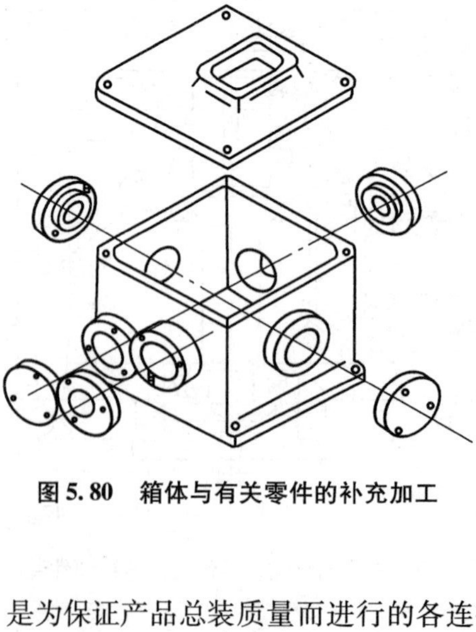

图 5.80　箱体与有关零件的补充加工

（4）零件的试装

零件的试装又称试配，是为保证产品总装质量而进行的各连接部位的局部试验性装配。为了保证装配精度，某些相配的零件需要进行试装，对未满足装配要求的，须进行调整或更换零件。例如，图 5.79 所示减速器中有 3 处平键连接：蜗杆轴 22 与联轴器 13、轴 26 与蜗轮 28 和锥齿轮 49、锥齿轮 41 与圆柱齿轮 32,均须进行平键连接试配,如图 5.81 所示。零件试配合适后,一般仍要卸下,并做好配套标记,待部件总装时再重新安装。

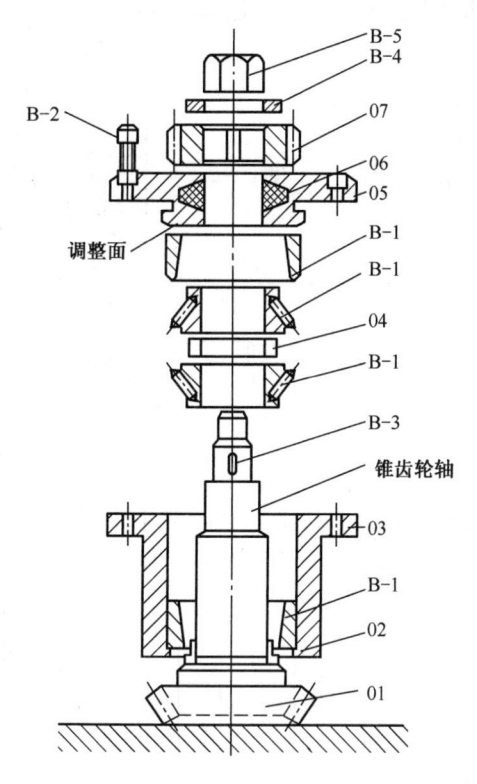

图 5.81 减速器零件配键预装

（5）组件装配

由减速器部件装配图（见图 5.79）可以看出,减速器主要组件有锥齿轮轴－轴承套组件、蜗轮轴组件和蜗杆轴组件等。其中只有锥齿轮轴－轴承套组件可以独立装配后再整体装入箱体,其余两个组件均必须在部件总装时与箱体一起装配。图 5.82 所示为锥齿轮轴－轴承套组件的装配顺序,锥齿轮轴 01（见图 5.81）是组件的装配基准件。组件中各零件的相互装配关系和装配顺序,通常用图 5.83 所示的装配系统图表示。

由装配系统图可知组件有 3 个分组件：锥齿轮轴分组件、轴承套分组件和轴承盖分组件。装配时,先装配各分组件,然后与其他零件依顺序装配及调整、固定,装配后组件应进行检验,要求锥齿轮回转灵活,无轴向蹿动。

（6）减速器部件的总装和调整

①装配蜗杆轴组件如图 5.84 所示。先装配蜗杆轴与两轴承内圈分组件和轴承盖与毛毡分组件。然后将蜗杆轴分组件装入箱体,从箱体两端装入两轴承的外圈,再装上轴承盖分组件 5,并用螺钉 4 拧紧。轻轻敲击蜗杆轴左端,使右端轴承消除游隙并贴紧轴承盖,然后在左端试装调整垫圈 1 和轴承盖 2,并测量间隙 Δ,据以确定调整垫圈的厚度；最后,将合适的调整垫圈和轴承盖装好,并用螺钉拧紧。装配后用百分表在蜗杆轴右侧外端检查轴向间隙,间隙值应为 0.01 ~ 0.02 mm。

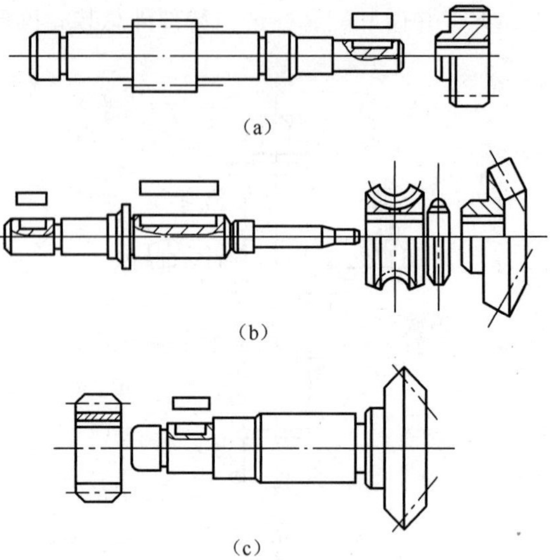

· 124 ·

图 5.82 锥齿轮轴-轴承套组件的装配顺序
(a) 与联轴器配;(b) 与齿轮配、锥齿轮配;(c) 与圆柱齿轮配

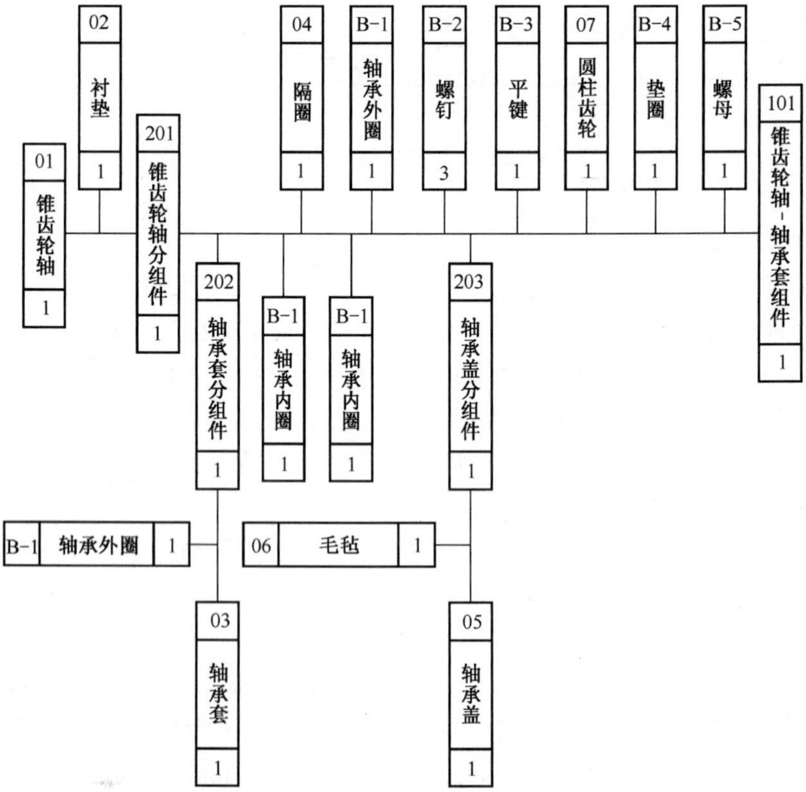

图 5.83 锥齿轮轴-轴承套组件的装配系统

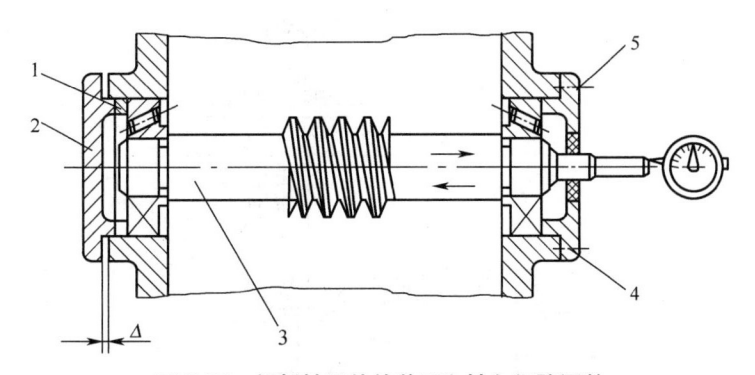

图 5.84 蜗杆轴组件的装配和轴向间隙调整

1—调整垫圈；2—轴承盖；3—蜗杆轴；4—螺钉；5—轴承盖分组件

②试装蜗轮轴组件和锥齿轮轴－轴承套组件。试装的目的是确定蜗轮轴的位置，使蜗轮的中间平面与蜗杆的轴线重合，以保证蜗杆副正确啮合；确定锥齿轮的轴向安装位置，以保证锥齿轮副的正确啮合。

a. 蜗轮轴位置的确定如图 5.85 所示。先将圆锥滚子轴承内圈 2 压入轴 6 的大端（左侧），通过箱体孔，装上已试配好的蜗轮及轴承外圈 3，轴的小端装上用来替代轴承的轴套 7（便于拆卸）。轴向移动蜗轮轴，调整蜗轮与蜗杆正确啮合的位置并测量尺寸 H，据以调整轴承盖分组件 1 的凸肩尺寸（凸肩尺寸为 $H_{-0.02}^{0}$ mm）。

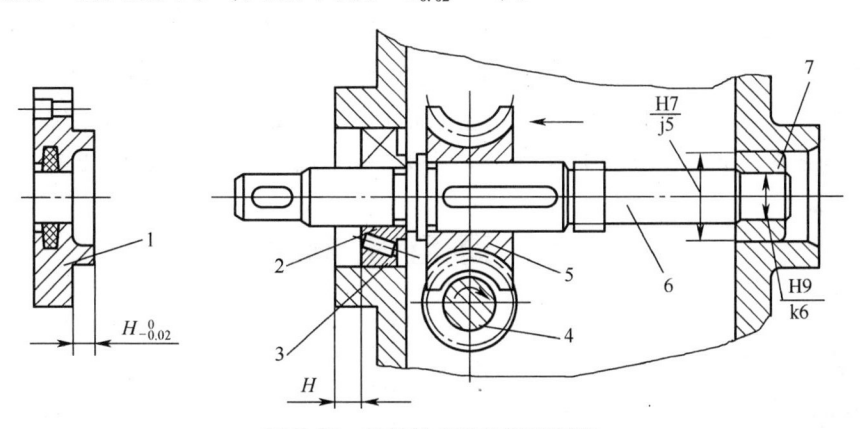

图 5.85 蜗轮轴安装位置的调整

1—轴承盖分组件；2—轴承内圈；3—轴承外圈；4—蜗杆；5—蜗轮；6—轴；7—轴套

b. 锥齿轮轴向位置的确定如图 5.86 所示。先在蜗轮轴上安装锥齿轮 4，再将装配好的锥齿轮轴－轴承套组件装入箱体，调整两锥齿轮的轴向位置，使其正确啮合。分别测量尺寸 H_1 和 H_2，据此选定两调整垫圈（见图 5.79 中件 29 和件 50）的厚度。

c. 装配蜗轮轴组件和装入锥齿轮轴－轴承套组件。将装有轴承内圈和平键的轴放入箱体，并依次将蜗轮、调整垫圈、锥齿轮、垫圈和螺母装在轴上，然后在箱体大轴承孔处（上端）装入轴承外圈和轴承盖分组件，在箱体小轴承孔处装入轴承、压盖和轴承盖，两端均用螺钉紧固。最后将锥齿轮轴－轴承套组件和调整垫圈一起装入箱体，用螺钉紧固。

d. 安装联轴器分组件。

e. 安装箱盖。

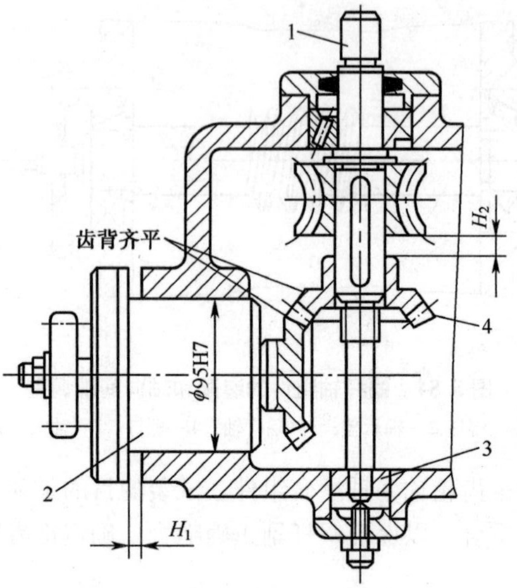

图5.86 锥齿轮安装位置的确定

1—轴；2—锥齿轮轴–轴承套组件；3—轴套；4—锥齿轮

f. 运转试验。

（7）进行运转试验

总装完成后，减速器部件应进行运转试验。首先须清理箱体内腔，注入润滑油，用拨动联轴器的方法使润滑油均匀地流至各润滑点。然后装上箱盖，连接电动机，并用手盘动联轴器使减速器回转，在一切符合要求后，接通电源进行空载试车。运转中齿轮应无明显噪声，传动性能符合要求，运转30 min后检查轴承温度，轴承温度不应超过规定要求。

三、项 目 实 施

（一）实训准备

1. 工艺准备

①熟悉图纸（见图5.1）。

②检查毛坯是否与图纸相符合。

③工具、量具、夹具的准备。

④所需设备检查（如台钻）。

⑤划线及划线工具的准备。

2. 考核要求

①公差等级：锉配IT8。

②形位公差：垂直度0.04 mm、平面度0.03 mm。

③表面粗糙度：锉配 $Ra3.2$、锯削 $Ra25$。

④时间定额：300 min。

⑤其他方面：配合间隙≤0.06 mm、错位量≤0.06 mm。

⑥正确执行安全技术操作规程，做到场地清洁，工件、工具、量具等摆放整齐。

3. 准备要求

①材料准备。

材料：Q235。

规格：81 mm×67 mm×12 mm（平磨二面）。

数量：1件。

②设备准备：划线平台、钳台、方箱、台虎钳、台式钻床、砂轮机。

③工具、量具、刃具准备：游标高度尺、游标卡尺、千分尺、90°角尺、刀口尺、塞尺、平锉、方锉、三角锉、锯弓、锯条、手锤、狭錾、样冲、划规、划针、$\phi 3$ 直柄麻花钻。

（二）操作步骤

1. 加工外形尺寸

按图样要求锉削加工外形尺寸，达到尺寸（80±0.05）mm、（66±0.05）mm 与垂直度、平面度要求。

2. 划线并钻孔

按图样要求划凹凸体的加工线，并钻 $4\times\phi 3$ 的工艺孔，如图 5.87 所示。

3. 加工型面（可以按照图 5.88 所示步骤进行）

①按划线锯去工件左角，粗、精锉两垂直面 1 和 2，如图 5.88（a）所示。

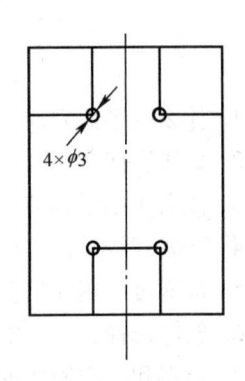

图 5.87 划线、钻工艺孔

根据 80 mm 的实际尺寸，通过控制 60 mm 尺寸误差值，来保证达到 20 mm 尺寸要求；同样根据 66 mm 处的实际尺寸，通过控制 44 mm 尺寸误差值，来保证在取得尺寸 22 mm 的同时，其对称度在 0.1 mm 内，如图 5.88（b）所示。

②按划线锯去工件右角，用上述方法锉削面 3，并将尺寸控制在 22 mm。锉削面 4，将尺寸控制在 20 mm。

4. 加工凹形面

如图 5.88（c）所示，首先钻出排孔，并锯、錾去除凹形面的多余部分，粗锉至接近线条。然后细锉凹形面顶端面 5，如图 5.88（d）所示。

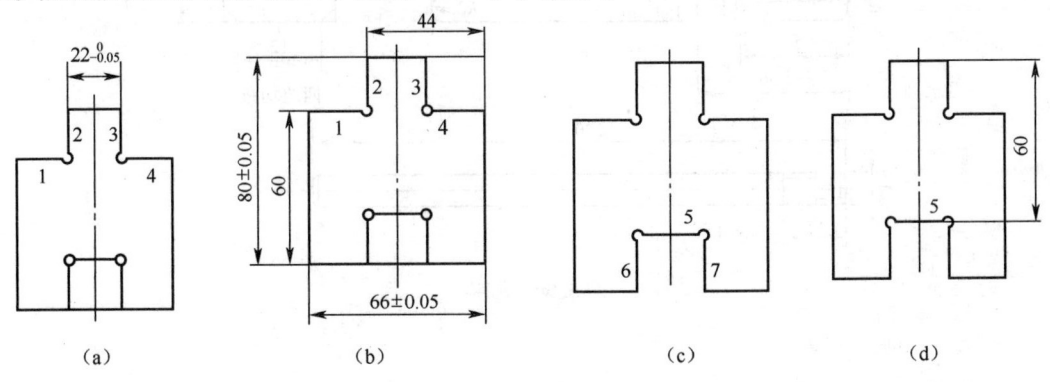

图 5.88 型面加工

根据 80 mm 的实际尺寸，通过控制 60 mm 的尺寸误差值（本处与凸形面的两个垂直面一样控制尺寸），保证与凸形件端面的配合精度要求（见图 5.1）。

最后，细锉两侧垂直面，同样根据外形 66 mm 和凸面 22 mm 实际尺寸，通过控制 22 mm 尺寸误差值，来保证达到与凸形 22 mm 尺寸的配合精度要求，同时保证其对称度在 0.1 mm 内。

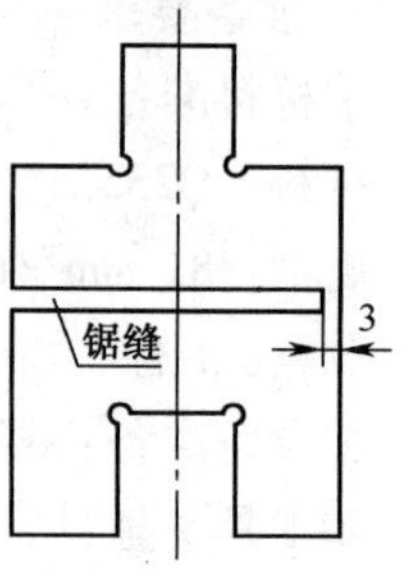

5. 锯削

锯削时，要求尺寸为（20±0.35）mm，锯削面平面度 0.4 mm。留 3 mm 不锯（见图 5.89），修去锯口毛刺。

6. 检验完成

按图 5.1 所示的各项尺寸和要求进行检验，完成零件的加工。

图 5.89　锯削加工

思考与实训

1. 什么叫平面划线？什么叫立体划线？举例说明其划线过程。
2. 划线有何作用？常用的划线工具有哪些？
3. 什么叫划线基准？如何选择划线基准？
4. 立体划线时，工件的水平位置和垂直位置如何找正？
5. 锯削可应用在哪些场合？试举例说明。
6. 怎样选择锯条？安装锯条应注意什么？
7. 起锯和锯削操作的要领是什么？
8. 怎样选择粗、细锉刀？
9. 试分析比较交叉锉法、推锉法的优缺点及应用场合。
10. 用钳工加工方法制作如图 5.90 所示的榔头。

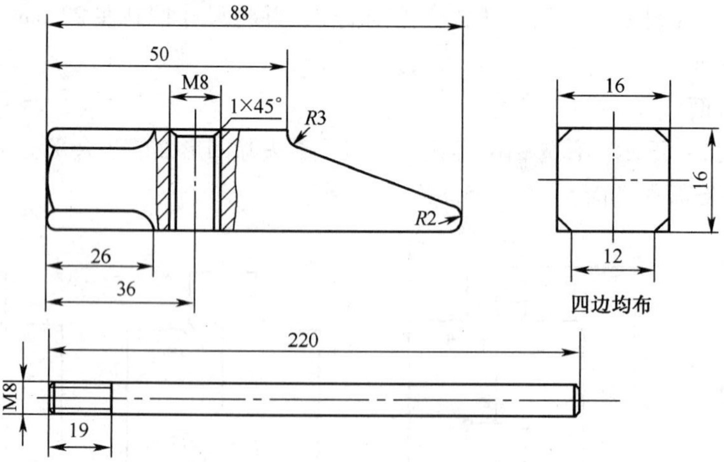

图 5.90　榔头

项目六 车削加工

📌 项目目标

- 掌握卧式车床的种类、型号、主要组成部分及其作用。
- 能正确选择和使用常用的刀具、量具和夹具。
- 了解车削加工的工艺特点及加工范围,掌握不同零件的车削工艺。
- 掌握普通车床的基本操作技术。
- 了解零件加工精度、切削用量与加工经济性的关系。

一、项 目 导 入

加工如图 6.1 所示阶梯轴。

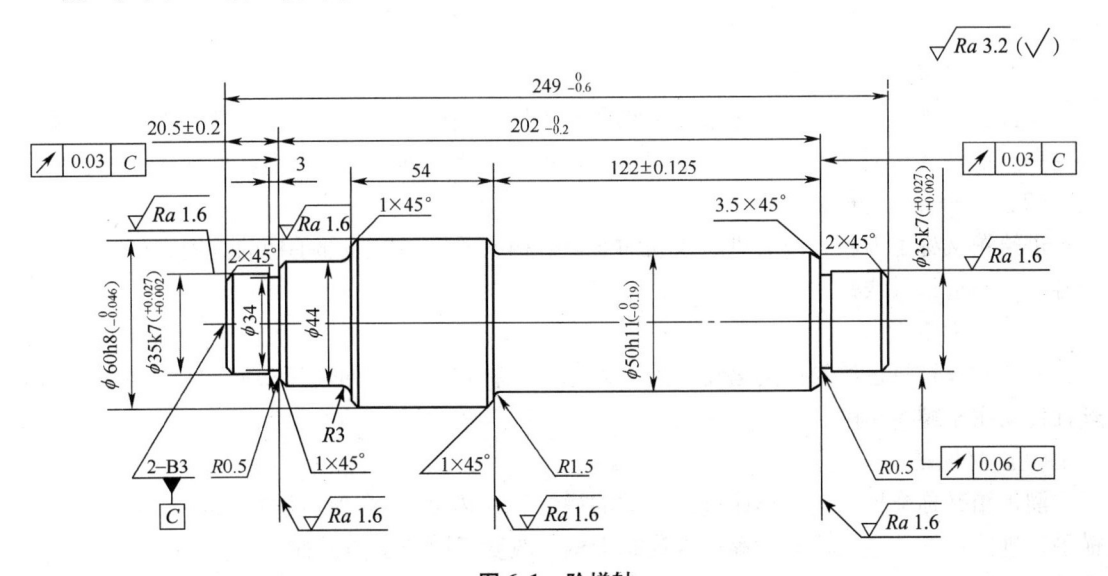

图 6.1 阶梯轴

二、相 关 知 识

(一) 普通卧式车床

1. 型号

CA6140 的含义:

C——车床类机床;

A——结构特性代号；

6——机床组别代号（落地及卧式机床组）；

1——机床系别代号（卧式车床系）；

40——床身上工件最大回转直径为 400 mm。

2. 组成

车床由床头箱、进给箱、溜板箱、刀架、尾架和床身等部分组成，如图 6.2 所示。

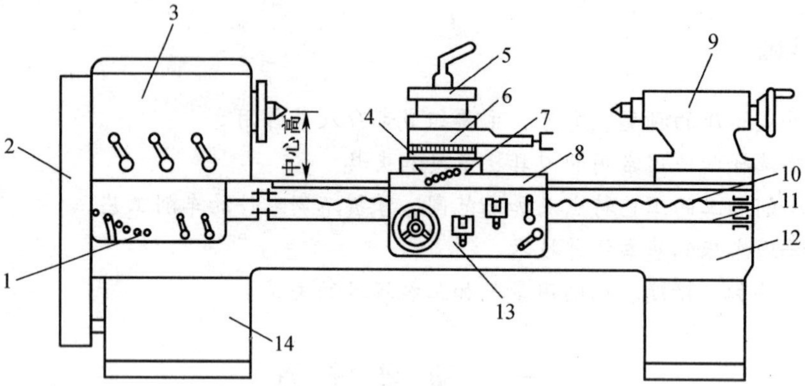

图 6.2　车床示意图

1—进给箱；2—带轮罩；3—床头箱；4—转盘；5—方刀架；6—小刀架；7—横刀架；
8—大刀架；9—尾架；10—丝杠；11—光杠；12—床身；13—溜板箱；14—床腿

（1）床头箱

床头箱又称主轴箱，内装主轴和主轴变速机构。主轴为空心结构，前部外锥面用于安装卡盘和其他夹具来装夹工件，内锥面用于安装顶尖来装夹轴类工件，内孔可穿入长棒料。

（2）进给箱

进给箱又称走刀箱，内装进给运动的变速机构，通过调整外部手柄的位置，可获得所需的各种不同进给量或螺距。

（3）光杠和丝杠

光杠和丝杠将进给箱内的运动传给溜板箱。光杠传动用于回转体表面的机动进给车削；丝杠传动用于螺纹车削。

（4）溜板箱

溜板箱又称拖板箱，是车床进给运动的操纵箱。内装进给运动的分向机构，外部有纵、横手动进给和机动进给及开合螺母等控制手柄。改变不同的手柄位置，可使刀架纵向或横向移动机动进给车削回转体表面；或将丝杠传来的运动变换成车螺纹的走刀运动；或手动纵、横向运动。

（5）刀架

刀架用来夹持车刀使其做纵向或横向及斜向进给运动，由大刀架、横刀架、转盘、小刀架和方刀架组成。

（6）尾架

尾架又称尾座，其表面与床身导轨面接触，可调整并固定在床身导轨面的任意位置。在尾架套筒内装上顶尖可夹持轴类零件，装上钻头或铰刀可用来钻孔或铰孔。

(7) 床身

床身是车床的基础零件，用以连接各主要部件并保证其相对位置。

(8) 床腿

床腿用来支承床身，并与地基连接。

(二) 车削刀具

1. 常用车刀的种类及用途

(1) 车刀的种类

常用车刀按用途分为外圆车刀、内圆车刀、端面车刀、切断或切槽刀、螺纹车刀、成形车刀等，如图6.3所示。

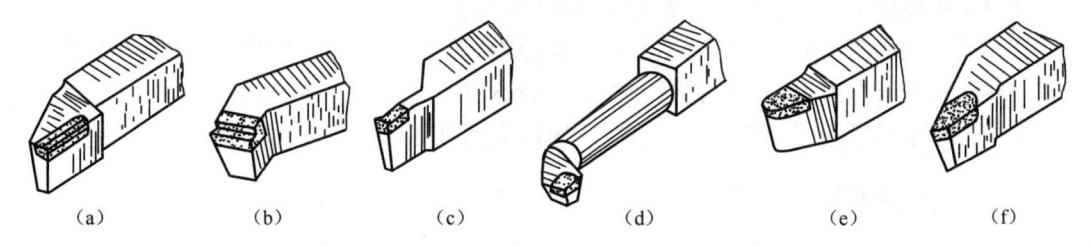

图6.3 部分常用车刀

(a) 90°外圆车刀；(b) 45°端面车刀；(c) 切断刀；(d) 内孔车刀；(e) 内圆车刀；(f) 螺纹车刀

(2) 车刀的用途（见图6.4）

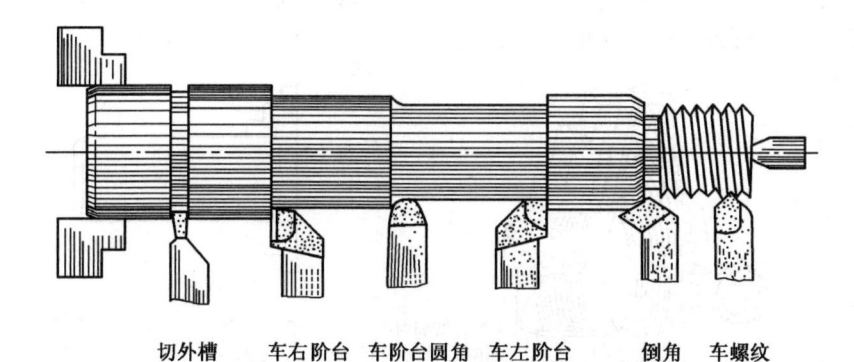

图6.4 部分车刀的用途

①外圆车刀：用于车削工件的外圆、阶台及端面。

②端面车刀（45°外圆车刀又称弯头车刀）：用于车削工件的外圆、端面及倒角。

③切断刀：用于切断工件或在工件上切槽。

④内孔车刀：用于车削工件的内孔。

⑤圆头刀：用于车削工件的圆弧面或成形面。

⑥螺纹车刀：用于车削螺纹。

2. 车刀的组成及其切削部分的几何角度

参见项目一"金属切削刀具"相关知识。

3. 常用车刀的材料

（1）高速钢

强度和韧性很好，刃磨后刃口锋利，能承受冲击和振动，但由于红硬温度不是很高，允许的切削速度不是很高，常用于精车。

（2）硬质合金

由于其红硬温度高，允许的切削速度高，可以加大切削用量，进行高速强力切削，从而提高生产效率。但它的韧性差，不耐冲击。可以将其制成各种形式的刀片，焊接在45钢的刀杆上或采用机械夹固的方式夹持在刀杆上，以提高使用寿命。

4. 车刀安装

①锁紧刀架后，选择不同厚度的刀垫垫在刀杆下面，垫片数量一般只用2~3块。

②刀头不能伸出刀架过长，一般为刀坯厚度的2倍。

③车刀刀尖的高度应对准回转中心。根据经验，一般粗车时，车刀刀尖装得比回转中心稍高一些，精车时车刀刀尖装得稍低一些，一般不超出工件直径的1%。

④车刀装上后紧固刀架螺钉，一般要紧固两个螺钉且应轮换逐个拧紧。

（三）工件的安装

在车床上装夹工件的基本要求是定位准确、夹紧可靠。

1. 用三爪卡盘装夹工件

如图6.5所示，当用卡盘扳手转动小锥齿轮时，大锥齿轮随之转动，在大锥齿轮背面平面螺纹的作用下，使3个爪同时向中心移动或退出，以夹紧或松开工件。该装夹方式能自动定心，装夹方便，所以是最常用的装夹方式。

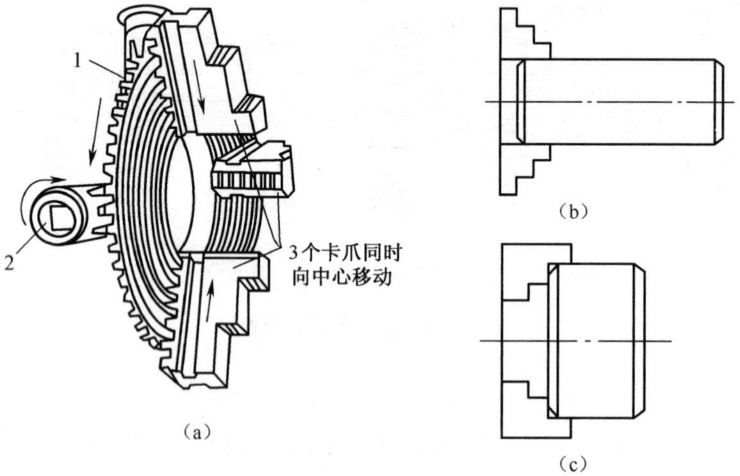

图6.5　三爪卡盘装夹工件

（a）三爪卡盘；（b）正爪装夹；（c）反爪装夹

1—大锥齿轮（背面有平面螺纹）；2—小锥齿轮

2. 用四爪卡盘装夹工件

四爪卡盘的结构如图6.6（a）所示，有各自独立的4个爪。装夹时，必须用划线盘或百分表进行找正，使工件回转中心对准车床主轴中心，如图6.6（b）所示。四爪卡盘夹紧力大，但因四爪单动找正工件较费时，所以适用于装夹大型的毛坯件和不规则的工件。

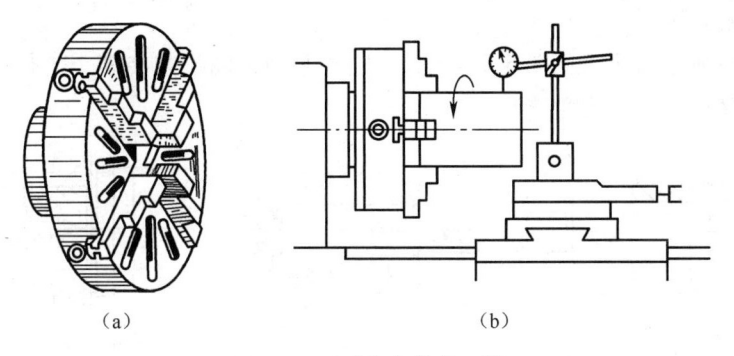

图6.6 四爪卡盘装夹工件
(a) 四爪卡盘；(b) 用百分表找正

3. 用双顶尖装夹工件

在车床上常用双顶尖装夹工件，如图6.7所示。首先在工件两端面上钻中心孔，作为安装辅助基准面，前顶尖为普通顶尖，装在主轴锥孔内，同主轴一起转动，后顶尖为活顶尖，装在尾架套筒内。工件利用中心孔被顶在前后顶尖之间，并通过拨盘和卡箍随主轴一起转动。该方式装夹工件方便，不需再找正，装夹精度高，适用于较长的、需经过多次装夹或加工工序较多的工件。

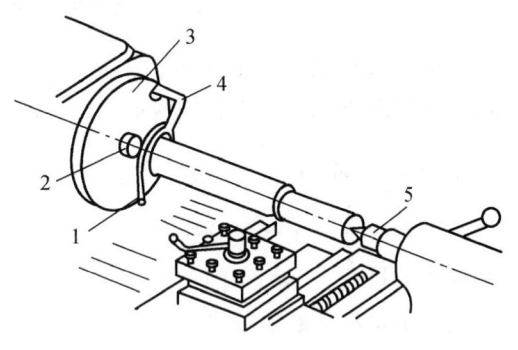

图6.7 双顶尖装夹工件
1—夹紧螺钉；2—前顶尖；3—拨盘；
4—卡箍；5—后顶尖

4. 一夹一顶装夹工件

由于两顶尖装夹刚性较差，因此在车削轴类零件，尤其是较重的工件时，常采用一夹一顶装夹。为了防止工件轴向位移，须在卡盘内装一限位支撑，如图6.8（a）所示，或利用工件的阶台做限位，如图6.8（b）所示。由于一夹一顶装夹刚性好，轴向定位准确，且比较安全，能承受较大的轴向切削力，因此应用广泛。

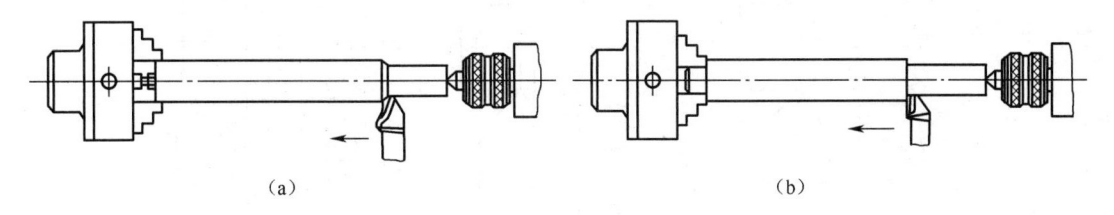

图6.8 一夹一顶装夹工件
(a) 采用限位支撑；(b) 采用工件阶台做限位

5. 芯轴装夹工件

中小型轴套、带轮、齿轮等套类零件，内孔与外圆有同轴度要求，常以内孔定位安装在芯轴上加工外圆。常用的芯轴有以下几种。

①小锥度芯轴［见图6.9（a）］。小锥度芯轴有1∶1 000～1∶5 000的锥度，其优点是制

造容易，由于配合无间隙，所以加工精度较高，缺点是长度方向上无法定位，承受的切削力较小，装卸不太方便。

②带台阶的圆柱芯轴［见图6.9（b）］。这种芯轴可同时装夹多个工件，但由于芯轴与孔配合间隙的存在，加工精度较低。

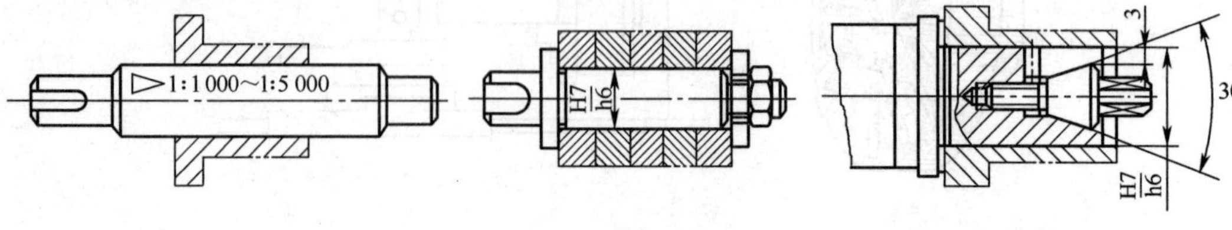

图6.9 芯轴装夹工件

（a）小锥度芯轴；（b）带台阶的圆柱芯轴；（c）胀力芯轴

③胀力芯轴［见图6.9（c）］。它是依靠芯轴弹性变形所产生的胀力来撑紧工件的，其优点是装夹方便，加工精度较高，但夹紧力较小。

（四）车削的特点和加工范围

在车床上，工件做旋转的主运动，刀具做平面直线或曲线的进给运动，完成机械零件切削加工的过程，称为车削加工。它是机械加工中最基本、最常用的加工方法，各类车床约占金属切削机床总数的一半，所以它在机械加工中占有重要的位置。

车削适用于加工回转零件，其切削过程连续平稳。车削加工的范围很广，可完成车外圆、车端面、车内外圆锥面、切槽和切断、镗孔、切内槽、钻中心孔、钻孔、铰孔、锪锥孔、车内外螺纹、攻螺纹、车成形面、滚花等主要工作。车削加工精度一般为 IT11～IT7，表面粗糙度 Ra 值为 12.5～0.8 μm。

（五）车外圆

将工件车削成圆柱形外表面的方法称为车外圆，如图6.10所示。

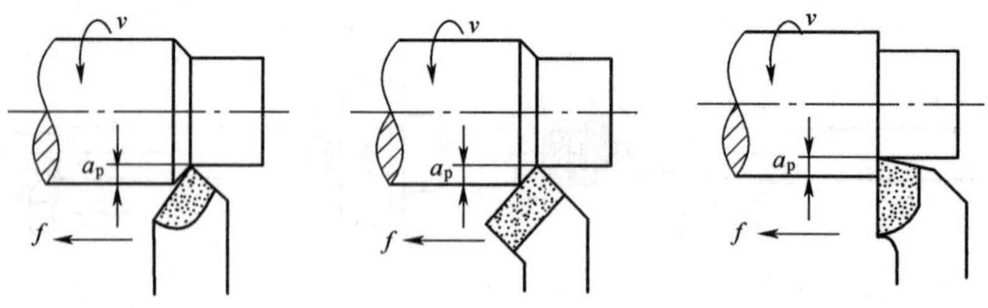

图6.10 外圆车削

（a）尖头刀车外圆；（b）弯头刀车外圆；（c）偏刀车外圆

1. 粗车

粗车时，要先选用较大的切削深度，其次根据可能，适当加大进给量，最后选取合适的切削速度。粗车一般选用尖刀头或弯头刀车削。

2. 精车

在选择切削用量时,首先选取合适的切削速度,再选取小的进给量,最后根据工件尺寸来确定切削深度。

精车时为了保证工件的尺寸精度和减小粗糙度,可采取下列措施:

①合理地选择精车刀的几何形状及角度,如加大前角使刃口锋利,减小副偏角和刀尖圆弧使已加工表面残留面积减小,前后刀面及刀尖圆弧用油石磨光等。

②合理地选择切削用量,如加工钢等塑性材料时,采用高速或低速切削可防止出现积屑瘤。采用较小的进给量和切削深度可减少已加工表面的残留面积。

③合理地使用冷却润滑液,如低速精车钢件时用乳化液润滑,低速精车铸铁件时用煤油润滑等。

④采用试切法切削,试切法就是通过试切—测量—调整—再试切反复进行,使工件达到尺寸要求为止的加工方法,如图 6.11 所示。

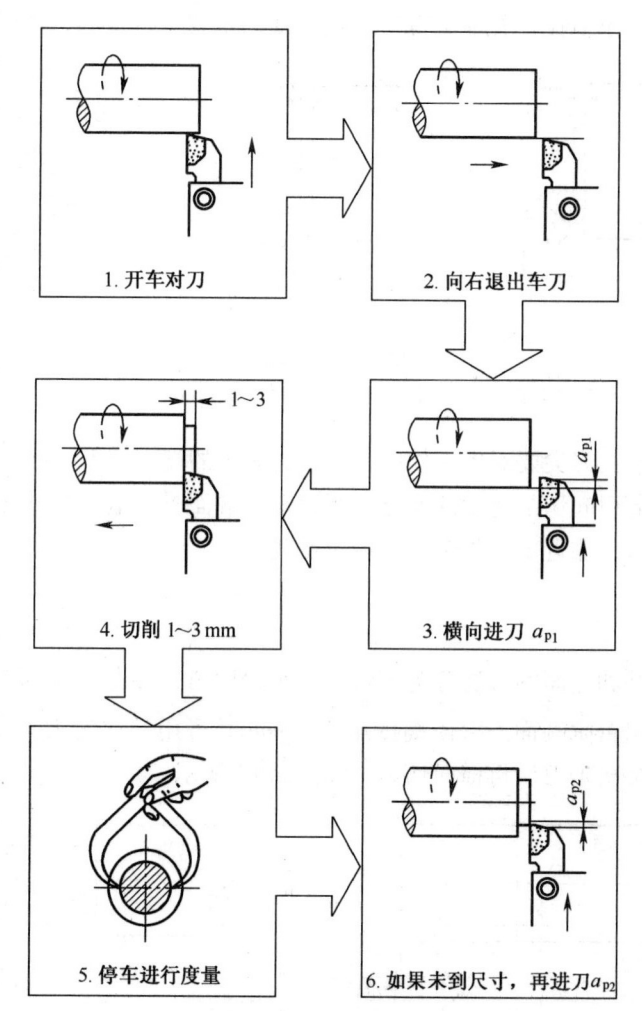

图 6.11 试切法步骤

用试切法试切外圆时,必须利用横向进给手柄刻度盘上的刻度来控制进刀深度,对刀后,需计算手柄顺时针转动的格数 n。可用下式计算:

$$n = \frac{d_1 - d_2}{0.04}$$

式中 d_1——对刀时工件的直径，mm；

  d_2——要求车好的工件直径，mm；

  0.04——进刀一格所切去的圆周余量，mm。

试切测量的尺寸等于 d_2 时，即可正式进行车削。如果试切后测量的尺寸大于 d_2，则需重新计算进刀格数试切。如试切后测量的尺寸小于 d_2，则需把手柄逆时针转过 2 圈后，重新对刀计算进刀格数试切。切不可把手柄直接退回至尺寸 d_2 就车削。因手柄丝杠与螺母之间有间隙，间隙如不消除，切深无变化，车削的直径会仍小于 d_2 而报废。

（六）车端面

对工件端面进行车削的方法称为车端面。车端面用端面车刀，方法是开动机床使工件旋转，移动大拖板（或小拖板）控制切深，中拖板横向走刀进行车削，如图 6.12 所示。

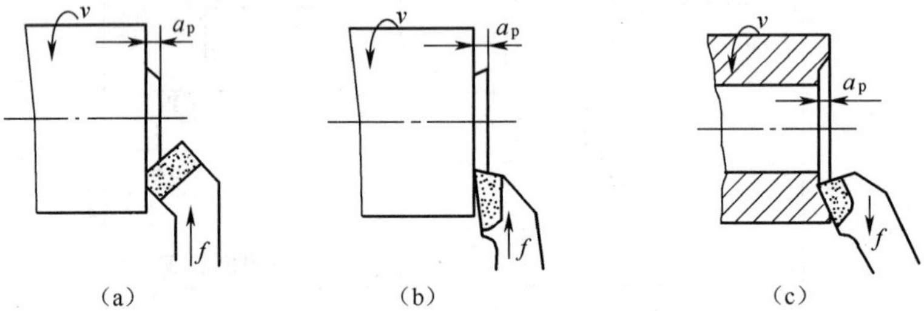

图 6.12 车端面

（a）弯头车刀车端面；（b）偏刀向中心走刀车端面；（c）偏刀向外走刀车端面

车端面时应注意：刀尖要对准工件中心，以免车出的端面留下小凸台。车削时被切部分直径不断变化，从而引起切削速度的变化，所以车大端面时要适当调整转速，使车刀靠近工件中心处的转速高些，靠近工件外圆处的转速低些。

（七）车台阶

车削台阶处外圆和端面的方法称为车台阶。车台阶常用主偏角 $\kappa_r \geq 90°$ 的偏刀车削，在车削外圆的同时车出台阶端面。台阶高度小于 5 mm 时可用一次走刀切出；高度大于 5 mm 的台阶可用分层法多次走刀后再横向切出，如图 6.13 所示。

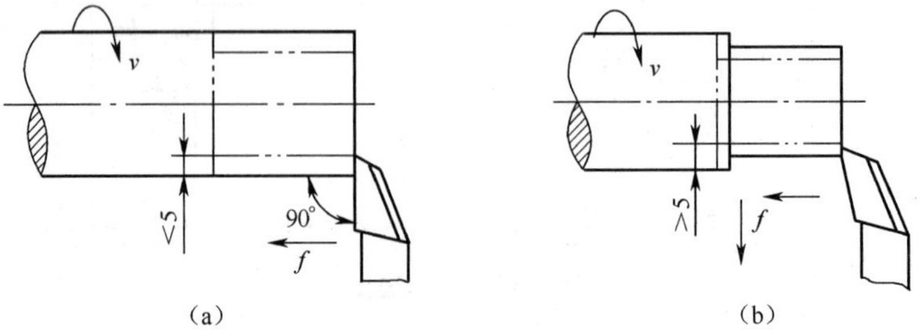

图 6.13 车台阶

（a）一次走刀；（b）多次走刀

（八）车槽

在工件表面上车削沟槽的方法称为车槽。用车削加工的方法所加工出槽的形状有外槽、内槽和端面槽等。

1. 切槽刀的安装

车槽要用切槽刀进行车削。安装时，刀尖要对准工件轴线；主切削刃平行于工件轴线；刀尖与工件轴线等高；两侧副偏角一定要对称相等；两侧刃副后角也需对称，切不可一边为负值，以防刮伤槽的端面或折断刀头，如图6.14所示。

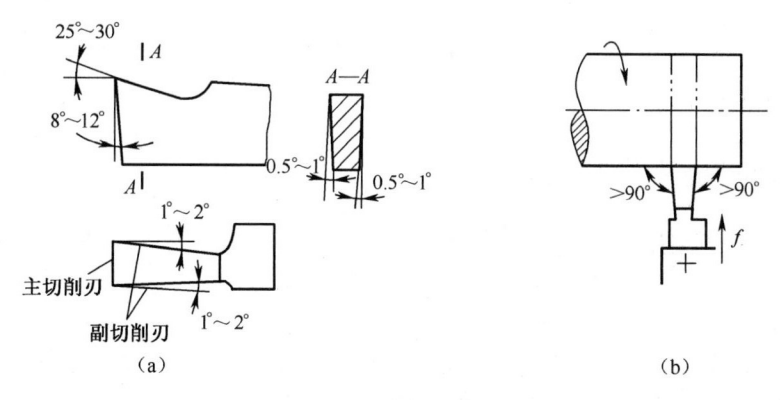

图6.14 切槽刀及安装
(a) 切槽刀；(b) 安装

2. 车槽的方法

①车削宽度为5 mm以下的窄槽时，可采用主切削刃的宽度等于槽宽的切槽刀，在一次横向进给中切出。

②车削宽度为5 mm以上的宽槽时，一般先分段横向粗车，如图6.15（a）所示。最后一次横向切削后，再进行纵向精车，如图6.15（b）所示。

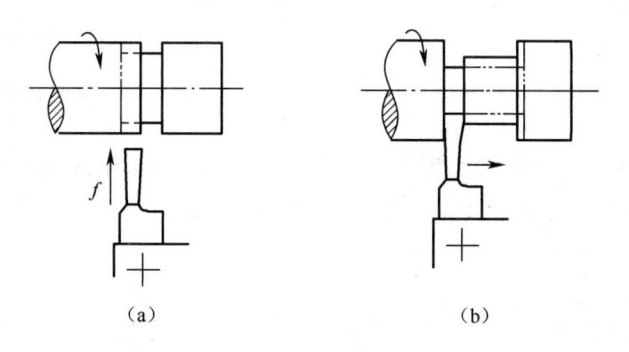

图6.15 车宽槽
(a) 横向粗车；(b) 纵向精车

3. 车槽的尺寸测量

槽的宽度和深度采用卡钳和钢尺配合测量，也可用游标卡尺和千分尺测量，如图6.16所示。

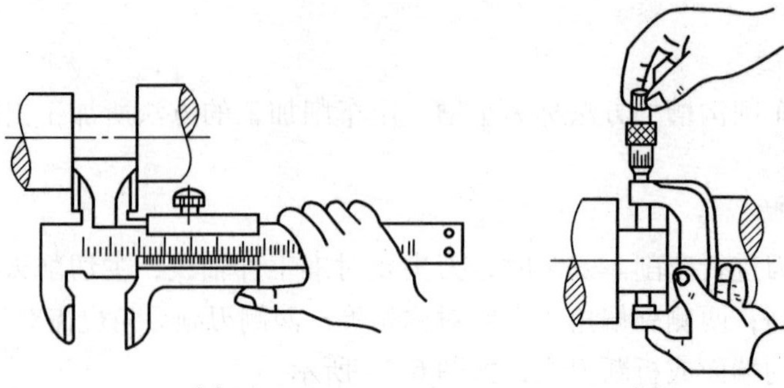

金属工艺实训

图 6.16　测量外槽

(a) 用游标卡尺测量槽宽；(b) 用千分尺测量槽的底径

(九) 切断

把坯料或工件分成两段或若干段的车削方法称为切断。主要用于圆棒料按尺寸要求下料，或把加工完毕的工件从坯料上切下来，如图 6.17 所示。

1. 切断刀

如图 6.18 所示，切断刀与切槽刀的形状类似，不同点是刀头窄而长，容易折断，因此，用切断刀也可以车槽，但不能用切槽刀来切断。

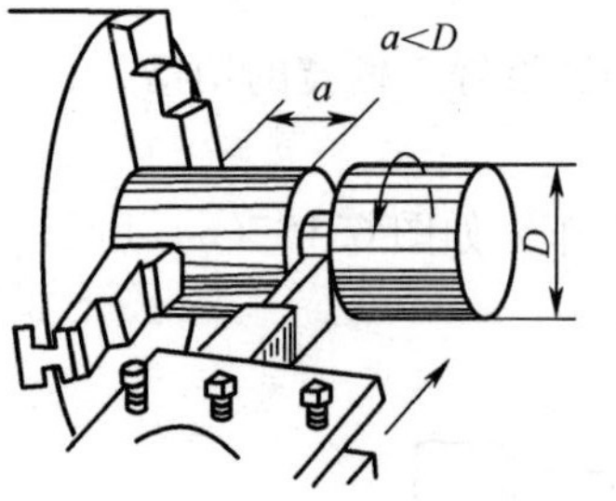

图 6.17　切断

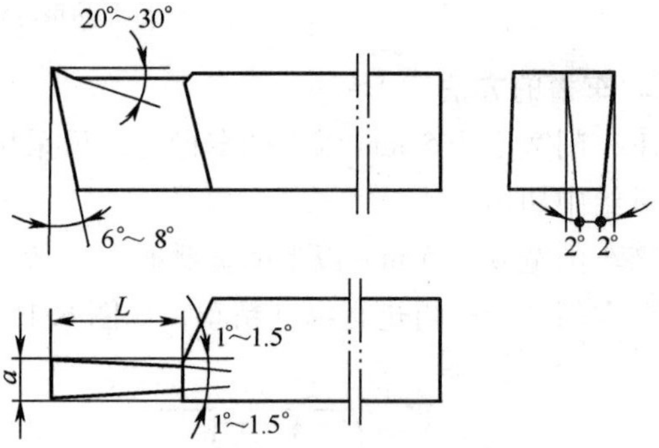

图 6.18　高速钢切断刀

切断时，刀头伸进工件内部，散热条件差，排屑困难，易引起振动，如不注意，刀头就会折断。因此，必须合理地选择切断刀，如图 6.19 所示。

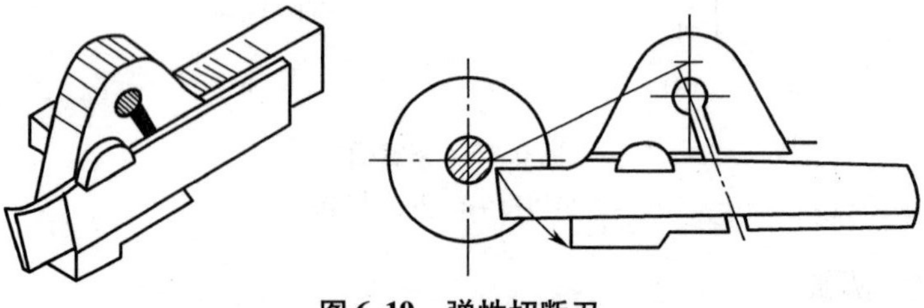

图 6.19　弹性切断刀

2. 切断方法

常用的切断方法有直进法和左右借刀法两种，如图 6.20 所示。直进法常用于切削铸铁

· 138 ·

等脆性材料，左右借刀法常用于切削钢等塑性材料。

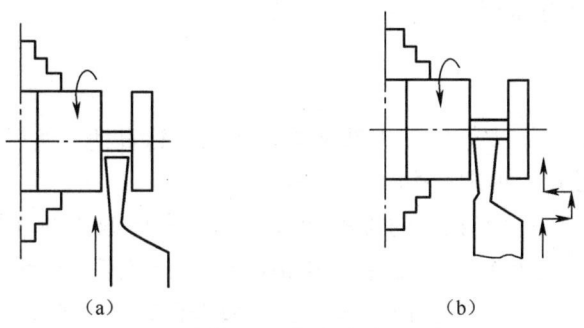

(a)　　　　　　　　(b)

图 6.20　切断方法

(a) 直进法；(b) 左右借刀法

3. 切断的操作要点

①工件和车刀的装夹一定要牢固，刀架要锁紧，以防松动。切断时，切断刀距卡盘近些，但不能碰上卡盘，以免切断时因刚性不足而产生振动。

②切断刀必须有合理的几何角度和形状。一般切钢时前角为 20°～25°，切铸铁时前角为 5°～10°；副偏角为 1°30′；主后角为 8°～12°；副后角为 2°；刀头宽度为 3～4 mm。刃磨时要特别注意两副偏角及两副后角各自对应相等。

③安装切断刀时刀尖一定要对准工件中心。如低于中心，则车刀还没有切至中心而被折断；如高于中心，则车刀接近中心时被凸台顶住，不易切断。同时车刀伸出刀架不要太长，车刀中心线要与工件中心线垂直，以保证两侧副偏角相等。底面垫平，以保证两侧都有一定的副后角。

④合理地选择切削用量。切削速度不宜过高或过低，一般为 40～60 m/min（外圆处）。手动进给切断时，进给要均匀，机动进给切断时，进给量为 0.05～0.15 mm/r。

⑤切钢时需加冷却液进行冷却润滑，切铸铁时不加冷却液，但必要时可使用煤油进行冷却润滑。

（十）钻孔

利用钻头将工件钻出孔的方法称为钻孔，通常在钻床或车床上进行。

1. 车床上钻孔相对于钻床上钻孔的特点

①车床上钻孔时，工件旋转，钻头不转动只移动，其工件旋转为主运动，钻头移动为进给运动，如图 6.21 所示。

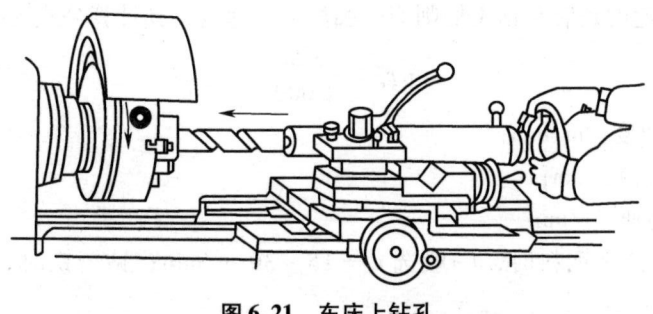

图 6.21　车床上钻孔

②车床上钻孔，不需要划线，易保证孔与外圆的同轴度及孔与端面的垂直度。

2. 车床上钻孔的操作步骤

①车削工件端面。

②装夹钻头。

a. 直柄麻花钻的装夹。安装时，用钻夹头夹住麻花钻直柄，然后将钻夹头的锥柄用力装入尾座套筒内即可使用。拆卸钻头时动作相反。

b. 锥柄麻花钻的装夹。麻花钻的锥柄如果和尾座套筒锥孔的规格相同，可直接将钻头插入尾座套筒锥孔内进行钻孔；如果麻花钻的锥柄和尾座套筒锥孔的规格不相同，可采用锥套做过渡。拆卸时，用楔铁插入腰形孔，敲击楔铁就可把钻头卸下来，如图6.22所示。

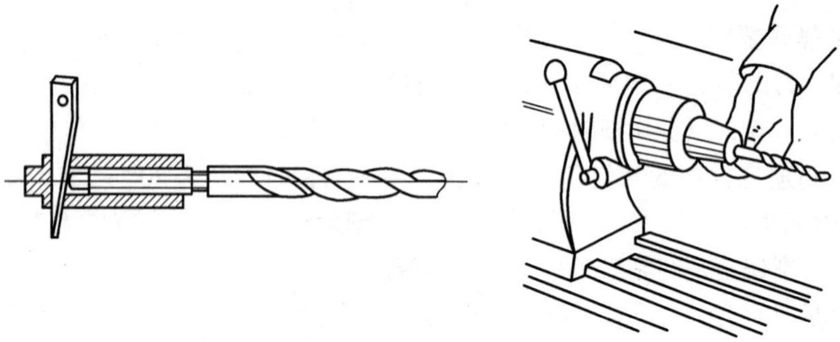

图6.22　锥柄钻头的装夹

③调整尾架位置。松开尾架与床身的紧固螺栓螺母，移动尾架，使钻头能进给至所需长度，然后固定尾架。

④开车钻削。尾架套筒手柄松开后（但不宜过松），开动车床，均匀地摇动尾架套筒手轮钻削。刚接触工件时，进给要慢些；切削中要经常退回，以便于排屑；钻透时，进给也要慢些，退出钻头后再停车。

⑤钻不通孔。在钻不通孔时，要控制孔深。可控制尾座的刻度来保证深度；或先在钻头上用粉笔画好孔深线再钻削，从而控制孔深；还可用钢板尺、深度尺测量孔深。

3. 钻孔切削用量

（1）背吃刀量

钻孔时的背吃刀量是钻头直径的1/2。

（2）切削速度

钻孔时的切削速度是麻花钻主切削刃外圆处的线速度，其计算公式为

$$v_c = \frac{\pi d n}{1\ 000}$$

式中　v_c——切削速度，m/min；

d——钻头直径，mm；

n——主轴转速，r/min。

用高速钢麻花钻钻钢料时，一般选 $v_c = 15 \sim 30$ m/min；钻铸铁时，一般选 $v_c = 75 \sim 90$ m/min。

4. 在车床上钻孔时的注意事项

（1）修磨横刃

钻削时轴向力大，使钻头产生弯曲变形，从而影响加工孔的形状。轴向力过大时，钻头容易折断。修磨横刃减少横刃宽度可大大减小轴向力，改善切削条件，提高孔的加工质量。

（2）切削用量适度

开始钻削时进给量小些，使钻头对准工件中心；钻头进入工件后进给量大些，以提高生产率；快要钻透时进给量要小些，以防止折断钻头。钻大孔时车床的旋转速度低些，钻小孔时转速高些，使切削速度适度，改善钻小孔时的切削条件。

（3）操作要正确

装夹钻头后，钻头的中心必须对准工件的中心。调整尾架后，使尾架的位置必须能保证钻孔深度。钻削时，尾架套筒松紧适度、进给均匀等都是为了防止孔被钻偏。

（十一）车孔

1. 车孔的方法

车孔与车外圆的方法基本相同，都是工件转动，车刀移动，从毛坯上切去一层多余的金属。孔在切削过程中也分为粗车和精车，易保证孔的质量。

车孔与车外圆的方法虽然基本相同，但在车孔时，需注意以下几点。

（1）车孔刀的几何角度

通孔车刀的主偏角一般为45°～75°，副偏角一般为25°～45°；不通孔车刀主偏角一般大于或等于90°，刀尖在刀杆的最前端，刀尖到刀杆背面的距离只能小于孔径的一半，否则无法车平不通孔的底平面，如图6.23所示。

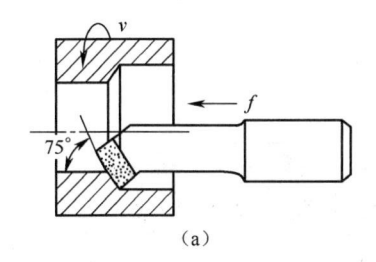

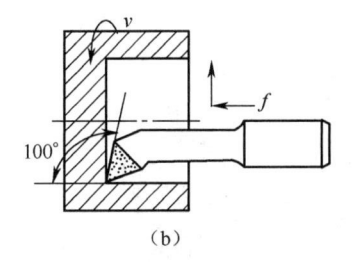

图 6.23 车孔

(a) 车通孔；(b) 车不通孔

（2）车孔刀的安装

刀尖应对准工件的中心，由于进刀方向与车外圆相反，粗车时可略低点，使工作前角增大以便于切削；精车时略高一点，使其后角增大而避免产生扎刀。车刀伸出刀架的长度要尽量短，以免产生振动，但不得小于工件孔深加上3～5 mm的长度，如图6.24所示，以保证孔深。刀具轴线应与主轴平行，刀头可略向操作者方向偏斜。开车前先使车刀在孔内手动试走一遍，确认不妨

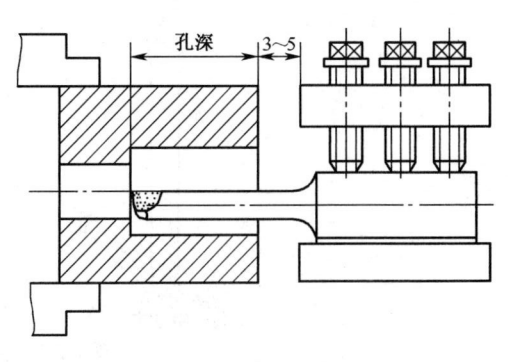

图 6.24 车孔刀的安装

碍车刀工作后再开车车削。

（3）切削用量的选择

车孔时，因刀杆细，刀头散热条件差，排屑困难，易产生振动和让刀。所选用的切削用量要比车外圆时小些，调整方法与车外圆相同。

（4）试切法

与车外圆基本相同，其试切过程是：开车对刀—纵向退刀—横向进刀—纵向切削 3 ~ 5 mm —纵向退刀—停车测量。如已满足要求，可纵向切削。如未满足尺寸要求，可重新横向进刀来调整切削速度，再试切，直至满足尺寸要求为止。

（5）控制孔深

控制车孔深度的方法如图 6.25 所示。由于车孔的条件比车外圆差，所以车孔的精度较低，一般尺寸公差等级可达 IT8 ~ IT7 级，表面粗糙度为 3.2 ~ 1.6 μm。

2. 孔的测量方法

可用内卡钳和钢尺测量孔径，常用游标卡尺测量孔径和孔深。对于精度要求高的孔可用内径百分表或内径千分尺测量，如图 6.26 和图 6.27 所示。对于大批量生产的工件，孔可用塞规测量，如图 6.28 所示。

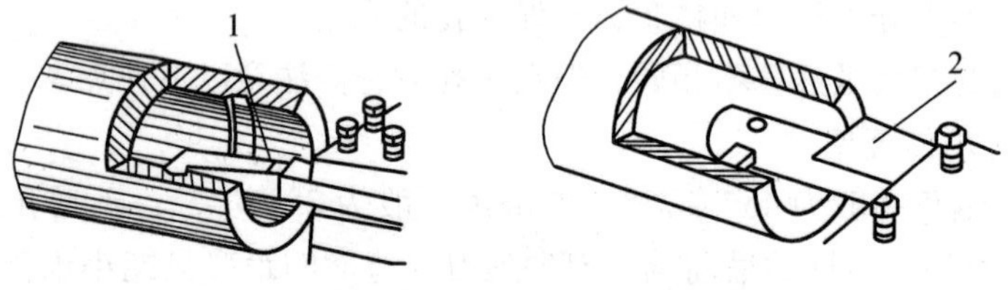

（a）　　　　　　　　　　　　　　　　（b）

图 6.25　控制车孔深度的方法

（a）用粉笔画长度记号；（b）用铜片控制孔深

1—粉笔记号；2—铜片

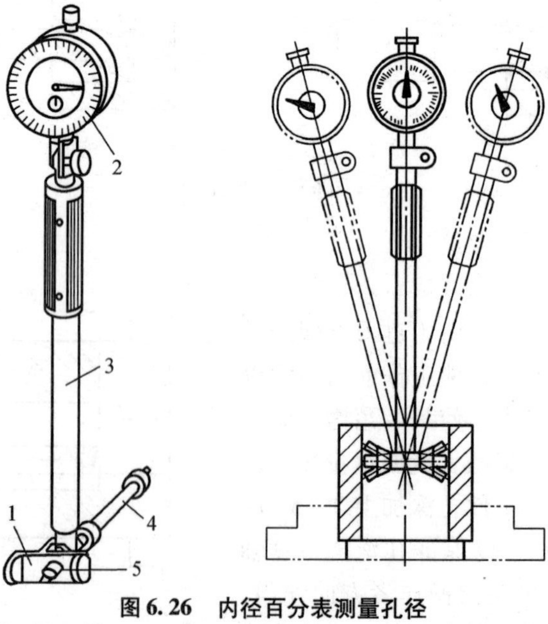

图 6.26　内径百分表测量孔径

1—定心桥；2—百分表；3—接长管；4—可换插头；5—活动量杆

142

(a)   (b)

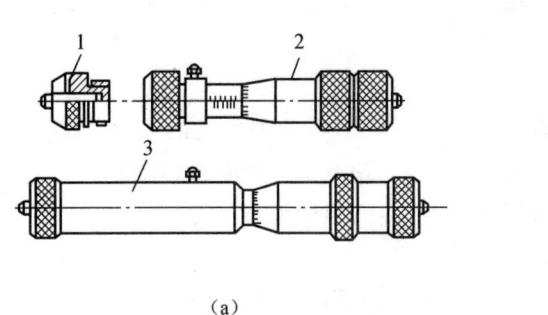

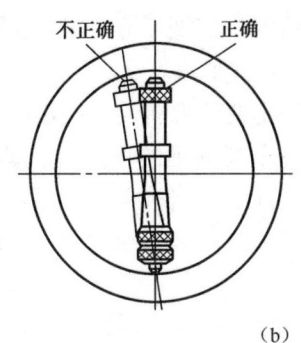

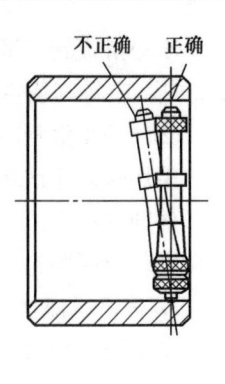

图 6.27 内径千分尺测量孔径

1,3—接长杆；2—测微头

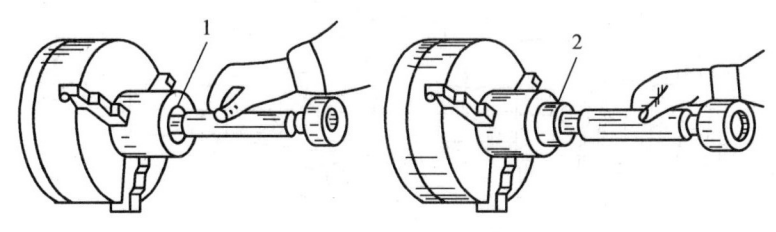

图 6.28 塞规测量孔径

1—通端测量；2—止端测量

3. 车孔注意事项

（1）一次装夹

车孔时，如果孔与某些表面有位置公差要求，则孔与这些表面必须在一次装夹中完成全部切削加工，否则难以保证其位置公差要求。若必须两次装夹，则应校正工件，这样才能保证质量。

（2）选择与安装车刀要正确

选择与安装好车刀后，一定要不开车手动试走一遍，确实不妨碍车刀工作后再开车切削。

（3）进刀方向

试切时，横向进给手柄转向不能搞错，逆时针转动为进刀，顺时针转动为退刀，与车外圆正好相反。如搞错，把退刀摇成进刀，则工件报废。

（十二）车圆锥

车圆锥常用的方法有转动小滑板法和偏移尾座法。

1. 转动小滑板法

车较短的圆锥，可采用转动小滑板法。车削时只要把小滑板转过一个圆锥半角 $\alpha/2$，使车刀的运动轨迹与所要车削的圆锥素线平行即可。图 6.29 所示为用转动小滑板车削外圆锥的方法。

采用转动小滑板法切削时应当注意以下事项。

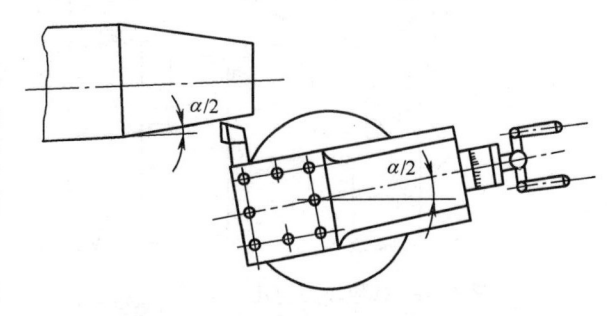

图 6.29 转动小滑板法车削圆锥

①小滑板转动的角度一定要等于工件的圆锥半角 $\alpha/2$，如图样上标注的不是圆锥半角 $\alpha/2$ 时，应将其换算成圆锥半角。

②转动小滑板时一定要注意转动方向正确。

采用转动小滑板法车削圆锥的优点是：调整范围大，可车削各种角度的圆锥，能车削内、外圆锥；在同一零件上车削多个圆锥面时调整较方便。缺点是：因受行程限制，只能加工长度较短的圆锥，车削时只能手动进给，劳动强度大，表面粗糙度难以控制。

2. 偏移尾座法

车削长度较长、锥度较小的外圆锥工件时，若精度要求不高，可用偏移尾座法。车削时将工件装在两顶尖之间，把尾座横向偏移一段距离 S，使工件的旋转轴线与车刀纵向进给方向相交成一个圆锥半角 $\alpha/2$。偏移尾座法车削圆锥的方法如图 6.30 所示。

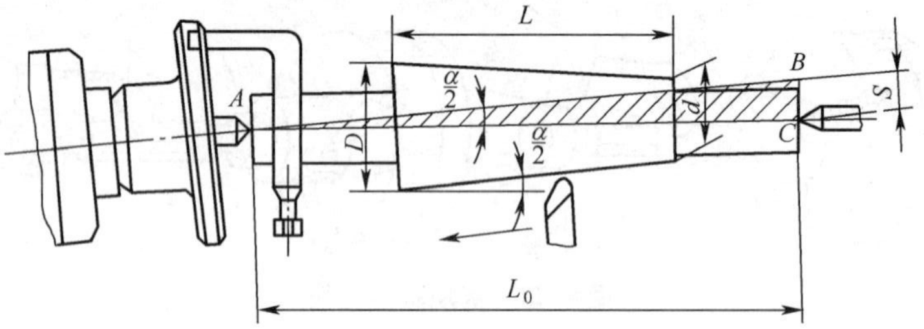

图 6.30　偏移尾座法车削圆锥

（十三）车螺纹

将工件表面车削成螺纹的方法称为车螺纹。

1. 螺纹车刀的几何角度

如图 6.31 所示，车三角形公制螺纹时，车刀的刀尖角等于螺纹牙型角（$\alpha = 60°$），车三角形英制螺纹时，车刀的刀尖角 $\alpha = 55°$。其前角 $\gamma_0 = 0°$ 才能保证工件螺纹的牙型角，否则牙型角将产生误差。

2. 螺纹车刀的安装

如图 6.32 所示，刀尖对准工件的中心，并用样板对刀，以保证刀尖角的平分线与工件的轴线相垂直，车出的牙型角才不会偏斜。

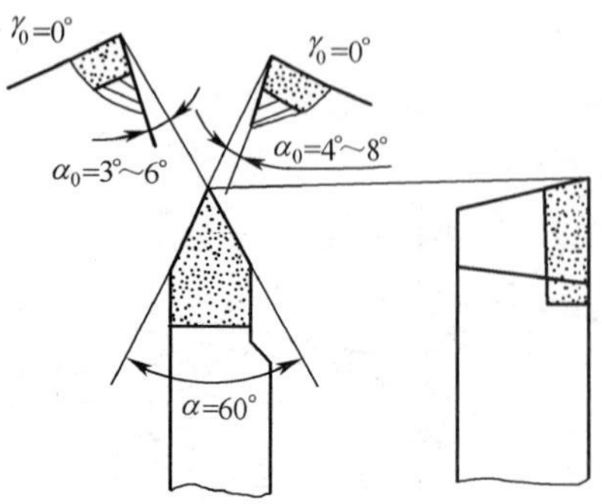

图 6.31　螺纹车刀的几何角度

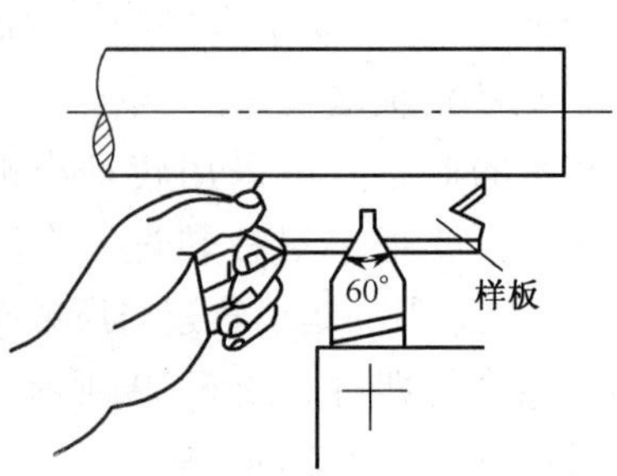

图 6.32　用样板对刀安装

3. 切削用量的选择

切削螺纹主要考虑背吃刀量与切削速度的选择。

（1）根据车削要求选择

前几次进给的切削用量可大些，以后每次进给切削用量应逐渐减小；精车时，背吃刀量应更小。切削速度应选低些，粗车时 $v_c = 10 \sim 15$ m/min；精车时 $v_c = 6$ m/min。

（2）根据切削状况选择

车外螺纹时切削用量可大些，车内螺纹时，由于刀杆刚性差，切削用量应小些。在细长轴上加工螺纹时，由于工件刚性差，切削用量应适当减小。车螺距较大的螺纹时，进给量较大，所以，背吃刀量和切削速度应适当减小。

（3）根据工件材料选择

加工脆性材料（铸铁、黄铜等）时，切削用量可小些；加工塑性材料（钢等）时，切削用量可大些。

车螺纹的切削用量推荐值见表6.1。

表6.1 车螺纹的切削用量推荐值

工件材料	刀具材料	牙型	螺距/mm	切削速度/(m·min^{-1})	背吃刀量/mm
35钢	TY15	三角形	1.5	粗车30~40 精车20~25	粗车0.20~0.40 精车0.05~0.10
45钢	TY15	三角形	2	60~69	余量分2~3次车完
45钢	W18Cr4V	三角形	1.5	粗车10~15 精车5~7	粗车0.15~0.30 精车0.05~0.08
30CrMoA	TY15	三角形	3	粗车30~40 精车40~50	粗车0.40~0.60 精车0.10~0.30
Cr17Ni2	W18Cr4V	三角形	1.5	粗车6~8 精车3.5~5.2	粗车0.15~0.25 精车0.05~0.07
1Cr18Ni9Ti	TY15	三角形	2.5	40~60	粗车0.20~0.40 精车0.05~0.10
铸铁	TY8	三角形	2	粗车15~30 精车15~25	粗车0.20~0.40 精车0.05~0.10

4. 车床的调整

车螺纹时，必须满足的运动关系是：工件每转过一周时，车刀必须准确地移动一个工件的螺距或导程（单头螺纹为螺距，多头螺纹为导程）。调整时，首先通过手柄把丝杠接通，再根据工件的螺距或导程，按进给箱标牌上所示的手柄位置来变换配换齿轮（挂轮）的齿数及各进给变速手柄的位置。

车右螺纹时，三星轮变向手柄调整在车右螺纹的位置上；车左螺纹时，变向手柄调整在车左螺纹的位置上。目的是改变刀具的移动方向，刀具移向床头时为车右螺纹，移向床尾时为车左螺纹。

5. 车螺纹的方法和步骤

①开车，使车刀与工件轻微接触，记下刻度盘读数，向右推出，如图6.33（a）所示。

②合上开合螺母，在工件表面上车出一条螺旋线，横向退出车刀，如图6.33（b）所示。

③开反车把车刀退到工件右端，停车，用钢尺检查螺距是否正确，如图6.33（c）所示。

④利用刻度盘调整切深，开车切削，如图6.33（d）所示。

⑤车刀将至行程终了时，应做好退刀停车准备，先快速退出车刀，然后开反车退回刀架，如图6.33（e）所示。

⑥再次横向进刀，继续切削，如图6.33（f）所示。

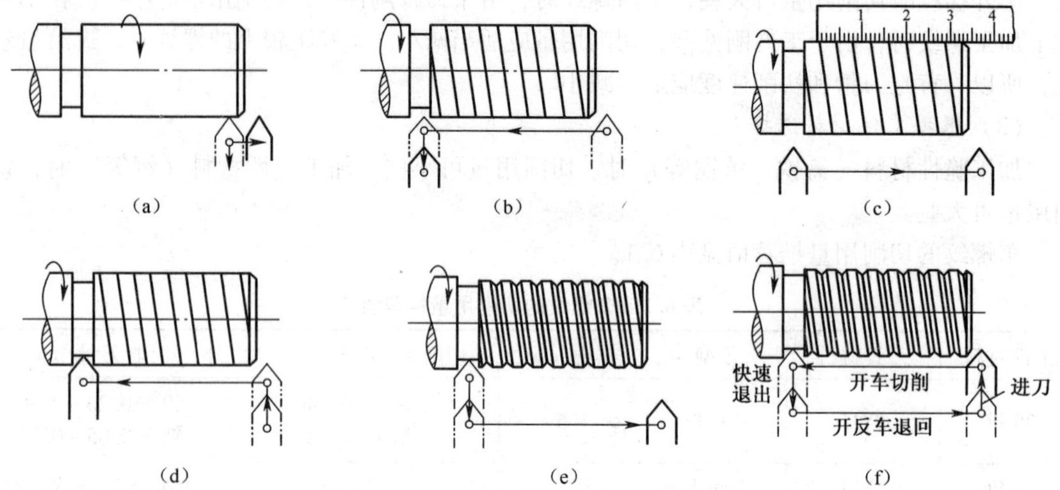

图 6.33　螺纹车削的步骤

6. 螺纹的测量

螺纹主要测量螺距、牙型角和螺纹中径。因为螺距是由车床的运动关系来保证的，所以用钢尺测量即可。牙型角是由车刀的刀尖角以及正确安装来保证的，一般用样板测量。也可用螺距规同时测量螺距和牙型角，如图6.34所示。螺纹中径常用螺纹千分尺测量，如图6.35所示。

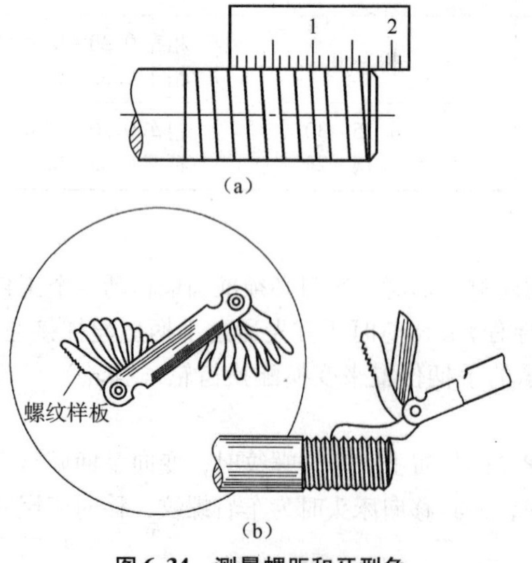

图 6.34　测量螺距和牙型角

（a）用钢尺测量；（b）用螺距规测量

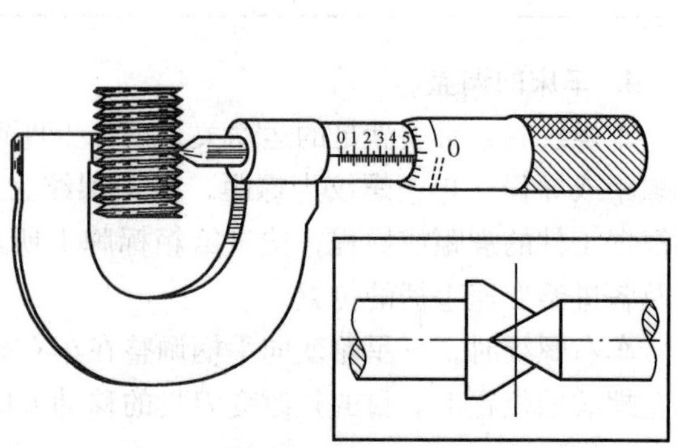

图 6.35　测量螺纹中径

在成批大量生产中，多用螺纹量规进行综合测量，如图6.36所示。

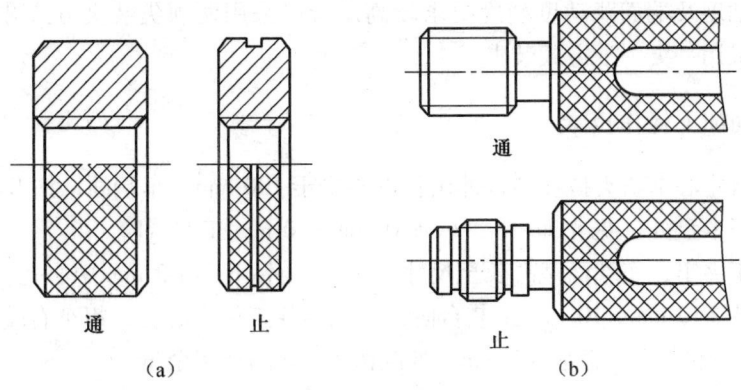

图6.36 螺纹量规
(a) 螺纹环规（测外螺纹）；(b) 螺纹塞规（测内螺纹）

7. 车螺纹时的注意事项

（1）控制螺纹牙深高度

车刀做垂直移动切入工件，由横向进给手柄刻度盘来控制进刀深度，经几次进刀切至螺纹牙深高度为止。

（2）乱扣及其防治方法

乱扣就是车第二道螺旋槽轨迹与车第一道所走过的轨迹不同，刀尖偏左或偏右，两次进刀切出的牙底不重合，螺纹车坏，这种现象称为乱扣。

①如果车床丝杠的螺距不是工件螺距的整数倍，则采用抬闸法车削就会乱扣；而采用正反车法车削，使开合螺母在退刀时仍保持抱紧车床丝杠的状态，运动关系没有改变，则不会乱扣。

②如果车床丝杠的螺距是工件螺距的整数倍，则采用抬闸法车削就不会乱扣。但如果开合螺母手柄没有完全压合，使螺母没有抱紧丝杠，则也会乱扣。或因车刀重磨后重新安装，没有对刀，使车刀与工件的相对位置发生了变化，则也会乱扣。

三、项目实施

（一）实训准备

1. 设备

根据零件的结构尺寸及加工精度要求（见图6.1）选择CA6140型卧式车床。

2. 毛坯

本着够用又不浪费的原则选择 $\phi65$ mm×255 mm 45号优质碳素结构钢。

3. 刀具

90°外圆车刀1把、45°弯头刀1把、3 mm切槽刀1把、$\phi3$ mm B型中心钻1把。

4. 量具

0~300 mm游标卡尺、0~300 mm深度尺、25~50 mm千分尺、钢板尺、50~75 mm千分尺。

5. 装夹方式

该工件同轴度及端面跳动度精度要求较高，所以采用两顶尖装夹方式才能保证位置精度，粗车时可采用一夹一顶方式装夹。

（二）车削加工操作技术

①用三爪自定心卡盘夹持坯料，伸出长度不少于 100 mm，车端面，钻 B 型 ϕ3 mm 中心孔，粗车外圆至卡盘处（见光即可），车 ϕ40 mm×10 mm 工艺台阶。

②调头找正夹牢，车端面截总长至尺寸 249 mm，钻 B 型 ϕ3 mm 中心孔。

③一端夹持 ϕ40 mm×10 mm 工艺台阶，一端顶住工件中心孔，粗车右端下列尺寸。

a. 车 ϕ60h8 外圆，长度为 203 mm，外圆留 1 mm 的精车余量。

b. 车 ϕ50h11 外圆至图纸尺寸要求，长度为（148.5±0.125）mm。

c. 粗车 ϕ35k7 外圆，长度为 26.5 mm，保证尺寸（122±0.125）mm，外圆留 1 mm 精加工余量。

d. 车退刀槽 ϕ34 mm、宽度 3 mm 成型。

④掉头夹持右端 ϕ35k7 外圆，顶住工件另一端中心孔，加工左端下列尺寸。

a. 车 ϕ44 mm 外圆至图纸尺寸要求，长度为 46.5 mm，保证长度 54 mm 尺寸。

b. 粗车 ϕ35k7 外圆，保证长度（20.5±0.2）mm，外圆留 1 mm 精加工余量。

c. 车退刀槽 ϕ34 mm、宽度 3 mm 成型。

⑤精车。采用两顶尖方式装夹工件。

a. 精车左端 ϕ60h8、ϕ35k7 外圆至图纸尺寸要求，车圆角 R0.5 mm、R3 mm 成型，倒角 2×45°、1×45°成型。

b. 掉头两顶尖装夹工件，精车 ϕ35k7 外圆达到图纸尺寸要求，车圆角 R0.5 mm 成型，倒角 2×45°、3.5×45°成型。

四、知　识　扩　展

（一）数控机床的基本概念

数控机床（Numerical Control Machine）是指应用数字技术对其运动和辅助动作进行自动控制的机床。

1. 数控加工原理

数控加工原理是将被加工的零件图上的几何信息和工艺信息数字化，即将刀具与工件的相对运动轨迹、主轴的转速和进给速度的变换、切削液的开关、工件和刀具的交换等控制和操作按规定的代码和格式编制成加工程序，由输入部分输入数控系统，系统按照加工程序的要求，先进行插补运算和编译处理，后发出控制指令使各坐标轴、主轴及辅助系统协调动作，并进行反馈控制，自动完成零件的加工。

2. 数控加工的特点

（1）优点

能加工复杂型面，加工精度高，产品质量稳定，生产效率高，柔性好，劳动条件好，有利于生产管理现代化,易于建立计算机通信网络。

(2) 缺点

①数控机床价格较高,加工成本高,提高了起始阶段的投资。

②技术复杂,增加了电子设备的维护,维修困难。

③对工艺和编程要求较高,加工中难以调整,对操作人员的技术水平要求高。

(二) 数控车床的操作

数控车床的操作主要通过操作面板来实现。图 6.37 所示为 CK3225 型数控车床的操作面板,上部分为 NC 控制机的操作面板,下部分为车床的操作面板。

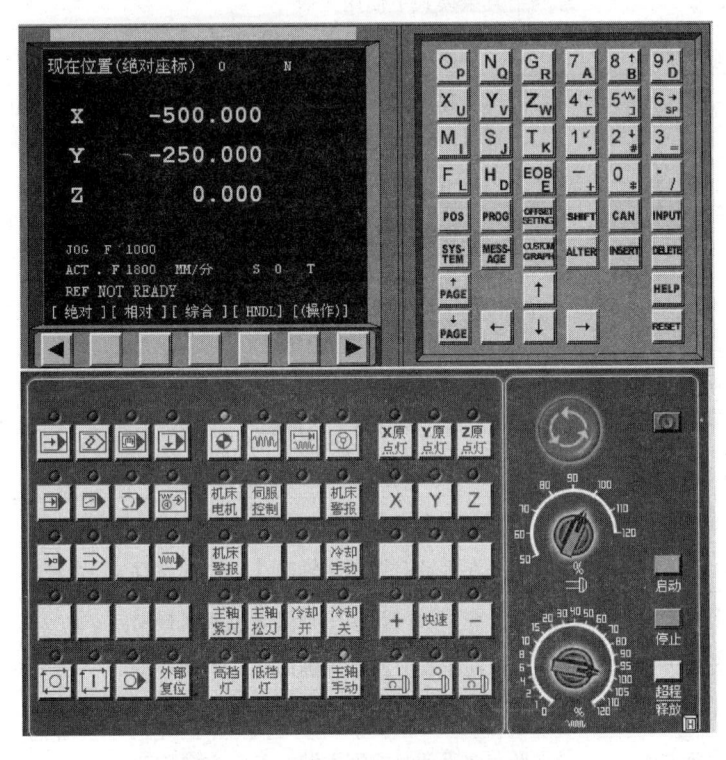

图 6.37　CK3225 型数控车床的操作面板

数控车床操作面板上各按钮的名称和功能见表 6.2。

表 6.2　数控车床操作面板各按钮的名称和功能

按钮	名称	功能说明
	自动运行	按下该按钮,系统进入自动加工模式
	编辑	按下该按钮,系统进入程序编辑状态
	MDI	按下该按钮,系统进入 MDI 模式,手动输入并执行指令
	远程执行	按下该按钮,系统进入远程执行模式(DNC 模式),可远程输入输出资料
	单节	按下该按钮,运行程序时每次执行一条数控指令
	单节忽略	按下该按钮,数控程序中的注释符号"/"有效

续表

按钮	名称	功能说明
	选择性停止	按下该按钮，"M01"代码有效
	机械锁定	锁定机床
	试运行	空运行
	进给保持	在程序运行过程中，按下该按钮程序运行暂停。按"循环启动"按钮恢复运行
	循环启动	程序运行开始；系统处于自动运行或"MDI"位置时按下有效，其余模式下使用无效
	循环停止	程序运行停止；在数控程序运行中，按下该按钮停止程序运行
	外部复位	在程序运行中，按下该按钮将使程序运行停止。在机床运行超程时，若"超程释放"按钮不起作用，可使用该按钮使系统释放
	回原点	按下该按钮，系统处于回原点模式
	手动	机床处于手动模式，连续移动
	增量进给	机床处于手动模式，点动移动
	手动脉冲	机床处于手轮控制模式
	手动增量步长选择按钮	手动时，通过这些按钮来调节手动步长。×1、×10、×100、×1 000分别代表移动量为0.001 mm、0.01 mm、0.1 mm、1 mm
	主轴手动	按下该按钮，将允许手动控制主轴
	主轴控制按钮	从左至右分别为：正转、停止、反转
	X 正方向	在手动时控制主轴向 X 正方向移动
	Y 正方向	在手动时控制主轴向 Y 正方向移动
	Z 正方向	在手动时控制主轴向 Z 正方向移动
	X 负方向	在手动时控制主轴向 X 负方向移动
	Y 负方向	在手动时控制主轴向 Y 负方向移动
	Z 负方向	在手动时控制主轴向 Z 负方向移动
	主轴倍率选择旋钮	将光标移至此旋钮上后，通过单击鼠标的左键或右键来调节主轴旋转倍率
	进给倍率	调节运行时的进给速度倍率
	急停按钮	按下急停按钮，使机床移动立即停止，并且所有的输出如主轴的转动等都会关闭
	超程释放	系统超程释放
	手轮显示按钮	按下该按钮，则可以显示出手轮
	手轮面板	单击H按钮将显示手轮面板，再单击手轮面板右下角的H按钮，又可将手轮隐藏

续表

按钮	名称	功能说明
	手轮轴选择旋钮	在手轮状态下，将光标移至此旋钮上后，通过单击鼠标的左键或右键来选择进给轴
	手轮进给倍率选择旋钮	在手轮状态下，将光标移至此旋钮上后，通过单击鼠标的左键或右键来调节点动/手轮步长。×1、×10、×100 分别代表移动量为 0.001 mm、0.01 mm、0.1 mm
	手轮	将光标移至此旋钮上后，通过单击鼠标的左键或右键来转动手轮
	启动	启动控制系统
	关闭	关闭控制系统

数据车床操作步骤如下。

1. 激活车床

单击"启动"按钮，此时车床电动机和伺服控制的指示灯变亮。

检查"急停"按钮是否松开至状态，若未松开，单击"急停"按钮，将其松开。

2. 车床回参考点

检查操作面板上回原点指示灯是否亮，若指示灯亮，则已进入回原点模式；若指示灯不亮，则单击"回原点"按钮，转入回原点模式。

在回原点模式下，先将 X 轴回原点，单击操作面板上的"X 轴选择"按钮，使 X 轴方向移动指示灯变亮。单击"正方向移动"按钮，此时 X 轴将回原点，X 轴回原点灯变亮，CRT 上的 X 坐标变为"390.000"。同样，再单击"Z 轴选择"按钮，使指示灯变亮，单击，Z 轴将回原点，Z 轴回原点灯变亮，此时 CRT 界面如图 6.38 所示。

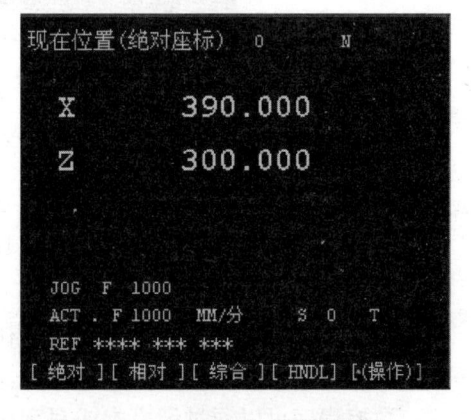

3. 对刀

数控程序一般按工件坐标系编程，对刀的过程就是建立工件坐标系与机床坐标系之间关系的过程。下面具体说明车床对刀的方法。其中，将工件右端面中心点设为工件坐标系原点。将工件上其他点设为工件坐标系原点的方法与对刀方法类似。

图 6.38 CRT 界面（回参考点）

单击操作面板上的"手动"按钮，手动状态指示灯变亮，机床进入手动操作模式，单击控制面板上的按钮，使 X 轴方向移动指示灯变亮，单击或，使机床在 X 轴方向移动；同样使机床在 Z 轴方向移动。通过手动方式将机床移到如图 6.39（a）所示的大致位置。

如图 6.39（b）所示，用所选刀具试切工件外圆，单击"主轴停止"按钮，使主轴停止转动，单击菜单"测量/坐标测量"，得到试切后的工件直径，记为 α。

如图 6.39（c）所示，保持 X 轴方向不动，刀具退出。单击 MDI 键盘上的 键，进入形状补偿参数设定界面，将光标移到与刀位号相对应的位置，输入 $X\alpha$，按菜单软键【测量】[见图 6.39（d）]，对应的刀具偏移量自动输入。

如图 6.39（e）所示，试切工件端面，把端面在工件坐标系中 Z 的坐标值记为 β（此处以工件端面中心点为工件坐标系原点，则 β 为 0）。

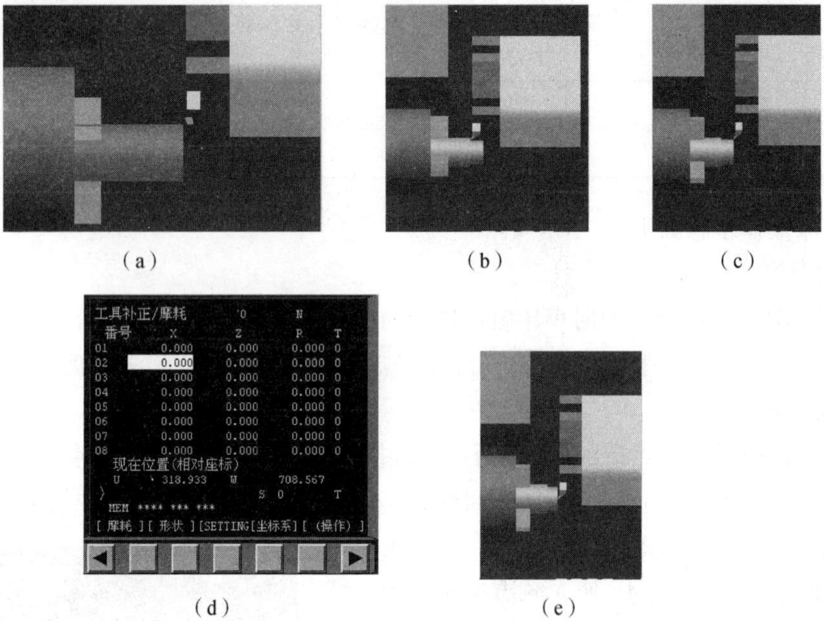

图 6.39　对刀

保持 Z 轴方向不动，刀具退出。进入形状补偿参数设定界面，将光标移到相应的位置，输入 $Z\beta$，按软键【测量】，对应的刀具偏移量自动输入。

4. 数控程序处理

加工程序可以通过以下方式显示在屏幕上。

（1）导入数控程序

数控程序可以通过记事本或写字板等编辑软件输入并保存为文本格式文件，也可直接用 FANUC 0i 系统的 MDI 键盘输入。

单击操作面板上的编辑按钮 ，编辑状态指示灯变亮 ，此时已进入编辑状态。单击 MDI 键盘上的 ，CRT 界面转入编辑页面。再按软键【操作】，在出现的下级子菜单中按软键 ，按软键【READ】，转入图 6.40 所示界面，单击 MDI 键盘上的数字/字母键，输入 "Ox"（x 为任意不超过 4 位的数字），按软键【EXEC】；单击菜单"机床/DNC 传送"，弹出如图 6.41 所示对话框，在弹出的对话框中选择所需的 NC 程序，单击【打开】按钮确认，则数控程序被导入并显示在 CRT 界面上。

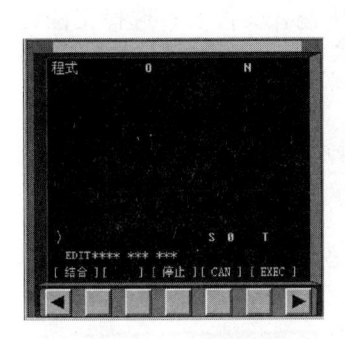

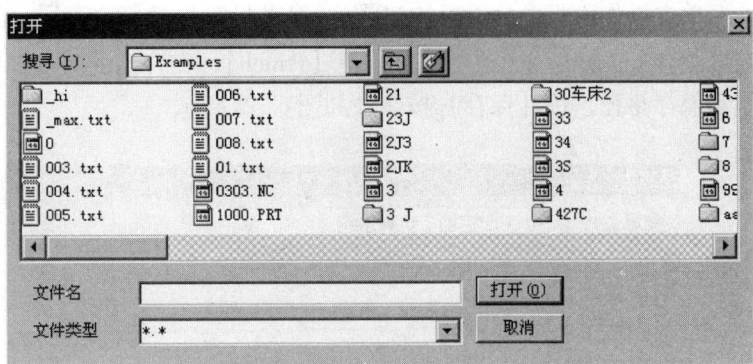

图 6.40 编辑界面

图 6.41 数控程序选择窗口

(2) 选择一个数控程序

经过导入数控程序操作后，单击 MDI 键盘上的 PROG，CRT 界面转入编辑页面。利用 MDI 键盘输入"Ox"（x 为数控程序目录中显示的程序号），按 ↓ 键开始搜索，搜索到后"OXXXX"显示在屏幕首行程序号位置，NC 程序显示在屏幕上。

(3) 新建一个 NC 程序

单击操作面板上的编辑按钮，编辑状态指示灯变亮，此时已进入编辑状态。单击 MDI 键盘上的 PROG，CRT 界面转入编辑页面。利用 MDI 键盘输入"Ox"（x 为程序号，但不可以与已有的程序号重复），按 INSERT 键，CRT 界面上显示一个空程序，可以通过 MDI 键盘开始程序输入。输入一段代码后，按 INSERT 键，输入域中的内容显示在 CRT 界面上，用回车换行键 EOB 结束一行的输入后换行。

(4) 编辑程序

单击操作面板上的编辑按钮，编辑状态指示灯变亮，此时已进入编辑状态。单击 MDI 键盘上的 PROG，CRT 界面转入编辑页面。选定了一个数控程序后，此程序显示在 CRT 界面上，可对数控程序进行编辑操作。

①移动光标。按 PAGE 和 PAGE 用于翻页，按方位键 ↑ ↓ ← → 移动光标。

②插入字符。先将光标移到所需位置，单击 MDI 键盘上的数字/字母键，将代码输入到输入域中，按 INSERT 键，把输入域的内容插入到光标所在代码后面。

③删除输入域中的数据。按 CAN 键用于删除输入域中的数据。

④删除字符。先将光标移到所需删除字符的位置，按 DELETE 键，删除光标所在的代码。

⑤查找。输入需要搜索的字母或代码，按 ↓ 开始在当前数控程序中光标所在位置后搜索。（代码可以是一个字母或一个完整的代码，如"N0010""M"等。）如果此数控程序中有所搜索的代码，则光标停留在找到的代码处；如果此数控程序中光标所在位置后没有所搜索的代码，则光标停留在原处。

⑥替换。先将光标移到所需替换字符的位置，将替换成的字符通过 MDI 键盘输入到输入域中，按 ALTER 键，把输入域的内容替代光标所在的代码。

(5) 保存程序

编辑好的程序需要进行保存操作。

金属工艺实训

单击操作面板上的编辑按钮，编辑状态指示灯变亮，此时已进入编辑状态。按软键【操作】，在下级子菜单中按软键【Punch】，在弹出的对话框中输入文件名，选择文件类型和保存路径，按【保存】按钮，如图 6.42 所示。

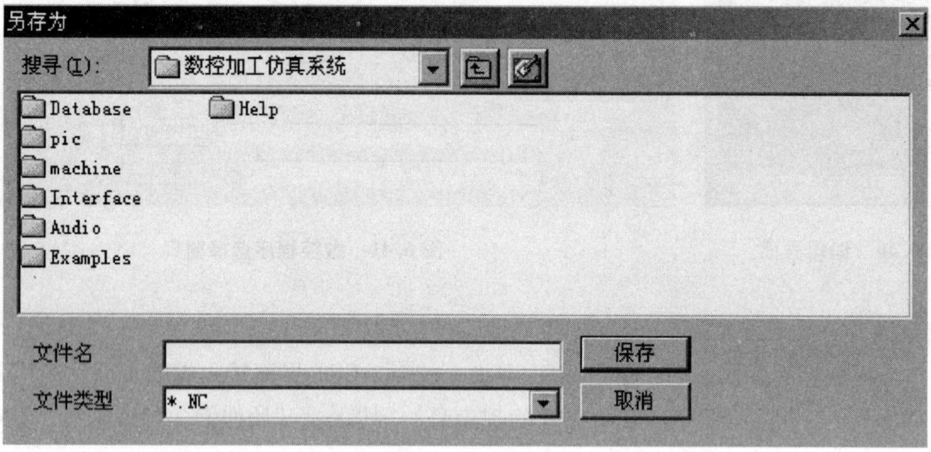

图 6.42　程序保存

（6）自动加工流程

单击操作面板上的【自动运行】按钮，使其指示灯变亮。

单击操作面板上的按钮，程序开始执行。

（三）数控车床加工零件

加工图 6.1 所示工件，选用 1 号 90°外圆车刀作为粗、精车刀，2 号切断刀，切断刀主切削刃宽 3 mm，刀位点取左刀尖，取工件右端面为工件坐标系原点，采用 G71 \ G70 外圆循环指令编程并进行对刀操作。

加工时，刀具轨迹按照工件各尺寸中值进行编程，将原图纸转化为图 6.43 所示的编程用零件图。

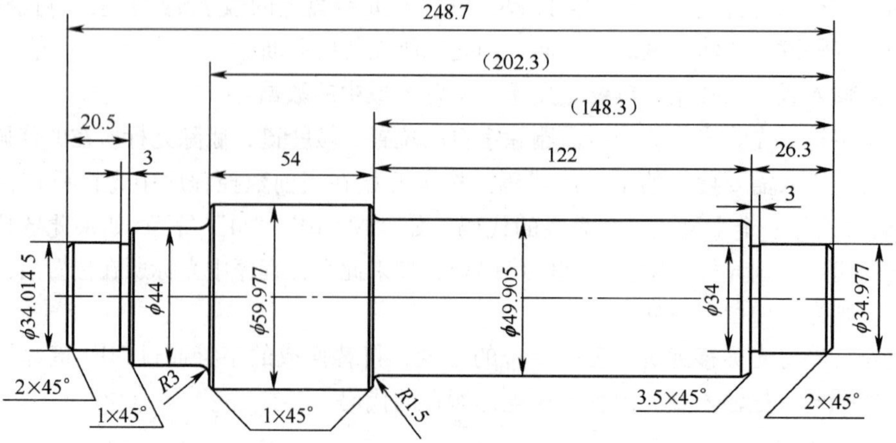

图 6.43　编程用零件图

· 154 ·

加工右端程序如下：

O0001;		程序号
N0005	G99 G40 G21;	初始化
N0010	T0101;	调用1号刀,1号刀补
N0020	M03 S800;	主轴正转,转速800 r/min
N0030	G00 X100.Z20.;	快速定位到换刀点
N0040	X68.Z2.;	快速定位到循环起点
N0050	G71 U2.R1.5;	粗车背吃刀量2 mm,退刀1.5 mm
N0060	G71 P70 Q170 U0.5 W0.2 F0.3;	X向精加工量0.5 mm,Z向精加工量0.2 mm
N0070	G00 X31.014 5 S1 000;	精加工刀具轨迹,精加工转速1 000 r/min
N0080	G01 Z0.F0.15;	精加工进给量0.15 mm/r
N0090	X35.014 5 Z-2.;	倒角2×45°
N0100	Z-26.3;	车削ϕ35k7轴段
N0110	X49.905;	
N0120	Z-146.8;	车削ϕ50h11轴段
N0130	G02 X52.905 Z-148.3 R1.5;	车削R1.5 mm过渡圆弧
N0140	G01 X57.977;	
N0150	X59.977 Z-149.3;	倒角1×45°
N0160	Z-210.;	车削ϕ60h8轴段
N0170	X68.;	
N0180	G70 P70 Q170;	精加工循环
N0190	G00 X100.Z20.;	快速定位到换刀点
N0200	T0202;	调用2号切断刀,2号刀补
N0210	S400;	主轴转速降低至400 r/min
N0220	Z-46.8;	
N0230	X51.;	
N0240	G01 X34.F0.15;	切3 mm槽宽
N0250	G04 X2.;	停止进给2 s
N0260	X51.;	退刀
N0270	G00 X100.Z20.;	快速定位到换刀点
N0280	M30;	程序结束

加工左端程序如下：

O0002;		程序号
N0005	G99 G40 G21;	初始化
N0010	T0101;	调用1号刀,1号刀补
N0020	M03 S800;	主轴正转,转速800 r/min
N0030	G00 X100.Z20.;	快速定位到换刀点
N0040	Z0;	
N0050	X66.;	

N0060	G01 X-1.F0.2;	车工件端面,保证总长248.7 mm
N0070	G00 X68.Z2.;	快速定位到循环起点
N0080	G71 U2.R1.5;	粗车背吃刀量2 mm,退刀1.5 mm
N0090	G71 P100 Q190 U0.5 W0.2 F0.3;	X向精加工量0.5 mm,Z向精加工量0.2 mm
N0100	G00 X31.014 5 S1 000;	精加工刀具轨迹,精加工转速1 000 r/min
N0110	G01 Z0.F0.15;	精加工进给量0.15 mm/r
N0120	X35.014 5 Z-2.;	倒角2×45°
N0130	Z-20.5;	车削ϕ35k7轴段,保证长度20.5 mm
N0140	X42.;	
N0150	X44.Z-21.5;	倒角1×45°
N0160	Z-43.4;	车削ϕ44 mm轴段
N0170	G02 X47.Z-46.4 R3.;	车削R3 mm圆弧
N0180	G01 X57.977;	
N0190	X59.977 Z-47.4;	倒角1×45°
N0200	G70 P100 Q190;	精加工循环
N0210	G00 X100.Z20.;	快速定位到换刀点
N0220	T0202;	调用2号切断刀,2号刀补
N0230	S400;	主轴转速降低至400 r/min
N0240	Z-20.5;	
N0250	X46.;	
N0260	G01 X34.F0.15;	切3 mm槽宽
N0270	G04 X2.;	刀具停止进给2 s
N0280	X46.;	退刀
N0290	G00 X100.Z20.;	快速定位到换刀点
N0300	M30;	程序结束

思考与实训

1. 车床由哪几部分组成? 各起什么作用?
2. 车刀按其用途和材料如何进行分类?
3. 测量内孔尺寸有哪些方法?
4. 在切断时, 如何防止切断刀折断?
5. 车孔与车外圆有何不同?
6. 螺纹车刀的安装应注意哪些事项?
7. 试述车削螺纹的方法和步骤。
8. 数控车削加工有什么特点?
9. 加工如图6.44所示工件。

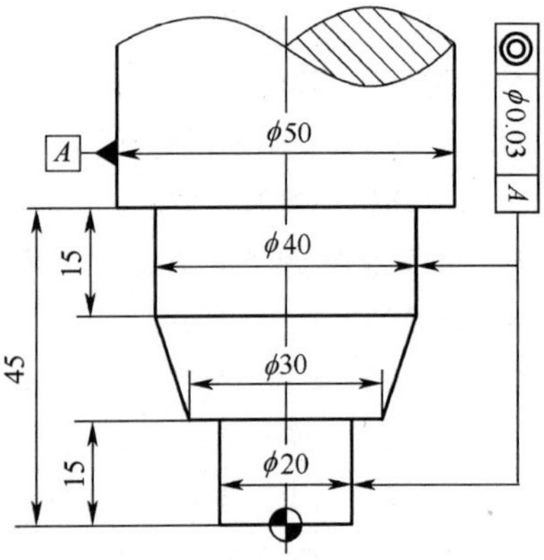

图6.44 台阶轴

项目七　铣削加工

📋 项目目标

- 掌握铣床的种类、主要组成及其使用特点。
- 掌握铣削工作的基本操作技术。
- 了解铣削加工的基本知识、工艺特点及加工范围。
- 能正确选择和使用常用的刀具、量具和夹具。
- 掌握不同零件的铣削工艺及铣削加工方法。

一、项目导入

铣削加工图 7.1 所示 V 形铁工件。

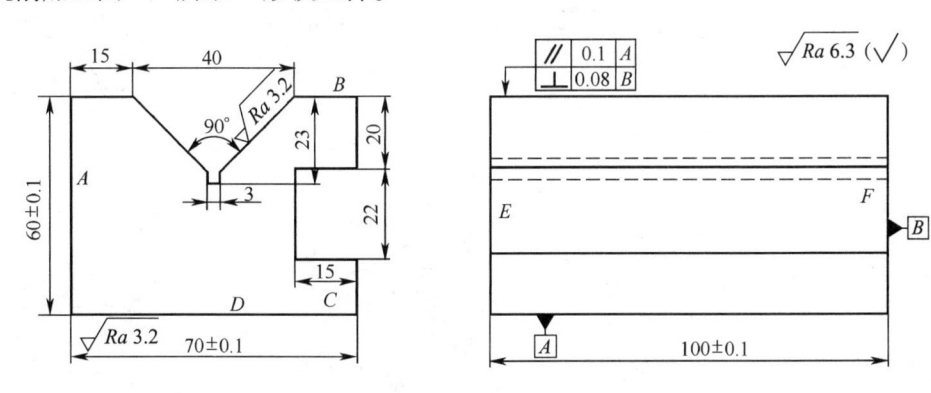

图 7.1　V 形铁工件

二、相关知识

在铣床上用铣刀加工工件的工艺过程叫作铣削加工,简称铣工。铣削是金属切削加工中常用的方法之一。铣削时,铣刀做旋转的主运动,工件做直线或曲线的进给运动。铣削加工的精度一般可达 IT9~IT7 级,表面粗糙度 Ra 值为 6.3~1.6 μm。

(一) 铣床及其附件

1. 铣削加工的工艺范围及特点

①铣刀是典型的多刃刀具,加工过程有几个刀齿同时参加切削,总的切削宽度较大;铣削时的主运动是铣刀的旋转,有利于进行高速切削,故铣削的生产率高于刨削加工。

②铣削加工范围广，可以加工刨削无法加工或难以加工的表面。例如，可铣削周围封闭的凹平面、圆弧形沟槽、具有分度要求的小平面和沟槽等。

③铣削过程中，就每个刀齿而言是依次参加切削，刀齿在离开工件的一段时间内，可以得到一定的冷却。因此，刀齿散热条件好，有利于减少铣刀的磨损，延长了使用寿命。

④由于是断续切削，刀齿在切入和切出工件时会产生冲击，而且每个刀齿的切削厚度也时刻在变化，这就引起切削面积和切削力的变化。因此，铣削过程不平稳，容易产生振动。

⑤铣床、铣刀比刨床、刨刀结构复杂，铣刀的制造与刃磨比刨刀困难，所以铣削成本比刨削高。

⑥铣削与刨削的加工质量大致相当，经粗、精加工后都可达到中等精度。但在加工大平面时，刨削后无明显接刀痕，而用直径小于工件宽度的端铣刀铣削时，各次走刀间有明显的接刀痕，影响表面质量。

2. 铣床

铣床是用铣刀进行切削加工的机床，它的用途极为广泛。在铣床上采用不同类型的铣刀，配备万能分度头、回转工作台等附件，可以完成如图7.2所示的各种典型的表面加工。

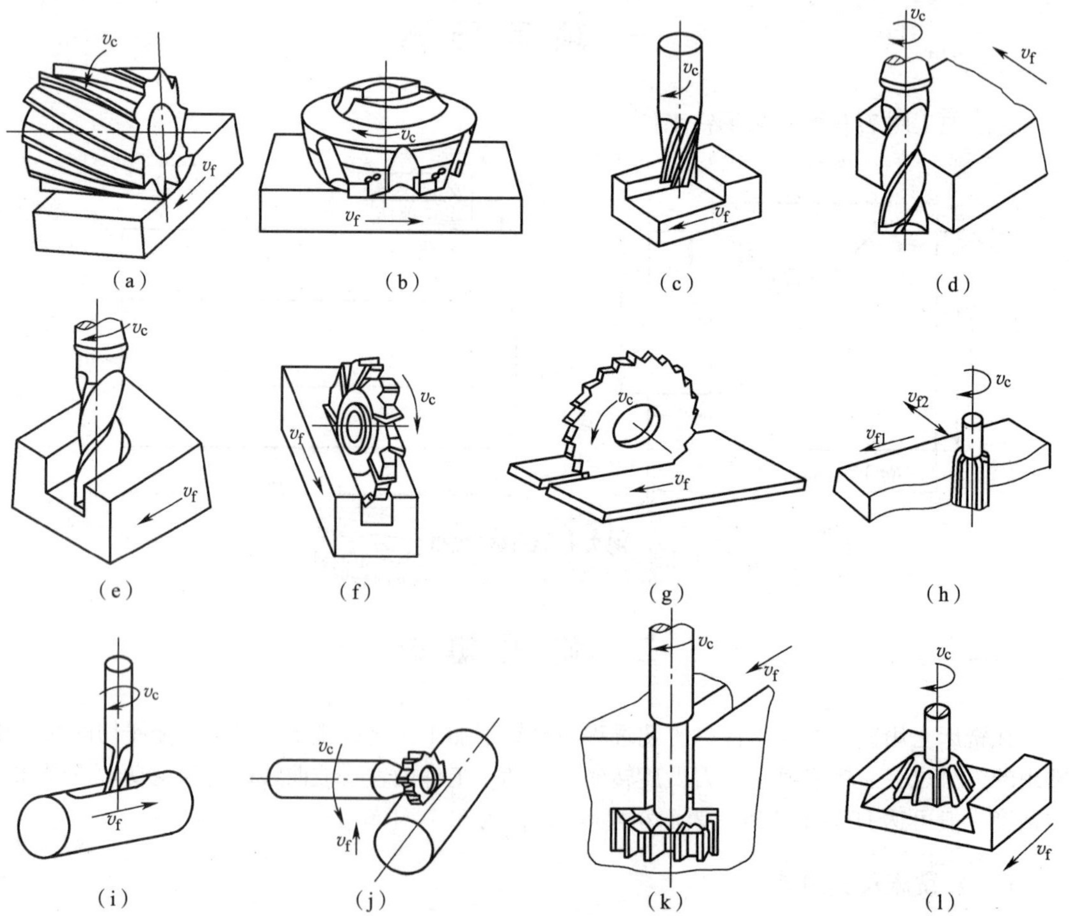

图7.2　铣削的典型加工方法

(a)，(b)，(d) 铣平面；(c) 铣台阶面；(e)，(f) 铣沟槽；(g) 切断；
(h) 铣曲面；(i)，(j) 铣键槽；(k) 铣 T 形槽；(1) 铣燕尾槽

项目七　铣削加工

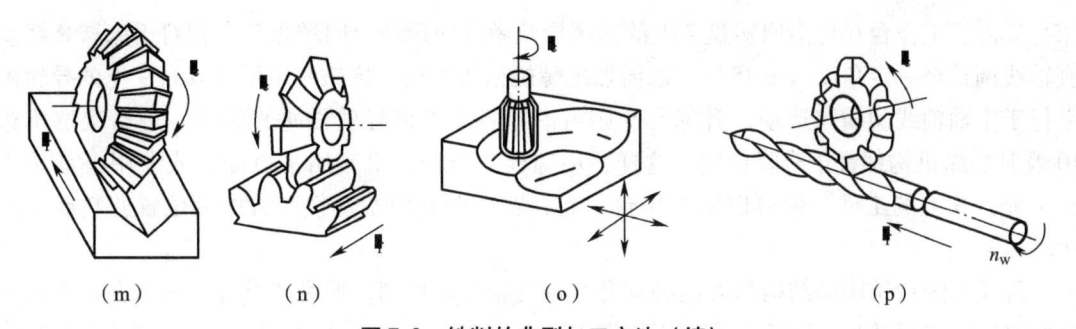

(m)　　　　　　(n)　　　　　　　(o)　　　　　　　(p)

图 7.2　铣削的典型加工方法（续）
(m)铣 V 形槽；(n)铣成形面；(o)铣型腔；(p)铣螺旋面

铣床工作时的主运动是主轴部件带动铣刀的旋转运动，进给运动是由工作台在三个互相垂直方向的直线运动来实现的。由于铣床上使用的是多齿刀具，切削过程中存在冲击和振动，这就要求铣床在结构上应具有较高的静刚度和动刚度。

铣床的类型很多，主要类型有卧式升降台铣床、立式升降台铣床、工作台不升降铣床、龙门铣床、工具铣床；此外，还有仿形铣床、仪表铣床和各种专门化铣床（如键槽铣床、曲轴铣床）等。随着机床数控技术的发展，数控铣床、镗铣加工中心的应用也越来越普遍。

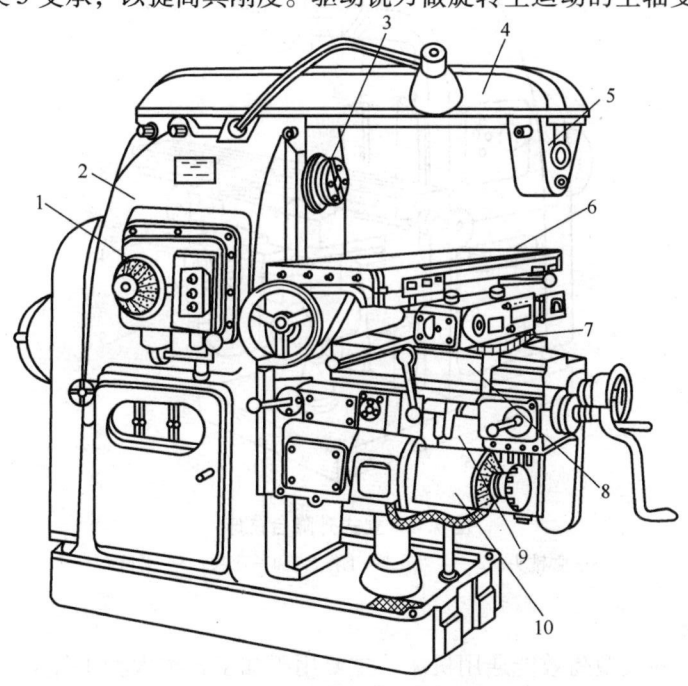

（1）万能卧式升降台铣床

万能卧式升降台铣床是指主轴轴线呈水平安置，工作台可以做纵向、横向和垂直运动，并可在水平平面内调整一定角度的铣床。图7.3所示为一种应用最为广泛的万能卧式升降台铣床外形图。加工时，铣刀装夹在刀杆上，刀杆一端安装在主轴3的锥孔中，另一端由悬梁4右端的刀杆支架5支承，以提高其刚度。驱动铣刀做旋转主运动的主轴变速机构1安装在

图 7.3　万能卧式升降台铣床
1—主轴变速机构；2—床身；3—主轴；4—悬梁；5—刀杆支架；
6—工作台；7—回转盘；8—床鞍；9—升降台；10—进给变速机构

159

床身2内。工作台6可沿回转盘7上的燕尾导轨做纵向运动，回转盘7可相对于床鞍8绕垂直轴线调整至一定角度（±45°），以便加工螺旋槽等表面。床鞍8可沿升降台9上的导轨做平行于主轴轴线的横向运动，升降台9则可沿床身2侧面导轨做垂直运动。进给变速机构10及其操纵机构都置于升降台内。这样，用螺栓、压板、机床用平口虎钳或专用夹具装夹在工作台6上的工件，便可以随工作台一起，在三个方向实现任一方向的位置调整或进给运动。

卧式升降台铣床的结构与万能卧式升降台铣床基本相同，但卧式升降台铣床在工作台和床鞍之间没有回转盘，因此工作台不能在水平面内调整角度。这种铣床除了不能铣削螺旋槽外，可以完成和万能卧式升降台铣床一样的各种铣削加工。万能卧式升降台铣床及卧式升降台铣床的主参数是工作台面宽度。它们主要用于中、小零件的加工。

（2）立式升降台铣床

立式升降台铣床与卧式升降台铣床的主要区别仅在于它的主轴是垂直安置的，可用各种端铣刀（亦称面铣刀）或立铣刀加工平面、斜面、沟槽、台阶、齿轮、凸轮以及封闭的轮廓表面等。图7.4所示为常见的一种立式升降台铣床外形图，其工作台3、床鞍4及升降台5与卧式升降台铣床相同。立铣头1可在垂直平面内旋转一定的角度，以扩大加工范围，主轴2可沿轴线方向进行调整或做进给运动。

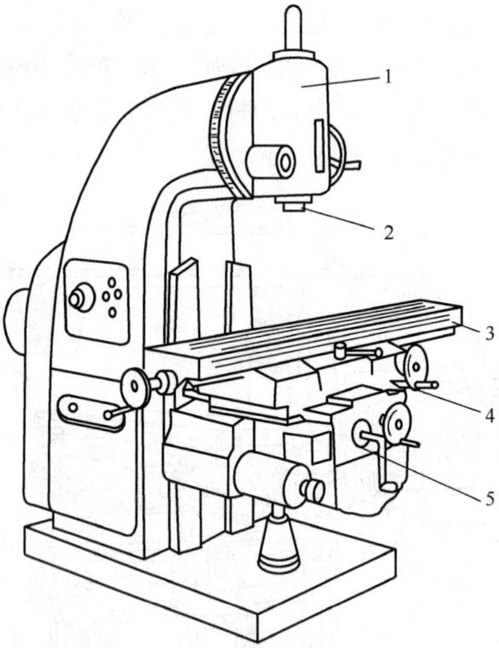

图7.4 立式升降台铣床

1—立铣头；2—主轴；3—工作台；4—床鞍；5—升降台

（3）龙门铣床

龙门铣床是一种大型高效能通用机床，主要用于加工各类大型工件上的平面、沟槽，它不仅对工件可以进行粗铣、半精铣，也可以进行精铣加工。图7.5所示为具有4个铣头的中型龙门铣床。4个铣头分别安装在横梁和立柱上，并可单独沿横梁或立柱的导轨做调整位置的移动。每个铣头既是一个独立的主运动部件，又能由铣头主轴套筒带动铣刀主轴沿轴向实现进给运动和调整位置的移动，根据加工需要每个铣头还能旋转一定的角度。加工时，工作台带动工件做纵向进给运动，其余运动均由铣头实现。由于龙门铣床的刚性和抗振性比龙门刨床好，它允许采用较大的切削用量，并可用几个铣头同时从不同方向加工几个表面，机床生产效率高，在成批和大量生产中得到广泛应用。龙门铣床的主参数是工作台面的宽度。

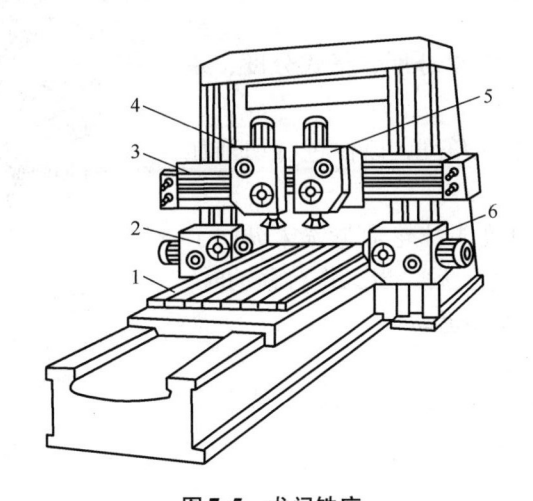

图 7.5 龙门铣床

1—工作台；2，6—水平铣头；3—横梁；4，5—垂直铣头

3. 铣床附件

升降台式铣床配备有多种附件，用来扩大工艺范围。其中回转工作台（圆工作台）和万能分度头是常用的两种附件。

（1）回转工作台

回转工作台安装在铣床工作台上，用来装夹工件，以铣削工件上的圆弧表面或沿圆周分度。如图 7.6 所示，用手轮转动方头 5，通过回转工作台内部的蜗轮蜗杆机构，使转盘 1 转动，转盘的中心为圆锥孔，供工件定位用。利用 T 形槽、螺钉和压板将工件夹紧在转盘上。传动轴 3 和铣床的传动装置相连接，可进行机动进给。扳动手柄 4 可接通或断开机动进给。调整挡铁 2 的位置，可使转盘自动停止在所需的位置上。

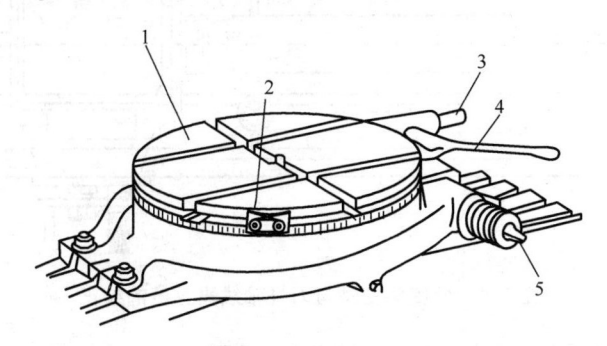

图 7.6 回转工作台

1—转盘；2—挡铁；3—传动轴；4—手柄；5—方头

（2）万能分度头

常见类型有等分分度头、简单分度头、自动分度头和万能分度头。其中以万能分度头应用最广泛。

①万能分度头的用途。分度头常用来安装工件铣斜面，进行分度工作，以及加工键槽、螺旋槽等。其主要用途包括以下几点。

a. 用各种分度方法（简单分度、复式分度、差动分度）进行各种分度工作。

b. 把工件安装成需要的角度，以便进行切削加工（如铣斜面等）。

c. 铣螺旋槽时，将分度头挂轮轴与铣床纵向工作台丝杆用"交换齿轮"连接后，当工作台移动时，分度头上的工件即可获得螺旋运动。

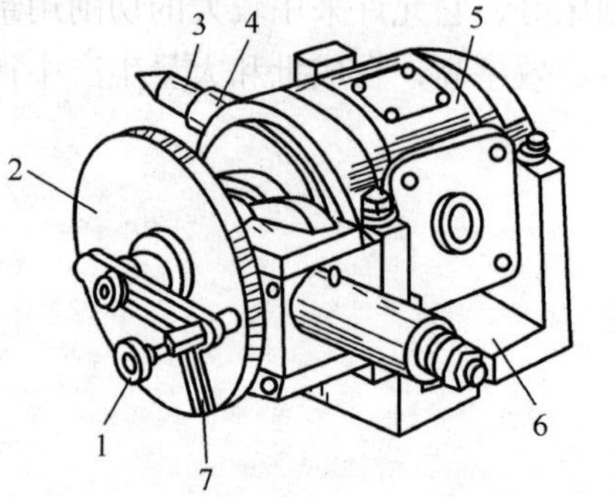

②万能分度头的结构和校正。

a. 万能分度头的结构，如图7.7所示。

图7.7　万能分度头的结构

1—分度手柄；2—分度盘；3—顶尖；4—主轴；
5—转动体；6—底座；7—扇形夹

b. 分度头主轴轴线与铣床工作台台面平行度的校正，如图7.8所示。

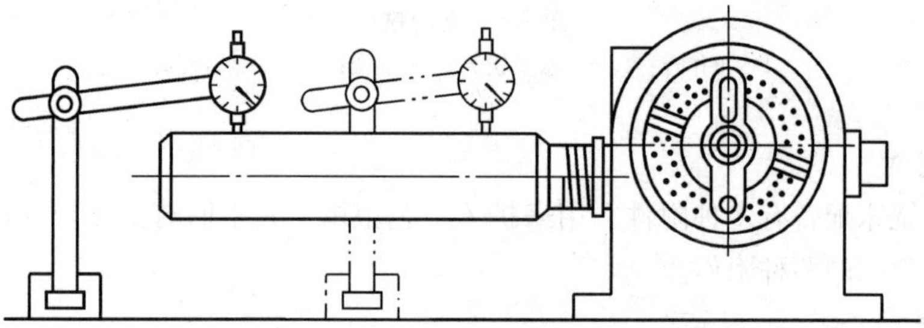

图7.8　分度头主轴轴线与铣床工作台台面平行度的校正

c. 分度头主轴与刀杆轴线垂直度的校正，如图7.9所示。

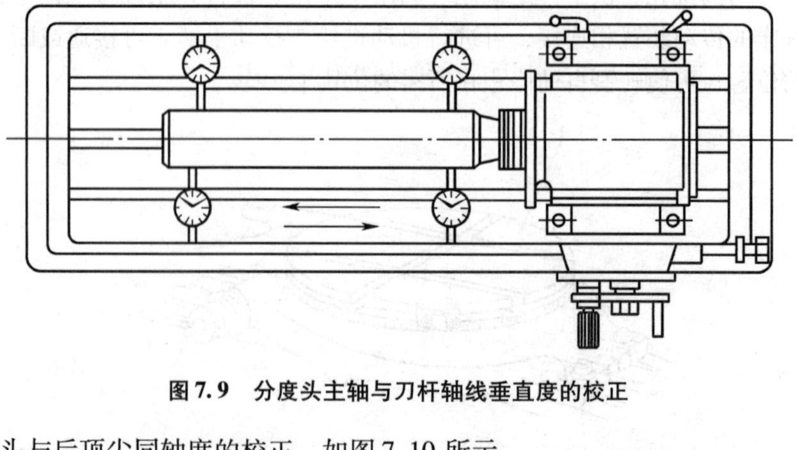

图7.9　分度头主轴与刀杆轴线垂直度的校正

d. 分度头与后顶尖同轴度的校正，如图7.10所示。

③简单分度方法。分度时，先将分度盘固定，然后摇动分度手柄，使蜗杆带动蜗轮旋转，从而带动主轴和工件转过需要的角度。

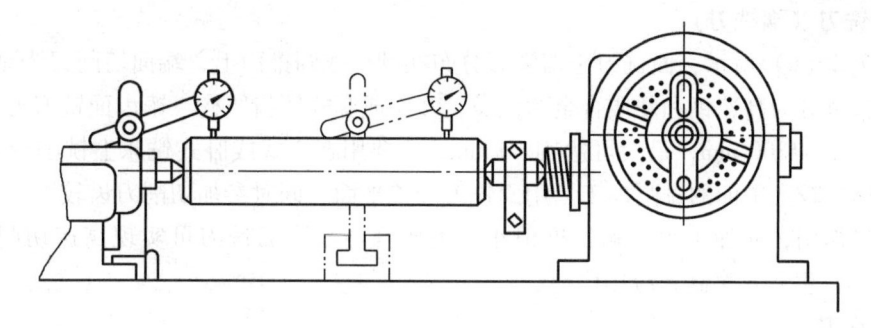

图 7.10 分度头与后顶尖同轴度的校正

根据图 7.11 所示的分度头传动图可知,传动路线是:手柄→齿轮副(传动比为 1:1)→蜗杆与蜗轮(传动比为 1:40)→主轴。可算得手柄与主轴的传动比为 1:(1/40),即手柄转一周,主轴则转过 1/40 周。

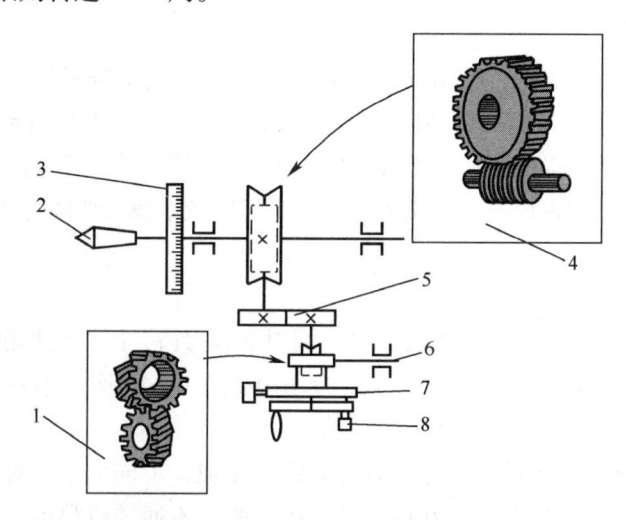

图 7.11 万能分度头的传动示意图
1—螺旋齿轮传动;2—主轴;3—刻度盘;4—40 蜗轮传动;
5—齿轮传动;6—挂轮轴;7—分度盘;8—定位销

分度方法:具体见项目五钳工中万能分度头的相关知识。

(二) 铣刀

铣刀为多齿回转刀具,其每一个刀齿都相当于一把车刀固定在铣刀的回转面上。铣刀刀齿的几何角度和切削过程,都与车刀或刨刀基本相同。铣刀的类型很多,结构不一,应用范围很广,是金属切削刀具中种类最多的刀具之一。铣刀按其用途可分为加工平面用铣刀、加工沟槽用铣刀、加工成形面用铣刀等类型。通用规格的铣刀已标准化,一般均由专业工具厂制造。以下介绍几种常用铣刀的特点及适用范围。

1. 圆柱铣刀

如图 7.2(a)所示,圆柱铣刀一般都是用高速钢整体制造,直线或螺旋线切削刃分布在圆周表面上,没有副切削刃。螺旋形的刀齿切削时是逐渐切入和脱离工件的,所以切削过程较平稳,主要用于卧式铣床铣削宽度小于铣刀长度的狭长平面。

2. 面铣刀（端铣刀）

如图 7.2（b）所示，面铣刀主切削刃分布在圆柱或圆锥面上，端面切削刃为副切削刃。按刀齿材料可分为高速钢和硬质合金两大类，多制成套式镶齿结构。镶齿面铣刀刀盘直径一般为 $\phi75$ mm $\sim \phi300$ mm，最大可达 $\phi600$ mm，主要用在立式或卧式铣床上铣削台阶面和平面，特别适合较大平面的铣削加工。用面铣刀加工平面，同时参加切削刀齿较多，又有副切削刃的修光作用，使加工表面粗糙度值小。硬质合金镶齿面铣刀可实现高速切削（100 ~ 150 m/min），生产效率高，应用广泛。

3. 立铣刀

如图 7.2（c）、（d）、（e）、（h）所示，立铣刀一般由 3 ~ 4 个刀齿组成，圆柱面上的切削刃是主切削刃，端面上分布着副切削刃，工作时只能沿着刀具的径向进给，不能沿着铣刀轴线方向做进给运动。它主要用于铣削凹槽、台阶面和小平面，还可以利用靠模铣削成形表面。

4. 三面刃铣刀

三面刃铣刀可分为直齿三面刃和错齿三面刃，它主要用于卧式铣床上铣削台阶面和凹槽。如图 7.2（f）所示，三面刃铣刀除圆周具有主切削刃外，两侧面也有副切削刃，从而改善了两端面切削条件，提高了切削效率，减小了表面粗糙度值。错齿三面刃铣刀，圆周上刀齿呈左右交错分布，和直齿三面刃铣刀相比，它切削较平稳、切削力小、排屑容易，故应用较广。

5. 锯片铣刀

如图 7.2（g）所示，锯片铣刀很薄，只有圆周上有刀齿，侧面无切削刃，用于铣削窄槽和切断工件。为了减小摩擦和避免夹刀，其厚度由边缘向中心减薄，使两侧面形成副偏角。

6. 键槽铣刀

如图 7.2（i）所示，键槽铣刀的外形与立铣刀相似，不同的是它在圆周上只有两个螺旋刀齿，其端面刀齿的刀刃延伸至中心，因此在铣两端不通的键槽时，可做适量的轴向进给。它主要用于加工圆头封闭键槽。铣削加工时，先轴向进给达到槽深，然后沿键槽方向铣出键槽全长。

如图 7.2 所示，其他铣刀还有角度铣刀［见图 7.2（m）］、成形铣刀［见图 7.2（n）、（p）］、T 形槽铣刀［见图 7.2（k）］、燕尾槽铣刀［见图 7.2（l）］及头部形状根据加工需要可以是圆锥形、圆柱形球头和圆锥形球头的模具铣刀［见图 7.2（o）］等。

（三）安装铣刀和工件

1. 选择铣刀

铣平面用的铣刀有圆柱铣刀和端铣刀两种，由于圆柱铣刀刃磨要求高，加工效率低，通常都采用端铣刀加工平面。铣刀的直径一般要大于工件宽度，尽量在一次进给中铣出整个加工表面。

2. 安装铣刀

（1）带孔铣刀的安装

带孔铣刀一般安装在铣刀刀轴上，如图 7.12（a）所示。安装铣刀时，应尽量靠近主轴前端，以减少加工时刀轴的变形和振动，提高加工质量。

（2）带柄铣刀的安装

直径为 3～20 mm 的直柄立铣刀可装在主轴上专用的弹性夹头中。锥柄铣刀可通过变锥套安装在主轴锥度为 7∶24 的锥孔中，如图 7.12（b）所示。

（3）面铣刀的安装

首先将面铣刀安装在刀轴上，再将刀轴与面铣刀一起装在铣床主轴上，并用拉杆拉紧，如图 7.12（c）所示。

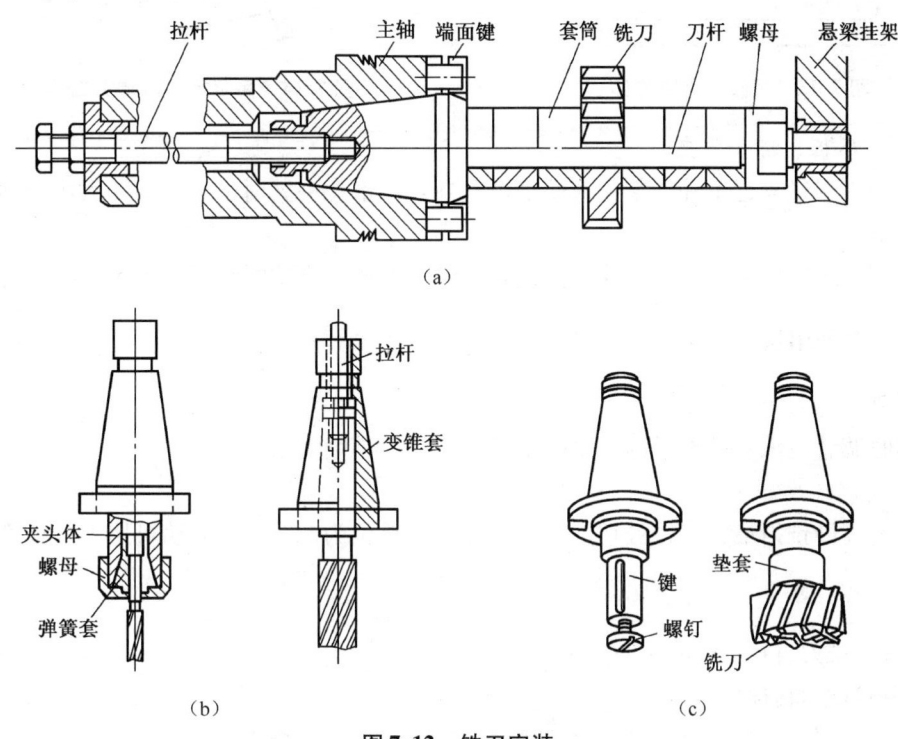

图 7.12 铣刀安装

(a) 带孔铣刀安装；(b) 带柄铣刀安装；(c) 面铣刀安装

3. 安装工件

在铣床上加工平面时，一般都用机用虎钳，或用螺栓、压板把工件装夹在工作台上；大批量生产中，为了提高生产效率，可使用专用夹具来装夹。

（1）用机用虎钳装夹工件

①装夹工件时，必须将零件的基准面紧贴固定钳口或导轨面；承受铣削力的钳口最好是固定钳口。

②工件的余量层必须稍高出钳口，以防钳口和铣刀损坏。

③工件一般装夹在钳口中间，使工件装夹稳固可靠。

④装夹的工件为毛坯面时，应选一个大而平整的面做粗基准，将此面靠在固定钳口上，在钳口和毛坯之间垫铜皮，防止损伤钳口。

⑤装夹已加工零件时，应选择一个较大的平面或以工件的基准面做基准，将基准面靠紧固定钳口，在活动钳口和工件之间放置一圆棒，这样能保证工件的基准面与固定钳口紧密贴合，如图 7.13 所示。当工件与固定钳身导轨接触面为已加工面时，应在固定钳身导轨面和工件之间垫平行垫铁，夹紧工件后，用铜锤轻击工件上面，如果平行垫铁不松动，则说明工

件与固定钳身导轨面贴合良好，如图7.14所示。

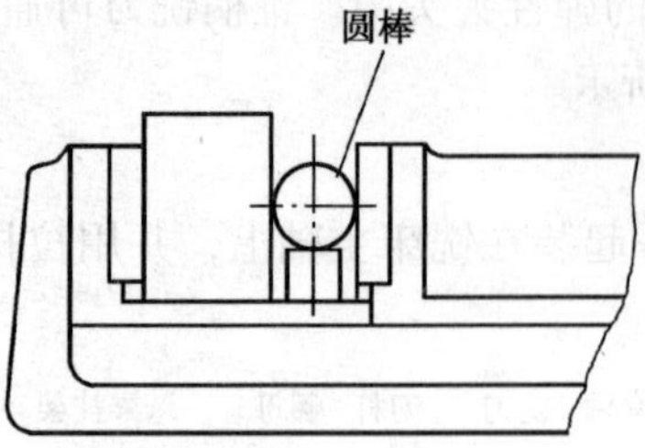

图7.13　用圆棒夹持工件

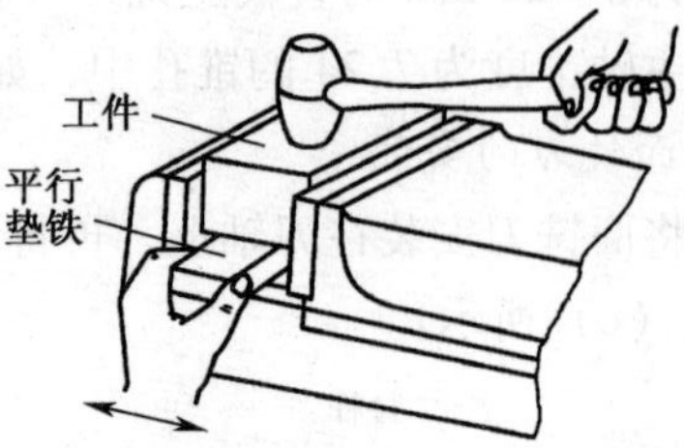

图7.14　用平行垫铁装夹工件

（2）用压板、螺栓装夹工件

①螺栓应尽量靠近工件。装夹薄壁工件和在悬空部位夹紧时，夹紧力的大小要适当，以防工件变形。

②使用压板的数目一般在两块以上，在工件上的压紧点要尽量靠近加工部位。

（四）铣削用量

1. 铣削用量要素

铣削时调整机床用的参量称为铣削要素，也称为铣削用量要素。

（1）铣削速度 v_c

铣削速度即铣刀最大直径处切削刃的线速度，单位为 m/min。其值可用下式计算：

$$v_c = \frac{\pi dn}{1\ 000} \tag{7.1}$$

式中　d——铣刀直径，mm；

　　　n——铣刀转速，r/min。

（2）进给量

铣削进给量有3种表示方法。

①每齿进给量 f_z：铣刀每转过一个刀齿时，工件与铣刀沿进给方向的相对位移量，mm/z。

②每转进给量 f：铣刀每转一周时，工件与铣刀沿进给方向的相对位移量，mm/r。

③进给速度 v_f：单位时间（每分钟）内，工件与铣刀沿进给方向的相对位移量，mm/min。

f_z、f、v_f 三者的关系为

$$v_f = fn = f_z zn \tag{7.2}$$

式中　z——铣刀刀齿数。

铣削加工规定3种进给量是由于生产的需要，其中，v_f 用以机床调整及计算加工工时；每齿进给量 f_z 则用来计算切削力，验算刀齿强度。一般铣床铭牌上进给量是用进给速度 v_f 标注的。

（3）背吃刀量 a_p

背吃刀量 a_p 是指平行于铣刀轴线测量的切削层尺寸，单位为 mm。周铣时 a_p 是已加工表面宽度，端铣时 a_p 是切削层深度。

(4) 侧吃刀量 a_e

侧吃刀量 a_e 是指垂直于铣刀轴线测量的切削层尺寸,单位为 mm。周铣时 a_e 是切削层深度,端铣时 a_e 是已加工表面宽度。

2. 铣削用量的选择

铣削用量应根据工件材料、加工精度、铣刀耐用度及机床刚度等因素进行选择。首先选定铣削深度(背吃刀量 a_p);其次是每齿进给量 f_z,最后确定铣削速度 v_c。

表 7.1 和表 7.2 所示为铣削用量的推荐值,供参考。

表 7.1 粗铣每齿进给量 f_z 的推荐值

刀 具		材 料	每齿进给量 $f_z/(\text{mm} \cdot z^{-1})$
高速钢	圆柱铣刀	钢	0.10~0.15
		铸铁	0.12~0.20
	面铣刀	钢	0.04~0.06
		铸铁	0.15~0.20
	三面刃铣刀	钢	0.04~0.06
		铸铁	0.15~0.25
硬质合金铣刀		钢	0.10~0.20
		铸铁	0.15~0.30

表 7.2 铣削速度 v_c 的推荐值

工件材料	铣削速度 $v_c/(\text{m} \cdot \text{min}^{-1})$		说 明
	高速钢铣刀	硬质合金铣刀	
20	20~40	150~190	粗铣时取小值,精铣时取大值。工件材料强度和硬度高取小值,反之取大值。刀具材料耐热性好取大值,反之取小值
45	20~35	120~150	
40Cr	15~25	60~90	
HT150	14~22	70~100	
黄铜	30~60	120~200	
铝合金	112~300	400~600	
不锈钢	16~25	50~100	

(五)铣削方式

1. 周铣

用圆柱铣刀的圆周齿进行铣削的方式称为周铣。周铣有逆铣和顺铣之分。

(1) 逆铣

如图 7.11(a)所示,铣削时,铣刀每一刀齿在工件切入处的速度方向与工件进给方向相反,这种铣削方式称为逆铣。逆铣时,刀齿的切削厚度从零逐渐增大至最大值。刀齿在开始切入时,由于刀齿刃口有圆弧,刀齿在工件表面打滑,产生挤压与摩擦,使这段面产生冷硬层,需滑行一定程度后,刀齿方能切下一层金属层。下一个刀齿切入时,又在冷硬层上挤压、滑行,这样不仅加速了刀具磨损,同时也使工件表面粗糙度值增大。

由于铣床工作台纵向进给运动是用丝杠螺母副来实现的，螺母固定，丝杠带动工作台移动。由图 7.15 （a）可见，逆铣时，铣削力 F 的纵向铣削分力 F_x 与驱动工作台移动的纵向力方向相反，这样使得工作台丝杠螺纹的左侧与螺母齿槽左侧始终保持良好接触，工作台不会发生窜动现象，铣削过程平稳。但在刀齿切离工件的瞬时，铣削力 F 的垂直铣削分力 F_z 方向是向上的，对工件夹紧不利，易引起振动。

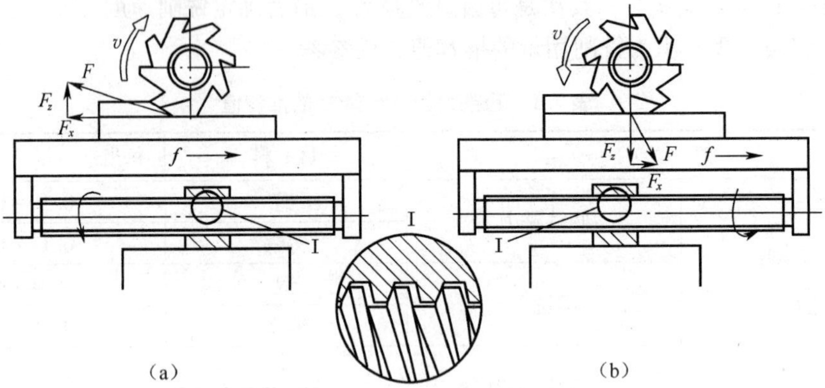

图 7.15　周铣方式

（a）逆铣；（b）顺铣

（2）顺铣

如图 7.15 （b）所示，铣削时，铣刀每一刀齿在工件切出处的速度方向与工件进给方向相同，这种切削方式称为顺铣。顺铣时，刀齿的切削厚度从最大逐步递减至零，没有逆铣时的滑行现象，使已加工表面的加工硬化程度大为减轻，表面质量较高，铣刀的耐用度比逆铣高。同时铣削力 F 的垂直分力 F_z 始终压向工作台，避免了工件的振动。

顺铣时，切削力 F 的纵向分力 F_x 始终与驱动工作台移动的纵向力方向相同。如果丝杠螺母副存在轴向间隙，当纵向切削力 F_x 大于工作台与导轨之间的摩擦力时，会使工作台带动丝杠出现左右窜动，造成工作台进给不均匀，严重时会出现打刀现象。粗铣时，如果采用顺铣方式加工，则铣床工作台进给丝杠螺母副必须有消除轴向间隙的机构。否则宜采用逆铣方式加工。

2. 端铣

用端铣刀的端面齿进行铣削的方式称为端铣。如图 7.16 所示，铣削加工时，根据铣刀与工件相对位置的不同，端铣分为对称铣和不对称铣两种。不对称铣又分为不对称逆铣和不对称顺铣。

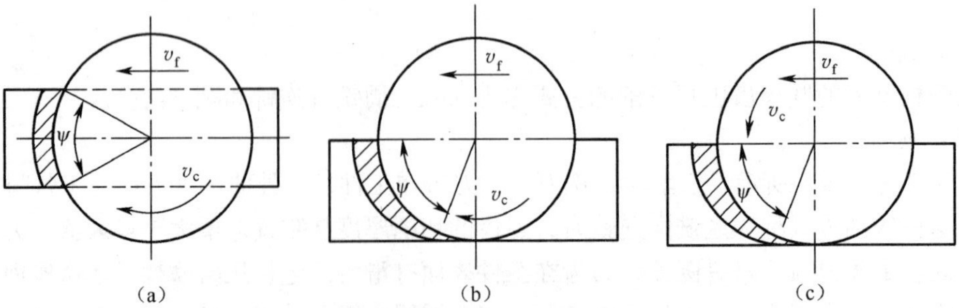

图 7.16　端铣方式

（a）对称铣；（b）不对称逆铣；（c）不对称顺铣

(1) 对称铣

如图 7.16（a）所示，铣刀轴线位于铣削弧长的对称中心位置，铣刀每个刀齿切入和切离工件时切削厚度相等，称为对称铣。对称铣削具有最大的平均切削厚度，可避免铣刀切入时对工件表面的挤压、滑行，铣刀耐用度高。对称铣适用于工件宽度接近面铣刀的直径，且铣刀刀齿较多的情况。

(2) 不对称逆铣

如图 7.16（b）所示，当铣刀轴线偏置于铣削弧长的对称位置，且逆铣部分大于顺铣部分的铣削方式，称为不对称逆铣。不对称逆铣切削平稳，切入时切削厚度小，减小了冲击，从而使刀具耐用度和加工表面质量得到提高，适合于加工碳钢和低合金钢及较窄的工件。

(3) 不对称顺铣

如图 7.16（c）所示，其特征与不对称逆铣正好相反。这种切削方式一般很少采用，但用于铣削不锈钢和耐热合金钢时，可减少硬质合金刀具剥落磨损。

上述的周铣和端铣，是由于在铣削过程中采用不同类型的铣刀而产生的不同铣削方式，两种铣削方式相比，端铣具有铣削较平稳、加工质量及刀具耐用度均较高的特点，且端铣用的面铣刀易镶硬质合金刀齿，可采用大的切削用量，实现高速切削，生产率高。但端铣适应性差，主要用于平面铣削。周铣的铣削性能虽然不如端铣，但周铣能用多种铣刀铣平面、沟槽、齿形和成形表面等，适应范围广，因此生产中应用较多。

（六）铣削平面和垂直面

铣平面可以选用圆柱铣刀，也可以选用端面铣刀。铣削方法和步骤如下：

1. 用圆柱铣刀铣平面

(1) 选择铣刀

圆柱铣刀的长度应大于工件加工面的宽度。粗铣时，铣刀的直径，按铣削层深度的大小而定，铣削层深度大，铣刀的直径也相应选得大一些。精铣时，可取较大直径铣刀加工，以减小表面粗糙度值。铣刀的齿数，粗铣时用粗齿，精铣时用细齿。

(2) 装夹工件

在卧式铣床上用圆柱形铣刀铣削中小型工件的平面，一般都采用机用虎钳装夹。当工件的两面平行度较差时，应在钳口和工件之间垫较厚的铜片或厚纸，可借助铜皮的变形增大接触面，使工件装夹得较稳固。

(3) 确定铣削用量

粗铣时，若加工余量不大，则一次切除。精铣时的铣削层深度以 0.5~1 mm 为宜。铣削层宽度一般等于工件加工表面的宽度。每齿进给量一般为 f_z = 0.02~0.3 mm/z；粗铣时可取得大些；精铣时，则应采用较小的进给量。铣削速度，在用高速工具钢铣刀铣削时，一般取 v_c = 16~35 m/min。粗铣时应取较小值；精铣时应取较大值。

2. 用端面铣刀铣平面

用端面铣刀铣平面有很多优点，尤其对较大的平面，目前大都用端铣刀加工。

用高速工具钢端铣刀铣削平面的方法与步骤，与圆柱铣刀加工基本相同。只是端铣刀的直径应按铣削层宽度来选择，一般铣刀直径 D 应等于铣削层宽度 B 的 1.2~1.5 倍。在生产中，为了提高生产效率和减小表面粗糙度值，往往采用硬质合金端铣刀进行高速铣削。铣削时，一般取 $v_c = 80 \sim 120 \ \mathrm{m/min}$。

3. 铣垂直面

铣削垂直面是指要铣出与基面垂直的平面。

工件上只有一个基准面时，使用机用虎钳装夹时应使基准面与固定钳口贴合，此时铣削出的平面（顶面）就是垂直于基准面的平面。如图 7.17 所示，当固定钳口与工作台面不垂直时，易使加工的工件垂直度误差增大，此时可采用在工件基准面和固定钳口之间垫纸或铜片的方法予以纠正。在钳口上面还是下面垫纸或铜片，视固定钳口与工作台面的夹角而定，如图 7.18 所示。

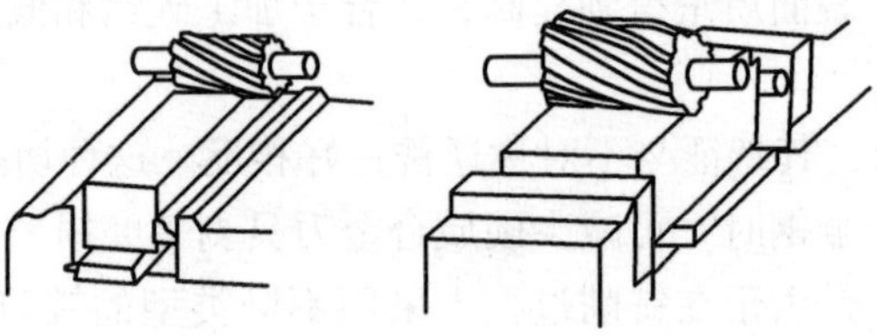

图 7.17 在平口钳上装夹工件铣垂直面

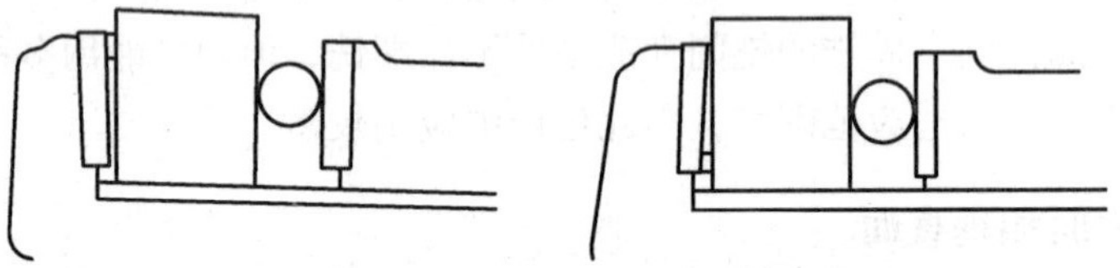

图 7.18 在平口钳上垫纸或铜片调整垂直度

（a）垫钳口上部；（b）垫钳口下部

工件基准面宽而长，且加工面又比较狭窄时，可用角铁装夹工件，装夹时让基面与角铁的一面贴合，角铁的另一面直接固定在工作台面上，如图 7.19 所示。此时，用圆柱铣刀周铣狭长的平面，即可获得精度较高的垂直平面。

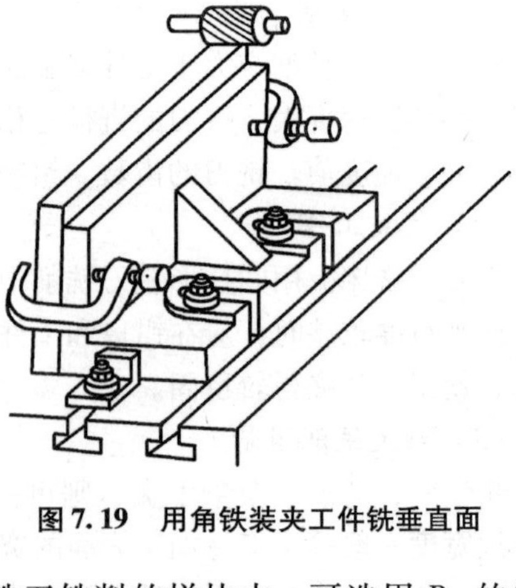

4. 质量检验

铣削平面质量的好坏，主要从平面的平整程度和表面粗糙度两方面来衡量。

（1）检验表面粗糙度

表面粗糙度一般都采用表面粗糙度比较样块来比较。由于加工方法不同，切出的刀痕也不

图 7.19 用角铁装夹工件铣垂直面

同，所以样块按不同的加工方法来分组，如用圆柱铣刀铣削的样块中，可选用 Ra 的值为 $0.63 \sim 20 \ \mathrm{\mu m}$ 的一组样块。若工件的表面粗糙度为 $Ra3.2 \ \mathrm{\mu m}$，而加工出的平面表面与 Ra 的值为 $2.5 \sim 5 \ \mathrm{\mu m}$ 的一块很接近，则说明该平面的表面粗糙度已符合图样要求。

（2）检验平面度

一条直线以任何方向放在平面上，直线必须与平面紧密贴合。因此在铣好平面后，一般都用棱边（或称刀日）呈直线的刀口形直尺来检验。对平面度要求高的平面，可用标准平板来检验。

若工件尺寸较小，用周边铣削加工平行面，一般都在卧式铣床上用机用虎钳装夹进行铣

削。装夹时主要使基准面与工作台面平行,因此在基准面与虎钳导轨面之间垫两块厚度相等的平行垫铁,如图7.20所示。即使对较厚的工件,也最好垫上两条厚度相等的薄铜皮,以便检查基准面是否与虎钳导轨平行。

用这种装夹方法加工,产生平行度超差的原因有以下3个:

①基准面与虎钳导轨面不平行。造成此现象的因素有:平行垫铁的厚度不相等;该垫铁应在平面磨床上同时磨出;平行垫铁的上下表面与工件和导轨之间有杂物;工件贴住固定钳口的平面与基准面不垂直等。

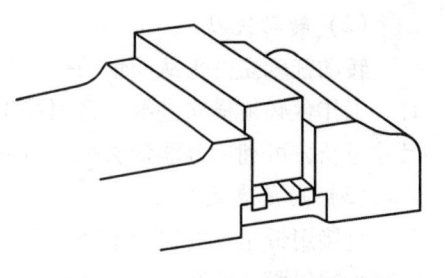

图7.20 用平行垫铁装夹工件

②机用虎钳的底面与工作台面不平行,造成这种现象一般是由于机用虎钳的底面与工作台面之间有毛刺或杂物。

③铣刀的圆柱度不精确。铣平行面时,一般是铣削—测量—铣削。当尺寸精度的要求较高时,需要在粗铣后再做一次半精铣,半精铣余量以0.5 mm左右为宜。由余量决定工作台上升的距离,可用百分表控制移动量,从而控制尺寸精度。

(七) 铣斜面与铣阶台面

1. 铣斜面

斜面是指要加工的平面与基准面倾斜一定的角度。斜面的铣削一般有以下几种方法。

(1) 转动工件

先按图样要求在工件上划出斜面的轮廓线,并打上样冲眼,尺寸不大的工件可以用机用虎钳装夹,并用划盘找正,然后再夹紧。如果尺寸大的工件,可以直接装在工作台上找正夹紧,如图7.21所示。

用斜垫铁或专用夹具装夹工件,也可铣倾斜平面。用斜垫铁铣倾斜平面如图7.22所示,这种方法装夹方便,铣削深度也不需要重新调整,适合于批量生产。若大批量生产,则最好采用专用夹具来装夹工件,铣削倾斜平面。

用机用虎钳装夹工件,夹正工件后,固定钳座,将钳身转动需要的角度,用端铣刀进行铣削即可获得所需倾斜平面,如图7.23所示。使用该方法铣斜面时,先切去大部分余量;在最后精铣时,应用划针再校验一次,如工件在加工过程中有松动,应重新找正、夹紧。该加工方法划线找正比较麻烦,只适宜单件小批量生产。

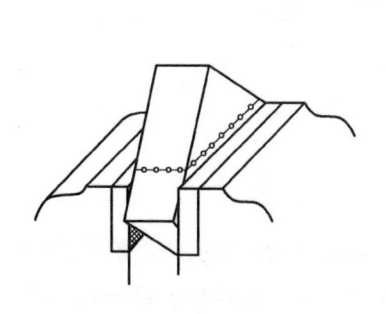

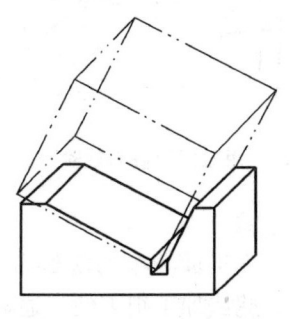

图7.21 按划线铣斜面   图7.22 用斜垫铁铣斜面   图7.23 转动钳口铣斜面

金属工艺实训

（2）转动铣刀

转动铣床立铣头从而带动铣刀旋转来铣倾斜平面，如图 7.24 所示。采用这种方法铣削时，工作台必须横向进给，且因受工作台横向行程的限制，铣斜面的尺寸不能过长。若斜面尺寸过长，可利用万能铣头来进行铣削，因为工作台可以做纵向进给。

（3）用角度铣刀

直接用带角度的铣刀来铣斜面。由于受到角度铣刀尺寸的限制，这种方法只适用于铣削较窄小的斜面，如图 7.25 所示。

图 7.24　转动铣刀铣斜面 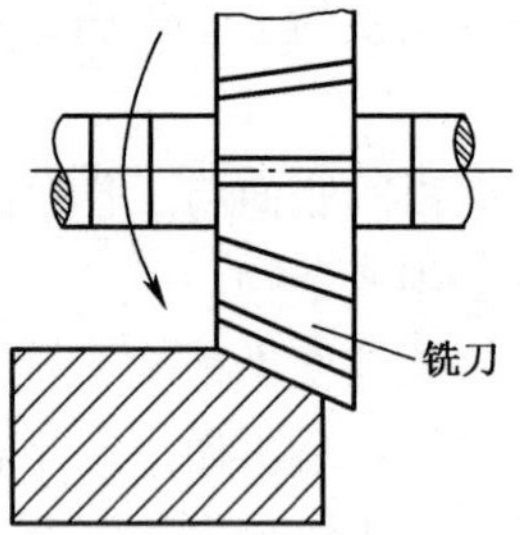　　　　　　图 7.25　用角度铣刀铣斜面

2. 铣阶台面

阶台面是指由两个相互垂直的平面所组成的组合平面，其特点是两个平面是用同一把铣刀的不同部位同时加工出来；两个平面用同一个定位基准。因此，两个加工平面垂直与否，主要取决于刀具。阶台面的铣削常用三面刃铣刀、立铣刀、端铣刀进行铣削。

（1）用三面刃铣刀铣阶台面

用一把三面刃铣刀铣阶台面时，如图 7.26（a）所示。铣刀单侧面受力会出现"让刀"现象，故应选用有足够宽度的铣刀，以提高刚性。对于零件两侧的对称阶台面，可以用两把三面刃铣刀联合加工，两把铣刀的直径必须相等，如图 7.26（b）所示。装刀时，两把铣刀的刀齿应错开半齿，以减小振动。

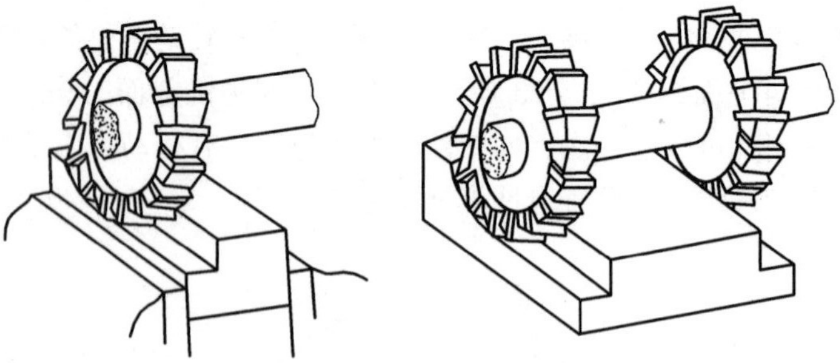

（a）　　　　　　　　　　　　（b）

图 7.26　用三面刃铣刀铣阶台面

（2）用立铣刀铣阶台面

用立铣刀铣削适宜于垂直面较宽、水平面较窄的阶台面，如图 7.27 所示。当阶台处于工件轮廓内部，其他铣刀无法伸入时，此法加工很方便。通常因立铣刀直径小、悬伸长、刚性差，故不宜选用较大的铣削用量。

· 172 ·

(3) 用端铣刀铣阶台面

用端铣刀铣削正好与立铣刀相反，适宜于垂直面较窄小而水平面较宽大的阶台面，如图7.28所示。因端铣刀直径大、刚性好，所以可以选用较大的铣削用量，提高生产效率。

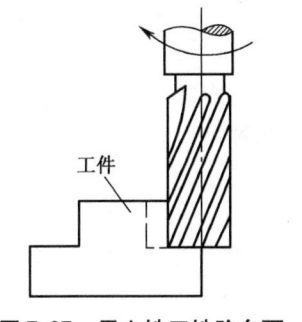

图 7.27 用立铣刀铣阶台面

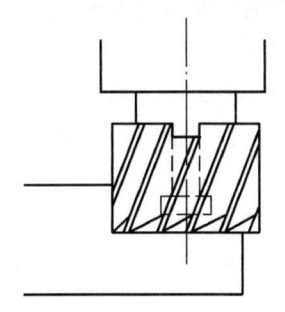

图 7.28 用端铣刀铣阶台面

(4) 阶台的检测

阶台一般可以配合使用游标卡尺和深度游标卡尺等通用量具来检测。对于精度要求较高的阶台面，还可以用外径千分尺或深度千分尺来检测。大批量生产时，可以用极限量规来检测。

（八）铣沟槽与切断

铣床能加工的沟槽种类很多，如直槽、键槽、T形槽、V形槽和燕尾槽等；同时，选择锯片铣刀也可以用来切断工件。

1. 铣直槽

直槽分为通槽、半通槽和不通槽，如图7.29所示。较宽的通槽常用三面刃铣刀加工，较窄的通槽常用锯片铣刀加工，但在加工前，要先钻略小于铣刀直径的工艺孔。对于较长的不通槽也可先用三面刃铣刀铣削中间部分，再用立铣刀铣削两端圆弧。

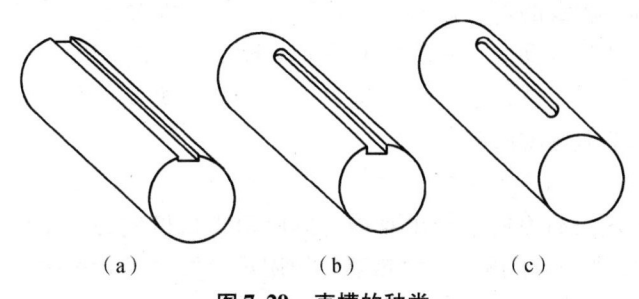

图 7.29 直槽的种类
(a) 通槽；(b) 半通槽；(c) 不通槽

铣直槽时，工件的装夹可以用平口钳、V形铁和压板、分度头和尾座顶尖或专用夹具等，根据工件的加工精度和生产批量具体情况而定。

直槽的检测：直槽的长、宽和高一般用游标卡尺和深度游标尺测量，槽宽也可以采用极限量规测量，槽的对称度一般用游标卡尺或百分表检测。

2. 铣键槽

(1) 键槽的工艺要求

键槽在工作中与键配合使用，主要工艺要求如下：

①键槽宽度的尺寸精度要求较高。

②键槽两侧面的表面粗糙度的要求较高。

③键槽与轴线的对称度要求较高。

④键槽深度的尺寸精度要求一般不高。

（2）工件的装夹与校正

由于轴是圆柱形工件，轴上键槽对轴线有对称度要求，因此在装夹工件时，需要保证键槽中心线与轴线重合。轴类零件的常用装夹方式有以下几种：

①用平口钳装夹。

②用 V 形块装夹。

③用分度头装夹。

④工件的校正。

（3）调整铣刀对工件的位置

键槽除了宽度方面的尺寸要求外，还要求键槽的中心线准确通过工件轴线，以及键槽侧面与工件轴线平行。因此还要求盘形铣刀的对称线以及立铣刀和键槽铣刀的中心线与工件的轴线对准，这就是通常所说的"对中心"。

①擦边对中心法。

②切痕对中心法。

③用杠杆百分表调整对中心法。

（4）键槽的铣削方法

键槽的加工与铣直槽一样，只是半圆键槽的加工需用半圆键槽铣刀来铣削。

（5）键槽的检测

①键槽宽度的检测。键槽宽度主要用塞规或塞块来检测。

②键槽长度和深度的检测。键槽长度和深度主要用游标卡尺和千分尺来检测。

③键槽中心平面对轴线的对称度检测。检测时，将工件置于 V 形架上，选择一块与键槽宽度尺寸相同的量块放入键槽，并使量块平面处于水平位置。用百分表检测量块的 A 面与平板平面的读数，然后将工件转过180°，用百分表测得量块 B 面与平板平面的读数，二者差值的一半即为键槽的对称度误差。

3. 铣 T 形槽

铣 T 形槽通常先用三面刃铣刀铣出直槽，然后用 T 形槽铣刀加工底槽，加工步骤如图7.30 所示。铣 T 形槽时，由于排屑、散热都比较困难，加之 T 形槽铣刀的颈部较小，容易折断，故不宜选用过大的铣削用量。

4. 铣 V 形槽

生产中用得较多的是90°V 形槽，加工时，通常先用锯片铣刀加工出窄槽，然后再用角度铣刀、立铣刀、三面刃铣刀等加工成 V 形槽。

（1）用角度铣刀铣 V 形槽

根据 V 形槽的角度，选用相应的双角度铣刀，对刀时，将双角度铣刀的刀尖对准窄槽的中间，分次切割，就可以加工出所对应的 V 形槽，如图7.31所示。

（2）用立铣刀铣 V 形槽

先将立铣头转过 V 形槽的半角，加工出 V 形槽的一面，然后，将工件调转，再加工 V

形槽的另一面，如图 7.32 所示。该方法主要适用于 V 形面较宽的场合。

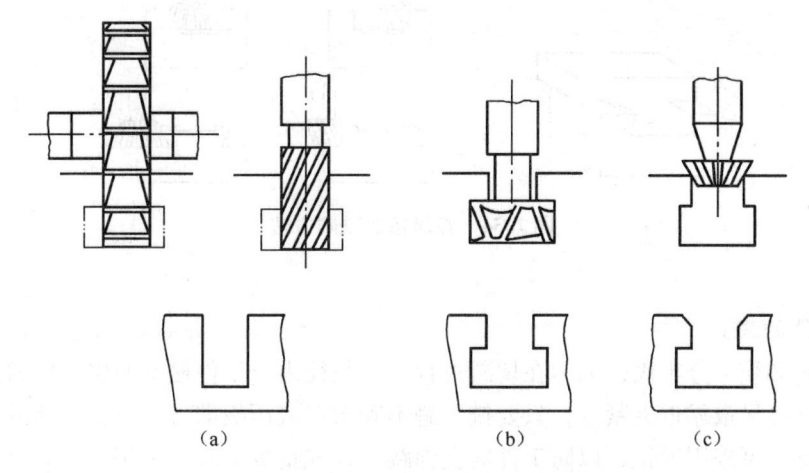

图 7.30　T 形槽的铣削方法
(a) 铣直槽；(b) 铣底槽；(c) 槽口倒角

（3）转动工件铣 V 形槽

先将工件转过 V 形槽的半角固定。用三面刃铣刀或端铣刀加工出 V 形槽的一面，然后，转动工件，再加工工件 V 形槽的另一面，如图 7.33 所示。显然，三面刃铣刀的加工精度要比端铣刀好一些；而端铣刀加工的 V 形槽面要比三面刃铣刀宽一些。

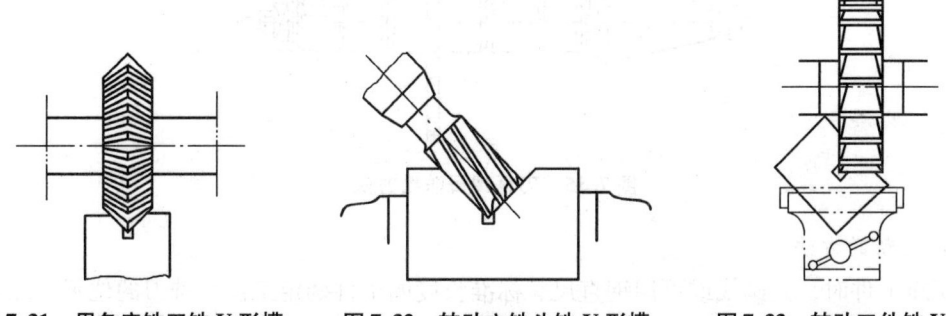

图 7.31　用角度铣刀铣 V 形槽　　图 7.32　转动立铣头铣 V 形槽　　图 7.33　转动工件铣 V 形槽

（4）V 形槽的检验

①槽形角的检测。可以用万能角度尺检测，也可以用标准量棒间接检测，后者测量精度较高。

②V 形槽对称度误差的检测。检测时，在 V 形槽内放一标准量棒，放在平板基准平面上，分别以 V 形架两侧面为基准，用杠杆百分表测量量棒最高点，两次测量数据读数之差的一半即为对称度误差。

5. 铣燕尾槽

燕尾槽的铣削与 T 形槽铣削基本相同，先用立铣刀或端铣刀铣出直槽，再用燕尾槽铣刀铣燕尾槽或燕尾块，如图 7.34 所示。

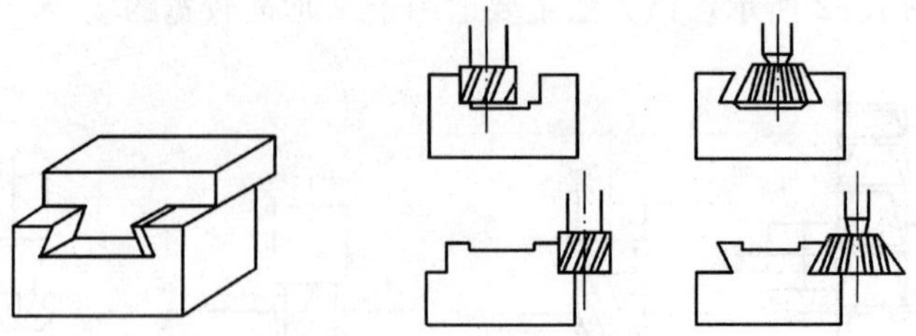

图 7.34　燕尾槽的铣削方法

6. 切断

（1）工件的装夹

工件装夹必须十分牢固，因为在切断过程中，往往由于工件松动而引起铣刀折断和工件报废。切断口要尽量靠近夹紧点，只要铣刀碰不到钳口或压板即可，对长而薄的工件要增加压紧点，必要时可采用顺铣，以防工件向上弹跳。在成批生产时，可用专用夹具装夹工件。

（2）铣刀的安装

锯片铣刀在切断时，铣刀受到切削力不大，所以在刀轴与铣刀之间一般不安装键，在靠摩擦力带动铣刀进行切削时，最好在铣刀与紧固螺母之间的一垫圈内安装键，以防螺母松动，如图 7.35 所示。

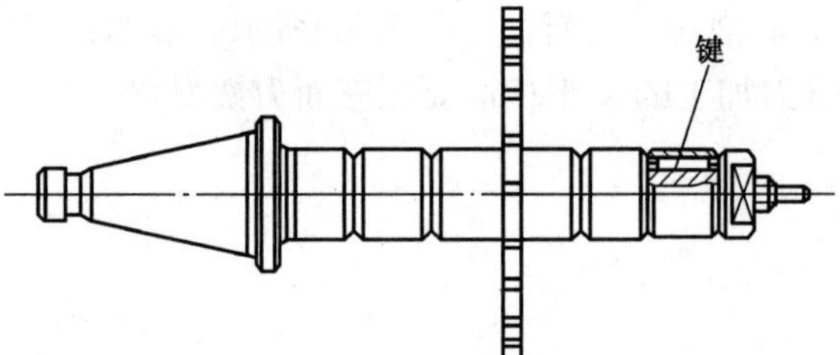

图 7.35　刀杆螺母防松方法

（3）切断的方法

在切断工件时，先画线或可用钢直尺、标准长度的工件确定工件与铣刀的位置，然后进行切断，进给速度要慢些，并加注充分的切削液。

7. 沟槽铣削举例

（1）铣键槽

铣削如图 7.36 所示传动轴。铣削步骤如下：

①安装找正平口钳。

②选择 ϕ12 mm 键槽铣刀并安装铣夹头。

③选择铣削用量，$n = 475$ r/min，$a_p = 0.2 \sim 0.3$ mm，手动进给铣削。

④试铣检查铣刀尺寸。

⑤划出键槽位置线。

⑥安装找正工件。

⑦对刀，铣削。

⑧检查测量，卸下工件。

· 176 ·

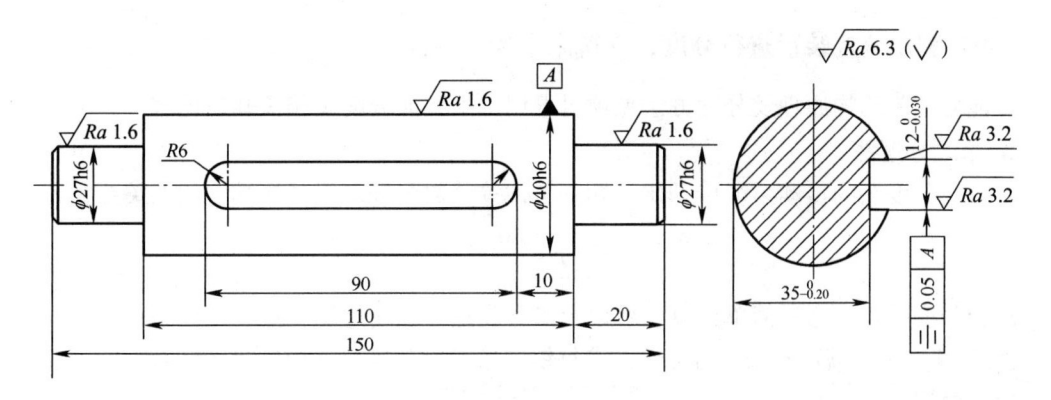

图 7.36 传动轴

(2) 切断

切断图 7.37 所示 T 形块，切断步骤如下：

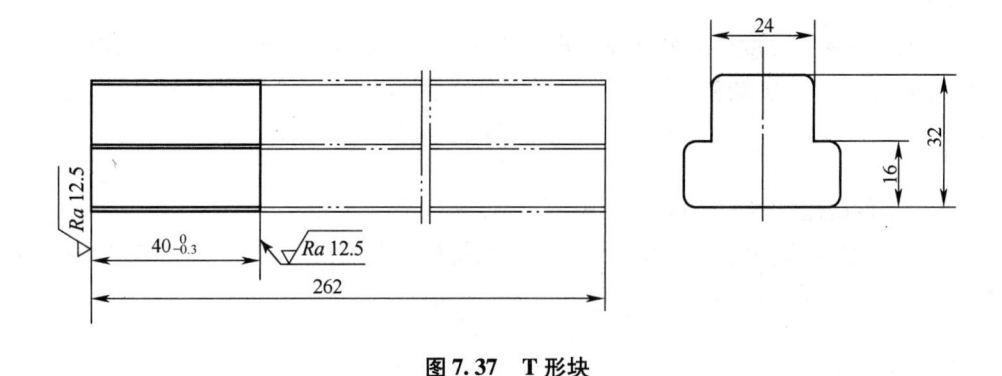

图 7.37 T 形块

①安装找正平口钳。
②选择安装 $\phi125 \times 3$ 锯片铣刀。
③安装找正工件。
④选择切削用量，$n = 95$ r/min，手动进给。
⑤对刀切去毛坯端部。
⑥退刀，装夹工件。
⑦对刀，切出第一件。
⑧逐次装夹工件，依次全部切出。

(3) 注意事项

①加工键槽前，应认真检查铣刀尺寸，试铣合格后再加工工件。
②铣削用量要合适，避免产生"让刀"现象，以免将槽铣宽。
③切断工件时尽量采用手动进给，进给速度要均匀。
④切断钢件时应充分浇注切削液，以免产生"夹刀"现象。
⑤切断工件时，切口位置尽量靠近夹紧部位，以免工件振动造成打刀。
⑥铣削时不准测量工件，不准手摸铣刀和工件。

（九）利用分度装置进行分度，在铣床上加工零件

万能分度头结构原理及分度方法见项目五钳工中万能分度头相关知识内容。

1. 单式分度法

由万能分度头的传动系统传动比可知，工件等分数与分度手柄转数之间的关系为

$$n = \frac{40}{z} \tag{7.3}$$

配合分度孔盘，通过简单计算，可以求出分度盘手柄转过的转数。

例 7-1　铣一槽数 $z = 23$ 的工件，求每铣一条槽后分度手柄应转过的转数。

解　根据式（7.3）可得

$$n = \frac{40}{23} = 1\frac{17}{23} = 1\frac{34}{46}$$

答　选用分度盘上孔数为 46 的孔盘，每铣一条槽后分度手柄应先转 1 转，再转过 34 个孔距。

2. 角度分度法

角度分度法是单式分度法的另一种形式，是以工件所需分度的角度为依据来进行分度的。已知分度手柄转 40 转，主轴转 1 转（360°）；若分度手柄转 1 转，则主轴只转过 9°，由此可得

$$n = \frac{\theta}{9°} \tag{7.4}$$

式中　θ——工件所需转过的角度。

例 7-2　工件上需要铣夹角为 125° 的槽，问铣好一条槽后，分度手柄应转过的转数。

解　根据式（7.4）可得

$$n = \frac{125°}{9°} = 13\frac{8}{9} = 13\frac{48}{54}$$

答　铣好一条槽后，分度手柄在 54 孔盘上先旋转 13 转，再转过 48 个孔距，再铣第二条槽。

3. 等分铣削

（1）用角度分度法和单式分度法铣直槽

铣削如图 7.38 所示六角开槽螺母。

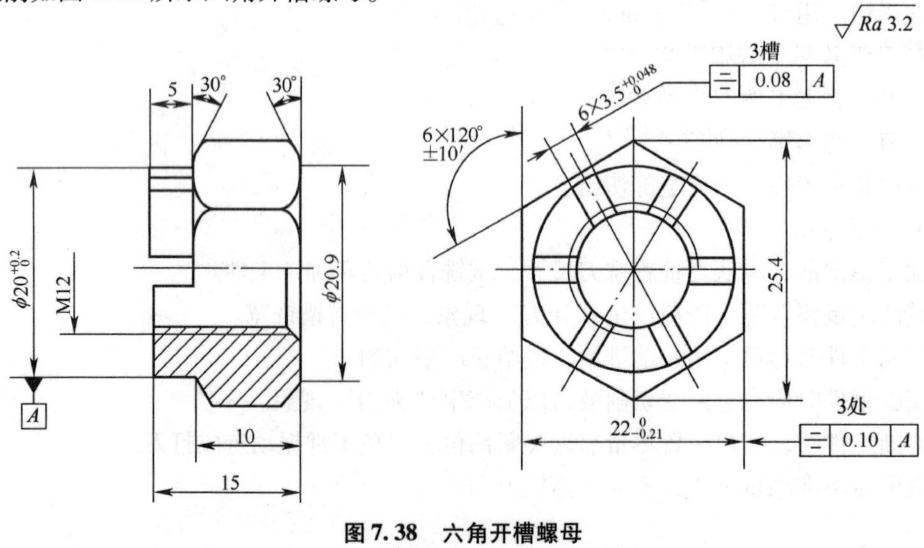

图 7.38　六角开槽螺母

· 178 ·

铣削操作步骤如下。

①选择 125×3.5×27 的锯片铣刀。

②安装铣刀，选择主轴转速 $n=95$ r/min。

③安装分度头，计算分度头手柄转数，将 $z=6$ 代入式（7.3）得

$$n=\frac{40}{z}=\frac{40}{6}=6\frac{2}{3}=6\frac{44}{66}$$

④安装找正工件，使 $\phi 20^{+0.2}_{\ 0}$ 的外圆跳动在 0.03 mm 以内。

⑤用侧面对刀法或划线对刀法试铣，检测对称度。

⑥用角度分度法铣完一槽后，手柄旋转 60°，依次铣完其余各槽。

⑦用单式分度法铣完一槽后，分度手柄在 66 的孔圈上旋转 6 圈又 44 个孔距，依次铣完各槽。

⑧检查工件尺寸，卸下工件。

（2）注意事项

①在分度头上夹持工件时应先锁紧主轴，后装卸工件。在紧固工件时，不准用管子套在扳手上施力。

②分度时，先松开主轴锁紧手柄，分度结束后再锁紧。在加工螺旋线工件时，锁紧手柄应松开。

③分度时，分度手柄定位销应缓慢插入分度盘内，以免损坏孔眼。当分度手柄旋转过预定孔眼时，要退回半圈左右再旋转到预定孔位。

④要经常保持分度头的清洁，按规定加润滑油，搬动时应避免碰撞，严禁超载使用。

三、项 目 实 施

（一）实训准备

1. 工艺准备

①熟悉图纸（参见图 7.1）。

②检查毛坯是否与图纸相符合。

③工具、量具、夹具准备齐全。

④所需设备检查（如卧式铣床）。

2. 工艺分析

根据零件具有 V 形槽和单件生产等特点，这种零件适宜在卧式铣床上铣削加工。采用平口钳进行安装。铣削按两大步骤进行，先把六面体铣出，后铣沟槽。

3. 准备要求

①材料准备。

材料：45 钢锻件。

规格：100 mm×70 mm×60 mm。

数量：1 件。

②设备准备。XW6132 卧式万能铣床、垫铁、平口钳及机床附件等。

③工具、量具、刃具的准备。游标高度尺、游标卡尺、量棒、螺旋圆柱铣刀等。

（二）操作步骤

具体铣削步骤见表7.3。

表7.3　V形铁铣削过程

序号	加工内容	加工简图	刀具
1	以 A 面为定位（粗）基准，铣平面 B 至尺寸 62 mm		螺旋圆柱铣刀
2	以已加工的 B 面为定位（精）基准，紧贴钳口，铣平面 C 至尺寸 72 mm		螺旋圆柱铣刀
3	以 B 面和 C 面为基准，B 面紧靠钳口，C 面置于平行垫铁上，铣平面 A 至尺寸 (70 ± 0.1) mm		螺旋圆柱铣刀
4	以 C 面和 B 面为基准，C 面紧靠钳口，B 面置于平行垫铁上，铣平面 D 至尺寸 (60 ± 0.1) mm		螺旋圆柱铣刀
5	以 B 面为定位基准，B 面紧靠钳口，同时使 C 面或 A 面垂直于工作台平面，铣平面 E 至尺寸 102 mm		螺旋圆柱铣刀
6	以 B 面和 E 面为基准，B 面紧靠固定钳口，E 面紧贴平行垫铁，铣平面 F 至尺寸 (100 ± 0.1) mm		螺旋圆柱铣刀

续表

序号	加工内容	加工简图	刀具
7	以 B 面和 A 面为基准,铣 C 面上的直通槽,宽 22 mm、深 15 mm		三面刃铣刀
8	以 A 面和 D 面为基准,铣空刀槽,宽 3 mm、深 23 mm		锯片铣刀
9	继续以 A 面和 D 面为基准,铣 V 形槽,保证开口处尺寸为 40 mm		角度铣刀

四、知 识 扩 展

(一)齿轮齿形加工

齿轮在各种机械、仪器、仪表中应用广泛,它是传递运动和动力的重要零件,齿轮的质量直接影响到机电产品的工作性能、承载能力、使用寿命和工作精度等。常用的齿轮副有圆柱齿轮、圆锥齿轮及蜗杆蜗轮等,如图 7.39 所示。其中,外啮合直齿圆柱齿轮是最基本的,也是应用最多的。

铣齿就是利用成形齿轮铣刀,在万能铣床上加工齿轮齿形的方法,如图 7.40 所示。加工时,工件安装在分度头上,用盘形齿轮铣刀或指形齿轮铣刀,对齿轮的齿间进行铣削。当加工完一个齿间后,进行分度,再铣下一个齿间。

铣齿具有如下特点:

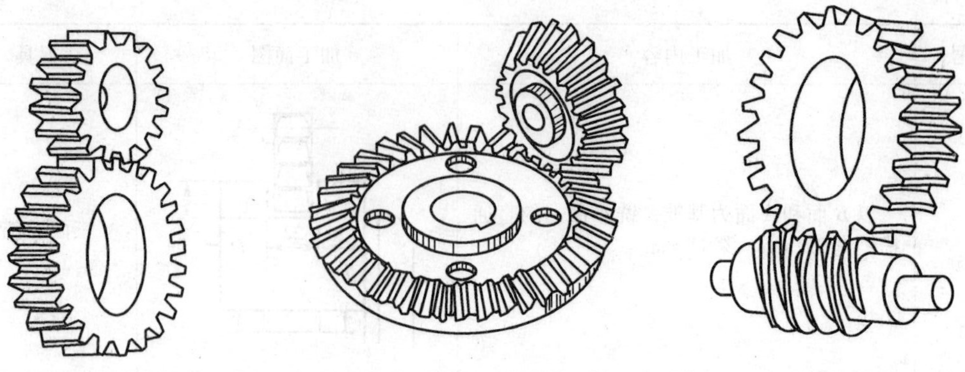

图 7.39 常见齿轮的种类

(a) 圆柱齿轮；(b) 圆锥齿轮；(c) 蜗杆蜗轮

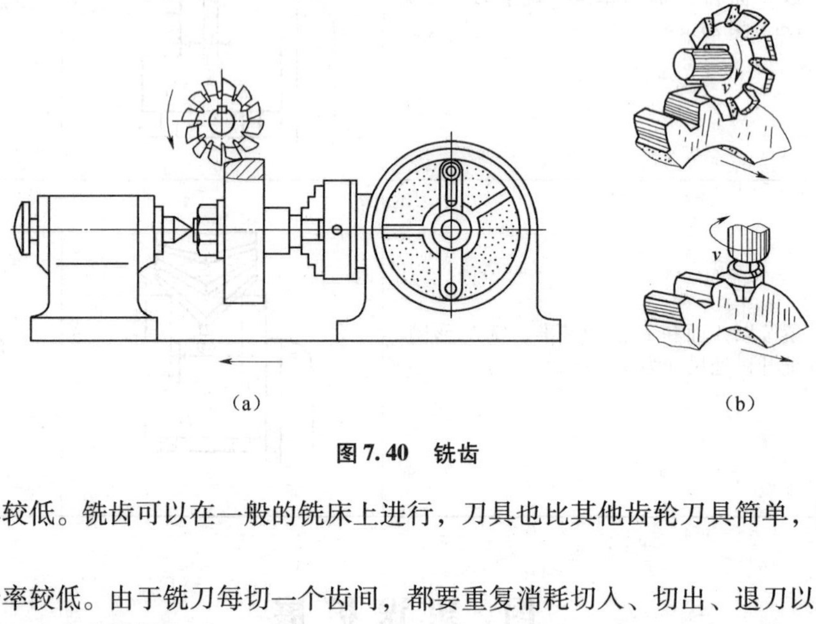

图 7.40 铣齿

①成本较低。铣齿可以在一般的铣床上进行，刀具也比其他齿轮刀具简单，因而加工成本较低。

②生产率较低。由于铣刀每切一个齿间，都要重复消耗切入、切出、退刀以及分度等辅助时间，所以生产率较低。

③精度较低。模数相同而齿数不同的齿轮，其齿形渐开线的形状是不同的，齿数越多，渐开线的曲率半径越大。铣切齿形的精度主要取决于铣刀的齿形精度，从理论上讲，同一模数每种齿数的齿轮，都应该用专门的铣刀加工，但这在生产上很不经济，实际中同一模数的铣刀数量有限。另外，铣床所用的分度头，是通用附件，分度精度不高，所以，铣齿的加工精度较低。

铣齿不但可以加工直齿、斜齿和人字齿圆柱齿轮，而且还可以加工齿条和锥齿轮等。但由于上述特点，它仅适用于单件小批生产或维修工作中加工精度不高的低速齿轮。在齿轮的齿坯上加工出渐开线齿形的方法很多，按齿廓的成形原理不同，圆柱齿轮齿形的切削加工可分为成形法和展成法两种。

1. 成形法

成形法加工齿轮齿形的原理是利用与被加工齿轮齿槽法向截面形状相符的成形刀具，在齿坯上加工出齿形。成形法加工齿轮的方法有铣齿、拉齿、插齿及磨齿等,其中最常用的方法是在普通铣床上用成形铣刀铣削齿形。当齿轮模数 $m<8$ 时,一般在卧式铣床上用盘形铣刀铣削,如图 7.41(a)所示;当齿轮模数 $m \geqslant 8$ 时,在立式铣床上用指形铣刀铣削,如图 7.41(b)所示。

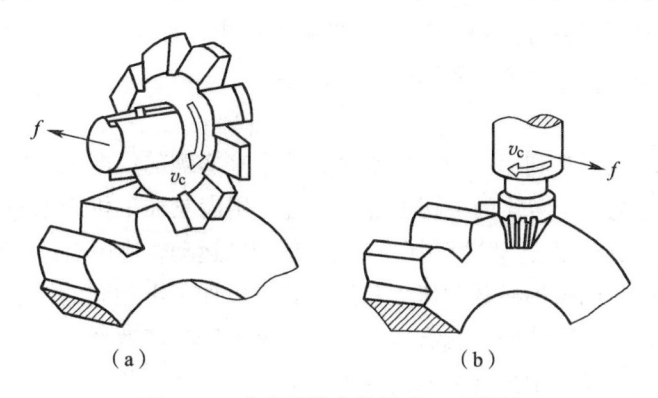

图 7.41 直齿圆柱齿轮的成形法铣削
(a)盘形齿轮铣刀铣削;(b)指状齿轮铣刀铣削

铣削时,将齿坯装夹在芯轴上,芯轴装在分度头顶尖和尾座顶尖之间,模数铣刀做旋转主运动,工作台带着分度头、齿坯做纵向进给运动,实现齿槽的成形铣削加工。每铣完一个齿槽,工件退回,按齿数 z 进行分度,然后再加工下一个齿槽,直至铣完所有的齿槽。

铣削斜齿圆柱齿轮应在万能铣床上进行,铣削时,工作台偏转一个齿轮的螺旋角 β,齿坯在随工作台进给的同时,由分度头带动做附加转动,形成螺旋线运动。

用成形法加工齿轮的齿廓形状是由模数铣刀刀刃形状来保证;齿廓分布的均匀性则是由分度头分度精度保证。标准渐开线齿轮的齿廓形状是由该齿轮的模数 m 和齿数 z 决定的。因此,要加工出准确的齿形,就必须要求同一模数不同齿数的齿轮都有一把相应的模数铣刀,这将导致刀具数量非常多,在生产中是极不经济的。实际生产中,将同一模数的铣刀一般只做出 8 把,分别铣削齿形相近的一定齿数范围的齿轮。模数铣刀刀号及其加工齿数范围见表 7.4。

表 7.4 模数铣刀刀号及其加工齿数范围

刀 号	1	2	3	4	5	6	7	8
加工齿数范围	12~13	14~16	17~20	21~25	26~34	35~54	55~134	135 以上

每种刀号齿轮铣刀的刀齿形状均按加工齿数范围中最少齿数的齿形设计。所以在加工该范围内其他齿数齿轮时,会有一定的齿形误差产生。

当加工对精度要求不高的斜齿圆柱齿轮时,可以借用加工直齿圆柱齿轮的铣刀。但此时铣刀的刀号应按照斜齿轮法向截面内的当量齿数 z_d 来选择,即

$$z_d = \frac{z}{\cos^3 \beta} \tag{7.5}$$

式中 z——斜齿圆柱齿轮的齿数;
β——斜齿圆柱齿轮的螺旋角。

成形法铣齿的优点在于:可在一般铣床上进行,对于缺乏专用齿轮加工设备的工厂较为

方便；模数铣刀比其他齿轮刀具结构简单、制造容易，因此生产成本低。但由于每铣一个齿槽均需进行切入、切出、退刀以及分度等工作，加工时间和辅助时间长，所以生产效率低。由于受刀具的齿形误差和分度误差的影响，加工的齿轮存在较大的齿形误差和分齿误差，故铣齿精度较低。加工精度为 IT9 ~ IT12 级，齿面粗糙度 Ra 值为 6.3 ~ 3.2 μm。

成形法铣齿一般用于单件小批量生产或机修工作中，加工直齿、斜齿和人字齿圆柱齿轮，也可加工重型机械中精度要求不高的大型齿轮。

2. 展成法

展成法加工齿轮齿形是利用一对齿轮啮合的原理来实现的，即把其中一个转化为具有切削能力的齿轮刀具，另一个转化为被切工件，通过专用齿轮加工机床强制刀具和工件做严格的啮合运动（展成运动），在运动过程中，刀具切削刃的运动轨迹逐渐包络出工件的齿形。

展成法加工齿轮，用一种模数和压力角的刀具可以加工出相同的模数和压力角而齿数不同的齿轮，其加工过程是连续的，具有较高的加工精度和生产效率，是齿轮齿形主要的加工方法。滚齿和插齿是展成法中最常见的两种加工方法。

（二）数控铣床加工特点及组成

1. 数控铣床的工作过程及特点

现代数控铣床集高精度、高效率、高柔性于一身，具有许多普通机床无法实现的特殊功能。数控铣床加工工件时，首先要将被加工工件零件图上的几何信息和工艺信息，按规定的代码和格式编成数控加工程序，然后将加工程序输入到数控装置，再由数控装置控制铣床主运动的变速、启停，进给运动的方向、速度和位移大小，以及其他诸如刀具选择交换、工件夹紧松开和冷却润滑的启、停等动作，使刀具与工件及其他辅助装置严格地按照加工程序规定的顺序、路程和参数进行工作，从而加工出形状、尺寸与精度符合要求的工件。

数控铣床加工具有以下特点：

（1）柔性高

数控铣床在更换产品（生产对象）时，仅仅需要改变数控装置内的加工程序、调整有关的数据就能满足新产品的生产需要，无须改变机械部分和控制部分的硬件。

（2）精度高

数控铣床本身的精度都比较高，中小型数控铣床的定位精度可达 0.005 mm。数控铣床是按预定程序自动工作的，加工过程不需要人工干预，而且还可利用软件进行精度校正和补偿，工件的加工精度全部由铣床保证，消除了操作者的人为误差。因此，可以获得较高的加工精度。

（3）效率高

数控铣床具有良好的结构特性，可进行大切削用量的强力切削，有效地节省了基本时间，还具有自动变速、自动换刀和其他辅助操作自动化等功能，使辅助时间大为缩短，而且无须工序间的检验与测量，所以比普通机床的生产效率高 3 ~ 4 倍，甚至更高。

（4）能进行复杂型面的加工

数控铣床不仅可以控制多轴运动，还可以驱动多轴联动，使刀具在三维空间中能实现任意轨迹的运动。因此，可以完成复杂型面的加工。

(5) 有利于生产管理

用数控铣床加工,能准确地计划工件的加工工时,并有效地简化检验、工夹具和半成品的管理工作,这些都有利于现代化的生产管理。数控铣床使用数字信息与标准代码输入,最适宜与数字计算机连接,从而构成由计算机控制和管理的生产系统,实现制造和生产管理的自动化。

(6) 劳动强度低

数控铣床的工作是按预先编制好的加工程序自动连续完成的,操作者除了输入加工程序或操作键盘、装卸工件、关键工序的中间检测以及观察铣床运行之外,不需要进行繁杂的重复性手工操作,劳动强度与紧张程度均可大为减轻。

2. 数控铣床的组成

(1) 信息载体

信息载体又称控制介质,用于记载工件加工的工艺过程、工艺参数和位移数据等各种加工信息,从而控制铣床的运动,实现工件的机械加工。常用的信息载体有穿孔纸带、磁带或磁盘等,通过数控铣床的输入装置,将程序信息输入到数控装置内。

(2) 数控装置

数控装置是数控铣床的核心,现代数控铣床都采用计算机数控装置,即 CNC 装置。它包括微型计算机的电路、各种接口电路、CRT 显示器、键盘等硬件以及相应的软件。数控装置能完成信息的输入、存储、变换、插补运算以及实现各种控制功能。

(3) 伺服系统

伺服系统是数控铣床的执行部分,它包括伺服控制线路、功率放大线路、伺服电动机、机械传动机构和执行机构。其主要功能是将数控装置插补产生的脉冲信号转化为铣床移动部件的运动。伺服系统直接影响数控铣床加工的速度、位置、精度等,它是数控铣床的关键部件。

(4) 测量反馈系统

测量反馈系统的作用是将铣床的实际位置、速度等参数检测出来,转换成电信号,输送给数控装置,与指令位移进行比较,并由数控装置发出指令,纠正所产生的误差。

(5) 铣床本体

铣床本体也称主机,包括铣床的主运动部件、进给运动部件、执行部件和基础部件,如底座、立柱、工作台、导轨等;同时还有一些配套设施,如冷却、自动排屑、防护、润滑装置及编程机和对刀仪等。

(三) 数控铣床基本编程方法和控制面板操作

数控铣床编程就是按照数控系统的格式要求,根据事先设计的刀具运动路线,将刀具中心运动轨迹上或零件轮廓上各点的坐标编写成数控加工程序。数控加工所编制的程序,要符合具体的数控系统的格式要求。目前使用的数控系统有很多种,但基本上都符合 ISO 或 EIA 标准,只是具体格式上稍有区别。

1. 数控系统的功能代码

(1) 准备功能代码 (G 代码)

准备功能代码是由地址字 G 和后面的两位数字表示,它规定了该程序段指令的功能。

G 代码有以下两种：

①非模态 G 代码：仅在被指定的程序段内有效的 G 代码。

②模态 G 代码：直到同一组的其他 G 代码被指定之前均有效的 G 代码。

具体的准备功能 G 代码见表 7.5。

表 7.5　准备功能 G 代码

G 代码	组号	含义
G00 ★	01	点定位（快速移动）
G01 ★		直线插补
G02		顺时针圆弧插补
G03		逆时针圆弧插补
G04	00	暂停
G09		准确停止
G17 ★	02	XY 平面指定
G18		ZX 平面指定
G19		YZ 平面指定
G20	06	英制输入
G21		公制输入
G27	00	返回参考点检验
G28		返回参考点
G29		从参考点返回
G40	07	取消刀具半径补偿
G41		刀具半径左侧补偿
G42		刀具半径右侧补偿
G43	08	刀具长度正补偿
G44		刀具长度负补偿
G49		取消刀具长度补偿
G52	00	局部坐标系设定
G53		机床坐标系选择
G54 ★	14	加工坐标系 1
G55		加工坐标系 2
G56		加工坐标系 3
G57		加工坐标系 4
G58		加工坐标系 5
G59		加工坐标系 6

续表

G 代码	组号	含义
G60	00	单一方向定位
G61	15	准停
G64★		切削模式
G73	09	钻孔循环
G74		反攻螺纹循环
G76		精镗
G80		取消固定循环
G81		钻削循环，锪孔
G82		钻孔循环，镗阶梯孔
G83		深孔钻循环
G84		攻丝循环
G85		镗孔循环
G86		镗孔循环
G87		反镗孔循环
G88		镗孔循环
G89		镗孔循环
G90★	03	绝对值输入
G91★		增量值输入
G92	00	设定工件坐标系
G94★	05	进给速度
G98★	10	返回起始平面
G99		返回 R 平面

注：
a. 带★号的 G 代码表示电源通电时，即为该 G 代码的指令状态，G00、G01、G90、G91 可由参数设定选择。
b. 00 组的 G 代码为非模态 G 代码，只限定在被指定的程序段中有效。其余组的 G 代码为模态 G 代码。
c. 一旦指定了 G 代码中没有的 G 代码，即显示报警（No.010）。
d. 不同组的 G 代码在同一个程序段中可以指令多个，但如果在同一个程序段中指令了两个或两个以上同一组的 G 代码，则只有最后一个 G 代码有效。
e. 在固定循环中，如果指令了 01 组的 G 代码，则固定循环将被自动取消，变为 G80 的状态。但是，01 组的 G 代码不受固定循环 G 代码的影响。

(2) 辅助功能代码

辅助功能代码是用地址字 M 加二位数字表示。主要用于规定机床加工时的工艺性指令，如主轴的启停、切削液的开关等。

M00：程序停止。M00 实际上是一个暂停指令，当执行有 M00 指令的程序段后，机床主轴停止转动、进给停止、切削液关、程序停止。此时，模态信息全部被保存，利用 CNC 的启动命令，可使机床继续运转。

M01：选择停止。该指令的作用与 M00 相似，但它必须是在预先按下操作面板上的"OPS（选择停止）"按钮的情况下，在执行完编有 M01 指令的程序段的其他指令后，才会停止执行程序。如果预先不按下"OPS"按钮，M01 指令无效，程序继续执行。

M02：程序结束。该指令用于程序全部结束。执行该指令后，机床便停止自动运转，切削液关。该指令常用于机床复位。

M03：主轴顺时针方向旋转。

M04：主轴逆时针方向旋转。

M05：主轴停止。

M06：换刀（加工中心有此功能）。

M08：切削液开。

M09：切削液关。

M13：主轴顺时针转动，切削液开。

M14：主轴逆时针转动，切削液关。

M30：程序结束和返回。在完成程序的所有指令后，使主轴、进给和切削液都停止，并使机床和控制系统复位。

M98：调用子程序。

M99：子程序结束并返回到主程序。

注意：在一个程序段中只能指令一个 M 代码，如果指令了多个 M 代码，则最后一个 M 代码有效，其他 M 代码均无效。

（3）F、S、T、H 代码

①进给功能代码 F。表示进给速度，用字母 F 和后面的若干位数字表示，单位为 mm/min（公制）或 in/min（英制）。如 F300 表示进给速度为 300 mm/min。

②主轴功能代码 S。表示主轴转速，用字母 S 和后面的若干位数字表示，单位为 r/min。如 S350 表示主轴转速为 350 r/min。

③刀具功能代码 T。表示换刀功能，在多道工序加工时，必须选择合适的刀具。每把刀具都必须分配一个刀号，刀号在程序中指定。刀具功能用字母 T 及后面的两位数字来表示，如 T04 表示第 4 号刀具。

④刀具补偿功能代码 H。表示刀具补偿号，由字母 H 和后面的两位数字表示，该两位数表示存放刀具补偿量的寄存器地址字。如 H16 表示刀具补偿量用第 16 号。

（4）字与地址

构成程序段的要素是字，字由地址和其后面的几位数字构成（数字前可有 +、− 号）。地址为英文字母 A ~ Z 中的任意一个，它规定了其字母后面数字的意义，可以使用的地址与功能见表 7.6。

表 7.6　地址与功能

地　址	功　能
O	程序号

续表

地 址	功 能
N	顺序号
G	准备功能
X、Y、Z	圆弧中心的相对坐标
R	坐标轴的移动指令
I、J、K	圆弧半径
F	进给功能
S	主轴功能
T	刀具功能
M	辅助功能
P、X	暂停时间的指定
P	子程序号与子程序的重复次数的指定
P、Q、R、K	固定循环的参数
H	刀具补偿号的指定

2. 程序的编制

（1）编程坐标的选择

编程坐标系也称工件坐标系，是设置在工件上用来计算刀具位置坐标数据的基准，其各个坐标轴及其方向应同机床坐标系一致。在手工编程时，编程坐标系的设置主要根据零件图上尺寸的标注方式，考虑简化数据计算；在自动编程时，编程坐标系可以任意设置，主要考虑程序执行时对刀操作的方便和准确。

（2）刀具半径补偿

铣削加工的刀具半径补偿分为刀具半径左补偿和刀具半径右补偿。

①刀具半径左补偿 G41 指令和刀具半径右补偿 G42 指令。

格式：$\begin{Bmatrix} G41 \\ G42 \end{Bmatrix} \begin{Bmatrix} G00 \\ G01 \end{Bmatrix}$ X____ Y____ H____

说明：

G41：左刀补（在刀具前进方向左侧补偿）；

G42：右刀补（在刀具前进方向右侧补偿）；

X、Y：刀补建立或取消的终点；

H：刀具半径补偿寄存器地址字。

②取消刀具半径补偿 G40 指令。

格式：G40 $\begin{Bmatrix} G00 \\ G01 \end{Bmatrix}$ X____ Y____

说明：

G40：取消刀具半径补偿。

指令中有 X、Y 值时，表示编程轨迹上取消刀补点的坐标值。无 X、Y 值时，则刀具中心点将沿旧矢量的相反方向运动到指定点。

（3）刀具长度补偿 G43、G44、G49 指令

格式：$\begin{Bmatrix} G43 \\ G44 \end{Bmatrix}$ Z＿＿＿ H＿＿＿

当刀具磨损时，可在持续中使用刀具补偿指令补偿刀具尺寸的变化，而不必重新调整刀具和对刀。

G43：刀具长度正补偿（补偿轴的终点加上偏置值）；

G44：刀具长度负补偿（补偿轴的终点减去偏置值）；

Z：程序中的指令值；

H：补偿功能代码，其后面的两位数为刀具补偿寄存器的地址字（H00～H99）。

采用取消刀具长度补偿 G49 指令或用 G43 H00 和 G44 H00 可以撤销补偿指令。

（4）自动编程

在数控车削加工中已经介绍了手工编程的方法，数控铣削加工中，由于加工零件复杂，采用自动编程可快速准确地编制数控加工程序。自动编程就是用计算机代替手工编程。

数控铣床自动编程及操作步骤如下：

①熟悉系统功能与使用方法。了解系统的功能框架，这是数控加工编程的基础，了解系统的数控加工编程能力，熟悉系统的界面及使用方法，了解系统的文件管理方式。

②分析加工零件。主要内容包括：分析待加工表面，确定编程原点及编程坐标系。

③几何造型。在零件分析的基础上，对加工表面及其约束面进行几何造型。造型可在CAD/CAM 集成编程系统中进行，也可在 CAD 软件中进行，然后通过格式转换为 CAM 软件所能接受的格式，目前所使用的 CAD、CAM 软件很多，如 PRO/E、UG、AUTOCAD、MASTERCAM、CAXA、POWERMILL 等。

④选择合适的刀具。根据加工表面及其约束表面的几何形状选择合适的刀具类型及刀具尺寸。

⑤生成刀具轨迹。对自动编程来说，当走刀方式、刀具及加工次数确定之后，系统将自动生成所需要的刀具轨迹。所要求的加工参数包括：安全高度、主轴转速、进给速度、刀具轨迹间的残留高度、切削深度、加工余量、进刀/退刀方式等。

⑥刀具轨迹验证。如果系统具有刀具轨迹验证功能，对可能过切、干涉与碰撞的刀位点，采用系统提供的刀具轨迹验证手段进行检验。

⑦后置处理。根据所选用的数控系统，调用其机床数据文件，运行数控编程系统提供的后置处理程序，将刀位原文件转换成数控加工程序。

3. 数控铣床控制面板的操作

数控铣床配置的数控系统不同，其操作面板的形式也不相同，但其各种开关、按键的功能及操作方法大同小异。图 7.42～图 7.44 分别为 FANUC 0M、华中世纪星和 GSK980M 型数控系统控制面板，其中部分按键及功能见表 7.7。

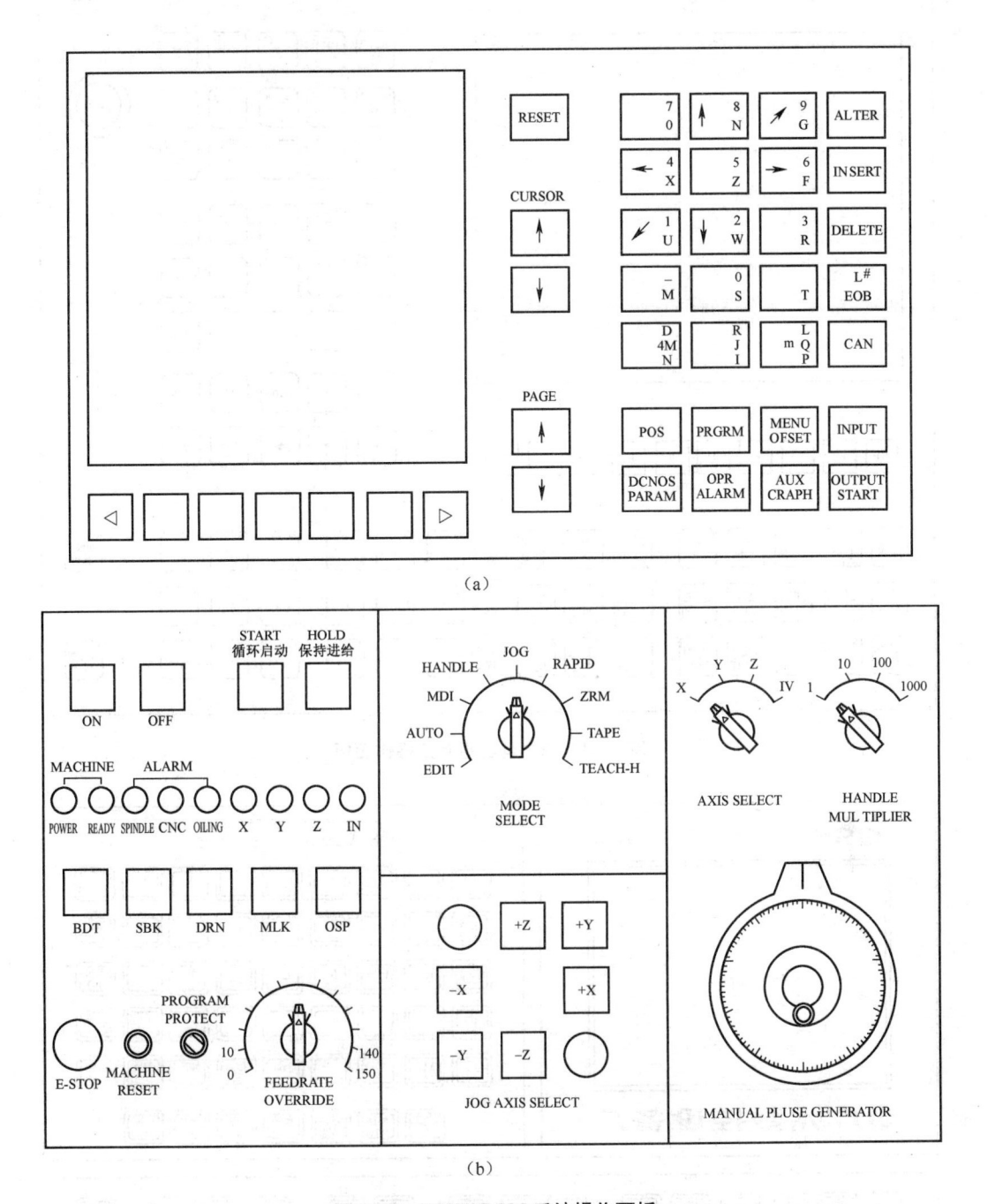

图 7.42 FANUC 0M 系统操作面板

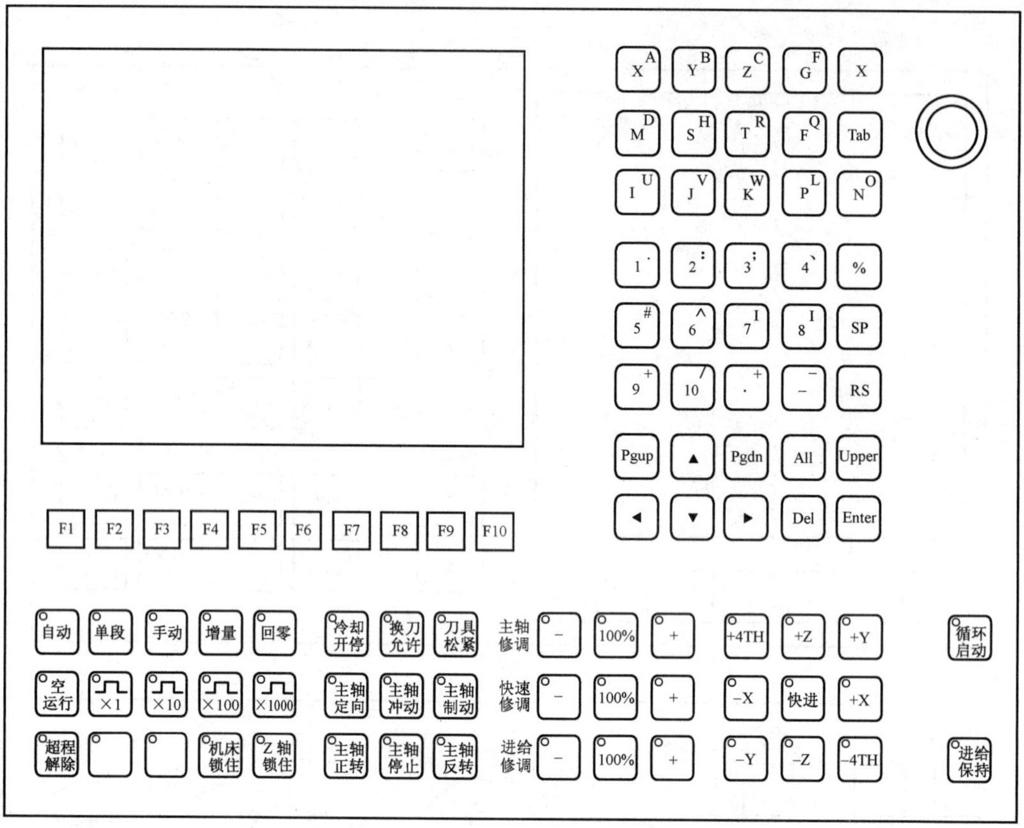

图 7.43 华中世纪星系统操作面板

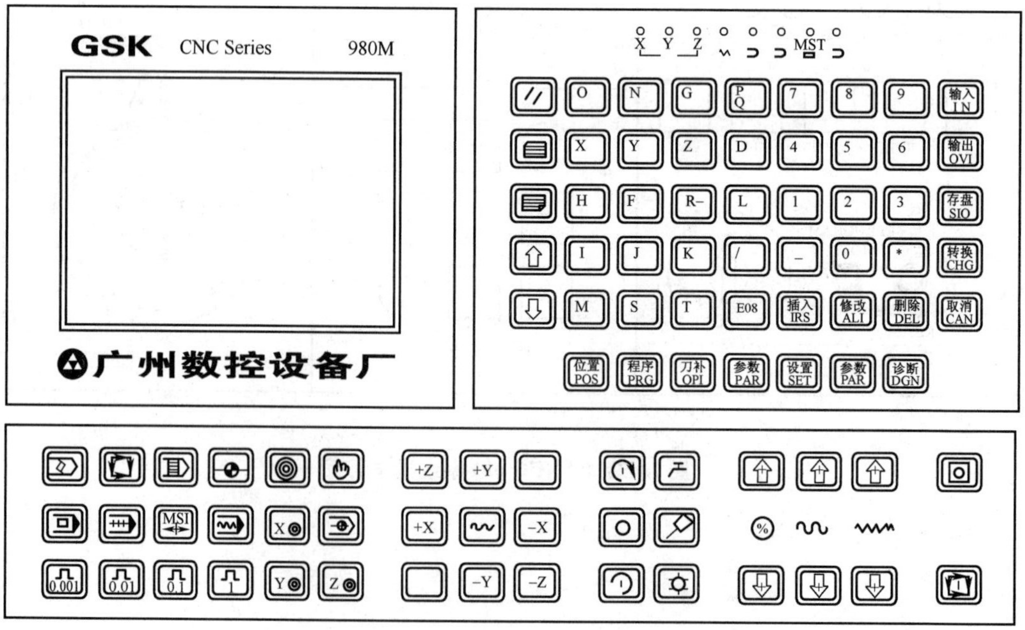

图 7.44 GSK980M 系统操作面板

表 7.7 控制面板部分按键及功能

名称	按键 FANUC 0M	按键 华中世纪星	按键 GSK980M	功能说明
复位键	RESET	—	//	复位数控系统
光标移动键	CURSOR	▲，▼	⇧ ⇩	一步步移动光标 ↑：向前移动光标 ↓：向后移动光标
页面变换键	PAGE	Pgup，Pgdn	📄 📄	用于屏幕选择不同页面 ↑：向前变换页面 ↓：向后变换页面
替换键	ALTER			编程时用于替换输入的字（地址、数字）
插入键	INSERT		插入 INS	编程时用于插入输入的字（地址、数字）
删除键	DELETE	Del	删除 DEL	编程时用于删除已输入的字或删除程序
取消键	CAN		取消 CAN	取消上一个输入的字符
位置显示键	POS		位置 POS	在屏幕上显示机床现在的位置
程序键	PRGRM		程序 PRG	在编辑方式下，编辑和显示在内存中的程序；在 MDI 方式下，输入和显示 MDI 数据
自诊断参数键	DGNOS PRARM		诊断 DGN	设定和显示参数表及自诊断表的内容
报警号显示键	OPR ALARM		报警 ALM	按此键显示报警号
输入键	INPUT			除程序编辑方式外，当在面板上按一个字母或数字键后，必须按此键才能输入到 CNC 内
输出启动键	OUTPUT START			按下此键，CNC 开始输出内存中的参数或程序到外部设备

（四）数控机床操作

1. 开机

由于各种型号数控机床的结构及数控系统有所差异，具体的开机过程参看机床操作说明书。通常按下列步骤进行：

①检查机床状态是否正常。

②检查电源电压是否符合要求，接线是否正确。

③按下"急停"按钮。

④机床上电。

⑤数控上电。

⑥检查风扇电动机运转是否正常。

⑦检查面板上的指示灯是否正常。

2. 安装工件（毛坯）

利用手动方式尽量把 Z 轴抬高，利用手柄将工作台降低，装上平口钳并进行调整，然后把平口钳紧固在工作台上；装上工件并紧固，根据加工高度调整工作台的位置，并进行锁紧。

3. 输入程序

将数控加工程序（.nc）输入数控系统，由于使用的数控系统不同，输入方式也会有差异，请参考数控系统使用说明书。

4. 对刀

首先让刀具在工件的左右碰刀，使刀具逐渐靠近工件，并在工件和刀具间放一张纸来回抽动，如果感觉到纸抽不动了，说明刀具与工件的距离已经很小，将手动速率调节到 1 μm 或 10 μm 上，使刀具向工件移动，用塞尺检查其间隙，直到塞尺通不过为止，记下此时的 X 坐标值。把得到的左右 X 坐标值相加并除以 2，此时的位置即为 X 轴 0 点的位置，Y 轴同样如此。利用工件的上平面同刀具接触来确定 Z 轴的位置。在实际生产中，常使用百分表及寻边器等工具进行对刀。

5. 加工

选择自动方式，按下"循环启动"按钮，铣床进行自动加工。加工过程中要注意观察切屑情况，并随时调整进给速率，保证在最佳条件下切削。

6. 关机

工件加工完毕后，卸下工件，清理机床，然后关机。

①按下控制面板上的"急停"按钮。

②断开数控电源。

③断开机床电源。

思考与实训

1. 什么叫铣削加工？铣削加工的基本内容有哪些？

2. 铣削加工的工艺特点是什么？

3. 常见的铣床有哪几种类型？万能升降台铣床有何特点？

4. 利用万能分度头可以加工哪些零件？其主要功用是什么？

5. 铣刀的种类有哪些？各用于什么场合？

6. 铣削用量包括哪几个要素？它们是如何定义的？

7. 选择铣削用量的一般原则是什么？
8. 试述端铣与周铣的区别。二者加工的质量和生产率有何不同？
9. 逆铣和顺铣各有什么优缺点？
10. 铣平面、斜面、阶台面常用的方法有哪些？
11. 为什么顺铣比逆铣加工的表面质量好？
12. 铣削加工如图 7.1 所示 V 形铁零件。

项目八 刨削、拉削与镗削

项目目标

- 掌握刨床的种类、主要组成及其使用特点。
- 掌握刨削工作的基本操作技术。
- 了解刨削加工的基本知识、工艺特点及加工范围。
- 能正确选择和使用常用的刀具、量具和夹具。
- 掌握不同零件的刨削、拉削与镗削工艺及加工方法。

一、项 目 导 入

刨削如图 8.1 所示的工件。

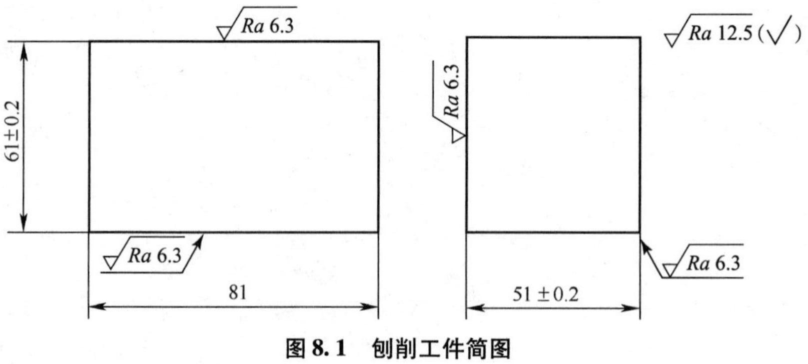

图 8.1 刨削工件简图

二、相 关 知 识

（一）刨削类机床

刨削加工常见的机床有牛头刨床和龙门刨床。

1. 牛头刨床

（1）牛头刨床的组成

牛头刨床主要由床身、横梁、滑枕、刀架、工作台等组成，因其滑枕和刀架形似"牛头"而得名。牛头刨床的外形如图 8.2 所示，本书主要介绍 B6065 型牛头刨床。

①床身。床身的作用是支承刨床各部件，其顶面是燕尾形水平导轨，供滑枕做往复直线运动用；前面垂直导轨供横梁连同工作台一起做升降运动用，床身内部装有传动机构。

· 196 ·

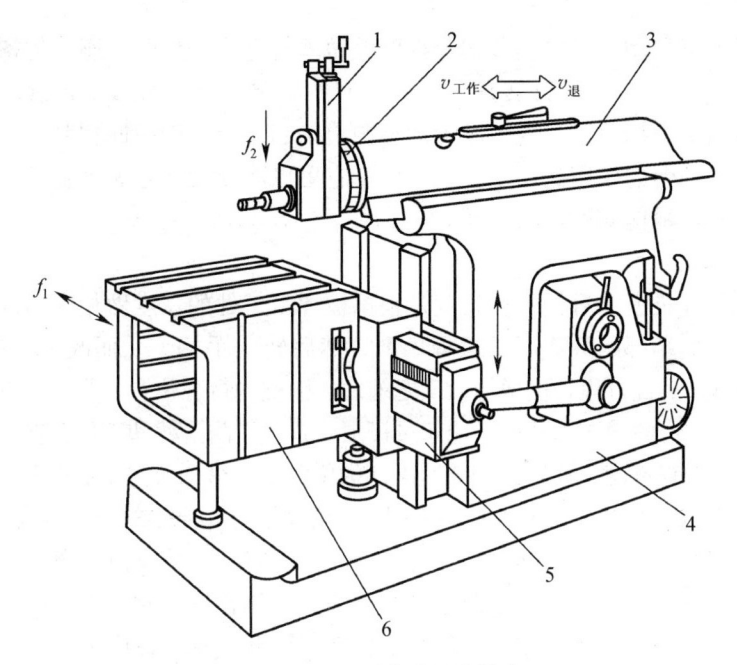

图 8.2　B6065 型牛头刨床的外形
1—刀架；2—转盘；3—滑枕；4—床身；5—横梁；6—工作台

②滑枕。滑枕的前端有环形 T 形槽，用于安装刀架及调节刀架的偏转角度，滑枕下面有两条导轨，与床身的水平导轨结合并做往复运动。

刨床的主运动由电动机通过带轮传给床身内的变速机构，然后由摆杆导杆机构（见图 8.3）将旋转运动变为滑枕的往复直线运动。刨床的横向进给运动是在滑枕的两次往复直线运动的间歇中进行的，其他方向的进给运动则靠转动刀架手柄来实现。

③刀架。刀架用来装夹刨刀，并使刨刀沿垂直方向或倾斜方向移动，以控制切削深度。它由刻度转盘、溜板、刀座、抬刀板和刀夹等组成，如图 8.4 所示。转动手柄可以使刨刀沿

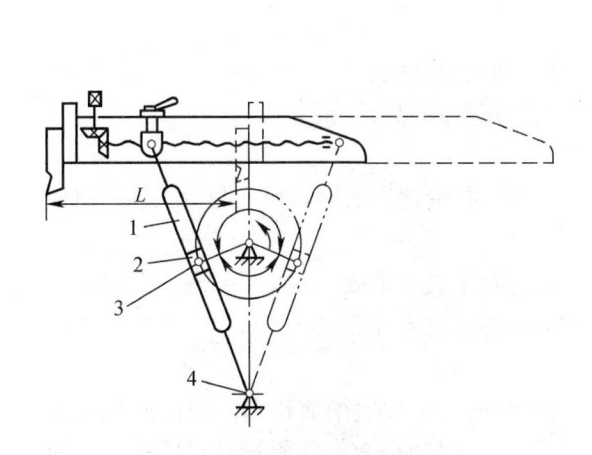

图 8.3　刨床滑枕运动机构
1—摆杆；2—滑块；3—曲柄销；4—支点

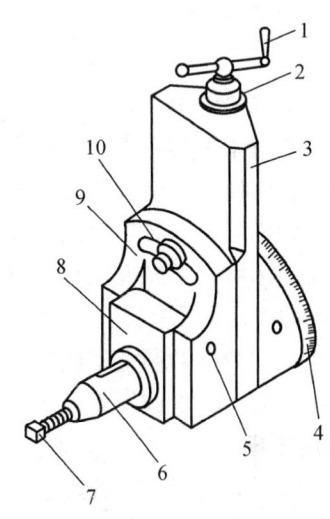

图 8.4　刀架机构
1—手柄；2—刻度盘；3—溜板；4—刻度转盘；5—轴；6—刀夹；7—紧固螺钉；8—抬刀板；9—刀座；10—螺母

转盘上的导轨做上下移动，用以调节切削深度或做垂直进给。松开刀座上的螺母可以使刀座在溜板上做±15°的转动；若松开转盘与滑枕之间的固定螺母，可以使转盘做±60°的转动，用以加工侧面或斜面。抬刀板可绕刀座上的轴向上抬起，避免刨刀回程时与工件摩擦。

④工作台。工作台的作用是用于安装工件。它可以随横梁一起做垂直运动，也可以沿横梁做横向水平运动或横向间歇进给运动。

（2）牛头刨床的操作

①调整滑枕行程长度。滑枕行程长度是根据被加工工件的长度做相应的调整。其方法是将调节行程长度手柄端部的滚花压紧螺母松开，然后转动手柄，从而改变滑枕的行程长度。手柄顺时针转动时，滑枕行程长度增加，反之缩短。滑枕的行程位置、行程长度在调整中不能超过极限位置，工作台的横向移动也不能超过极限位置，以防滑枕和工作台在导轨上脱落。

②滑枕的工作行程速度。通过改变变速手柄的位置便可得到所需要的滑枕工作行程速度。

③调整进给量和进给方向。B6065型牛头刨床进给级数为16级，进给量的大小是通过进给量调整手柄拨动棘轮的齿数多少来实现的。进给方向可通过进给运动换向手柄的变换来调整。

牛头刨床的刀具只在一个运动方向上进行切削，刀具在返回时不进行切削，空行程损失大；此外，滑枕在换向的瞬间，有较大的冲击惯性，因此主运动速度不能太高。加工时通常只能单刀加工，所以它的生产率比较低。牛头刨床的主参数是最大刨削长度。它适用于单件小批量生产或机修车间，用来加工中、小型工件的平面或沟槽。

（3）牛头刨床的日常维护保养

①保持床身、横梁、滑枕等润滑部位的清洁，在工作结束后，要擦净机床，并涂上一层润滑油。

②班前和班后，必须根据润滑指示牌的要求合理加注清洁的润滑油。

③在开动刨床前，各有关手柄都应准确地扳到所需的位置上。绝对禁止在工作过程中变速。

④移动工作台、刀架或横梁时，应注意不要超过极限位置。

⑤机床不允许超负荷工作。

⑥如果需要较长时间停车，则牛头刨床的滑枕、工作台的质量应均衡地分布在床身及横梁导轨面上。

（4）刨工安全操作

除参照执行车工实习安全技术要求外，还应注意如下几点：

①多人共同使用一台刨床时，只能一人操作，并注意其他人的安全。

②工件和刨刀必须装夹牢固，以防发生事故。

③开动刨床后，不允许操作者离开机床，也不能开机变速、清除切屑、测量工件，以防发生人身事故。

④工作台和滑枕的调整不能超过极限位置，以防发生设备事故。

⑤工作中突然断电或发生事故时，应立即停车并切断电源开关。

2. 龙门刨床

图8.5所示为龙门刨床的外形，因它具有一个"龙门"式框架而得名。龙门刨床工作时，工件装夹在工作台9上，随工作台沿床身10的水平导轨做直线往复运动以实现切削过程的主运动。装在横梁2上的垂直刀架5、6可沿横梁导轨做间歇的横向进给运动，用以刨削工件的水平面，垂直刀架的溜板还可使刀架上下移动，做切入运动或刨竖直平面。此外，

刀架溜板还能绕水平轴调整至一定角度位置,以加工斜面或斜槽。横梁2可沿左右立柱3、7的导轨做垂直升降以调整垂直刀架位置,适应不同高度工件的加工需要。装在左右立柱上的侧刀架1、8可沿立柱导轨做垂直方向的间歇进给运动,以刨削工件竖直平面。

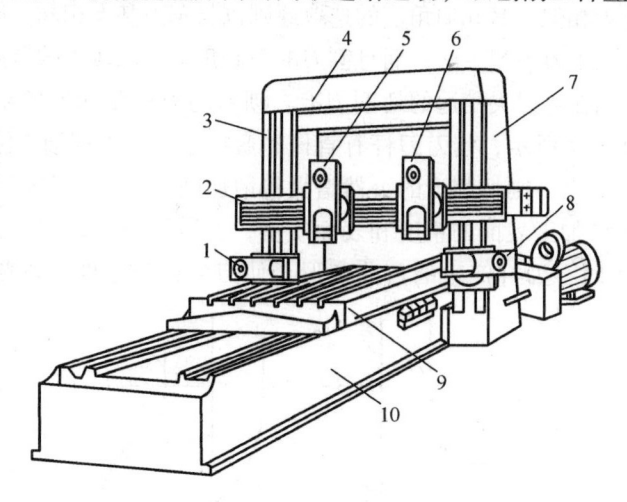

图 8.5　龙门刨床的外形
1,8—左、右侧刀架；2—横梁；3,7—立柱；4—顶梁；5,6—垂直刀架；9—工作台；10—床身

与牛头刨床相比,龙门刨床具有形体大、动力大、结构复杂、刚性好、工作稳定、工作行程长、适应性强和加工精度高等特点。龙门刨床的主参数是最大刨削宽度。它主要用来加工大型零件的平面,尤其是窄而长的平面,也可加工沟槽或在一次装夹中同时加工数个中、小型工件的平面。

3. 插床

插削和刨削的切削方式基本相同,只是插削是在竖直方向进行切削。因此,可以认为插床是一种立式的刨床。图 8.6 所示为插床的外形。插削加工时,滑枕2带动插刀沿竖直方向做直线往复运动,实现切削过程的主运动。工件安装在圆工作台1上,圆工作台可实现纵向、横向和圆周方向的间歇进给运动。此外,利用分度装置5圆工作台可进行圆周分度。滑枕导轨座3和滑枕一起可以绕销轴4在垂直平面内相对立柱倾斜0°~8°,以便插削斜槽和斜面。

插床的主参数是最大插削长度。插削主要用于单件、小批量生产中加工工件的内表面,如方孔、多边形孔和键槽等。在插床上加工内表面,比刨床方便,但插刀刀杆刚性差,为防止"扎刀",前角不宜过大,因此加工精度比刨削低。

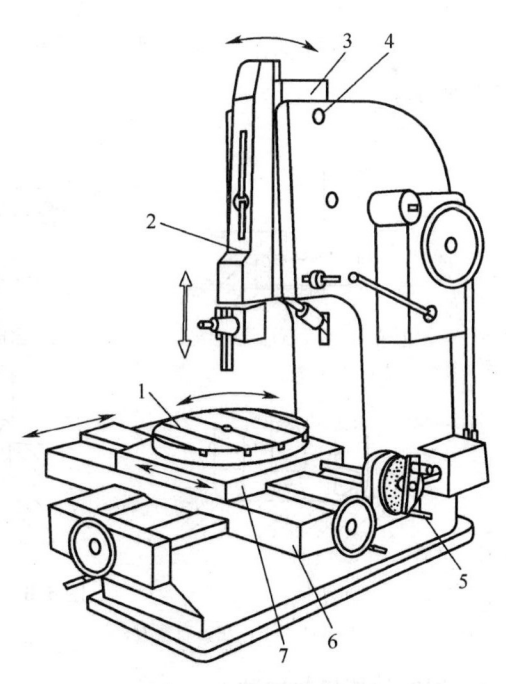

图 8.6　插床的外形
1—圆工作台；2—滑枕；3—滑枕导轨座；4—销轴；
5—分度装置；6—床鞍；7—溜板

· 199 ·

（二）刨刀及其安装

1. 刨刀

刨刀的结构与车刀相似，其几何角度的选取原则也与车刀基本相同。但因刨削过程中有冲击，所以刨刀的前角比车刀小 $5°\sim6°$；而且刨刀的刃倾角也应取较大的负值，以使刨刀切入工件时产生的冲击力作用在离刀尖稍远的切削刃上。刨刀的刀杆截面比较粗大，以增加刀杆刚性和防止折断。如图 8.7 所示，刨刀刀杆有直杆和弯杆之分，直杆刨刀刨削时，如遇到加工余量不均或工件上的硬点，则切削力的突然增大将增加刨刀的弯曲变形度，造成切削刃扎入已加工表面，会降低已加工表面的精度和表面质量，也容易损坏切削刃。若采用弯杆刨刀，则当切削力突然增大时，刀杆产生的弯曲变形会使刀尖离开工件，避免扎入工件。

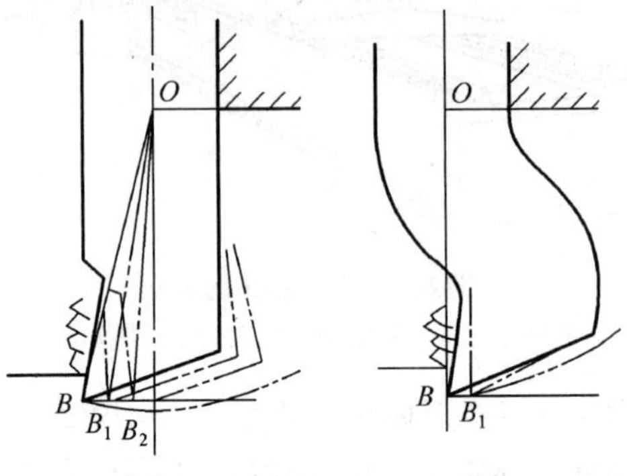

图8.7 刨刀刀杆形状

（a）直杆刨刀；（b）弯杆刨刀

常用刨刀有直杆刨刀、弯头刨刀、平面刨刀、偏刀、切刀、成形刨刀、宽刃刨刀等，如图 8.8 所示。

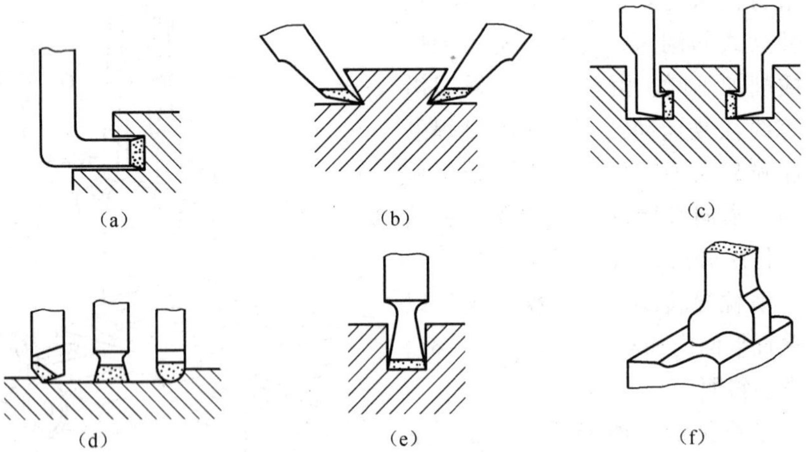

图8.8 常用刨刀

（a）弯头刨刀；（b）左、右偏刀；（c）左、右弯刀；（d）平面刨刀；（e）切刀；（f）成形刨刀

2. 刨刀的选择与安装

（1）刨刀的选择

一般根据工件的材料和加工要求来确定所用的刨刀。加工铸铁工件时，通常采用钨钴类

硬质合金刀头;加工钢制工件时,一般采用高速工具钢弯头刀。

(2) 刨刀的安装

将选择好的刨刀插入夹刀座的方孔内,然后用紧固螺钉压紧,并注意以下事项:

①刨平面时刀架和刀座都应在中间垂直的位置上。

②刨刀在刀架上不能伸出太长,以免加工时发生振动或折断。直头刨刀伸出的长度(超出刀座下端的长度),一般不宜超过刀杆厚度的 1.5~2 倍。弯头刨刀一般稍长于弯头部分。

③装刀和卸刀时,用一只手扶住刨刀,另一只手从上向下或倾斜向下扳动刀夹螺栓,夹紧或松开刨刀。

3. 选择刨削用量

选择背吃刀量,应根据工件加工面的加工余量大小,尽可能在两次或三次走刀中达到图样要求的尺寸。如分两次走刀时,第一次粗刨后约留 0.5 mm 的精加工余量,第二次精刨到所需尺寸。

进给量和刨削速度的选取应根据加工的性质来决定。粗加工时,可采用试刨的方法,把进给量和刨削速度逐渐加大,使刨床发挥最大的效率;精加工时,应根据加工面的质量要求和选用的刀具几何形状等条件来选取。如加工面质量要求较高,或选用的刀尖圆弧半径较小,进给量可取小些。

(三) 工件的安装

刨床上常用的装夹工具有压板、压紧螺栓、平行垫铁、斜垫铁、支撑板、挡块、阶台垫铁、V 形架、螺丝撑、千斤顶和平口钳等。形状简单、尺寸较小的工件可装夹在平口钳上,如图 8.9 所示。尺寸较大、形状复杂的工件可直接装夹在工作台上,如图 8.10 所示。

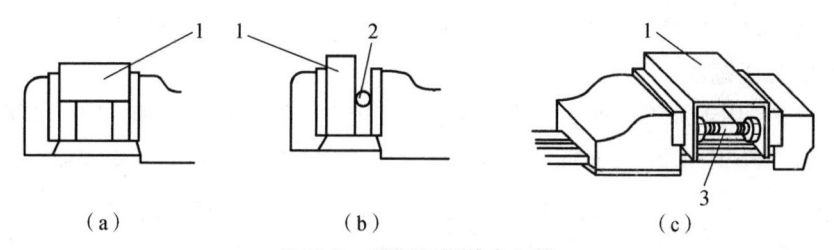

图 8.9 用平口钳装夹工件

1—工件;2—圆柱棒;3—螺杆

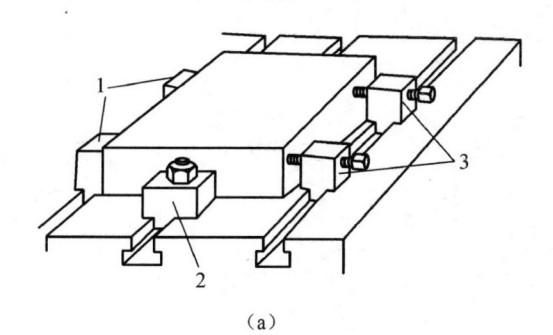

图 8.10 用螺丝撑、挡块、压板等在工作台上装夹工件

(a) 用螺丝撑和挡块夹紧

1,2—挡块;3—螺丝撑

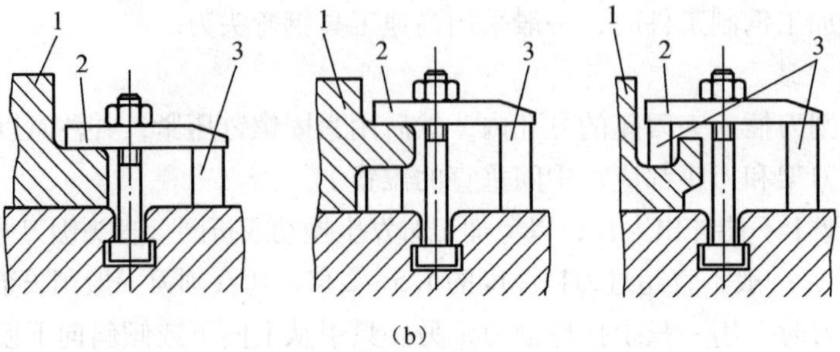

金属工艺实训

（b）

图 8.10　用螺丝撑、挡块、压板等在工作台上装夹工件（续）

（b）用压板夹紧

1—工件；2—压板；3—垫铁

（四）刨削的特点和加工范围

按照切削时主运动方向的不同，刨削可分为水平刨削和垂直刨削。水平刨削一般称为刨削，垂直刨削则称为插削。

1. 刨削的特点

①刨削加工换向时因为要克服惯性，限制主运动速度的提高，而且其进程切削、回程不切削，所以生产效率较低，在大批量生产中应用较少。

②刨削加工精度较低。粗刨的尺寸公差等级为 IT13～IT11，表面粗糙度 Ra 为 12.5 μm；精刨后尺寸公差等级为 IT9～IT7，表面粗糙度 Ra 为 3.2～1.6 μm，直线度为 0.04～0.08 mm/m。

③刨床的结构及刀具简单，成本较低，调整灵活方便，加工适应性强，而且对加工狭长表面，如各种机床的床身导轨等，刨削加工比其他加工方法的优势更为明显。

④刨削加工时，开始切入有冲击力，且为断续切削，故切削不稳定。

2. 刨削的加工范围

刨削加工主要用于加工各种平面（如水平面、垂直面和斜面等）和沟槽（如 T 形槽、燕尾槽、V 形槽等）。典型的刨削加工如图 8.11 所示（图中的切削运动是按牛头刨床加工时标注的）。

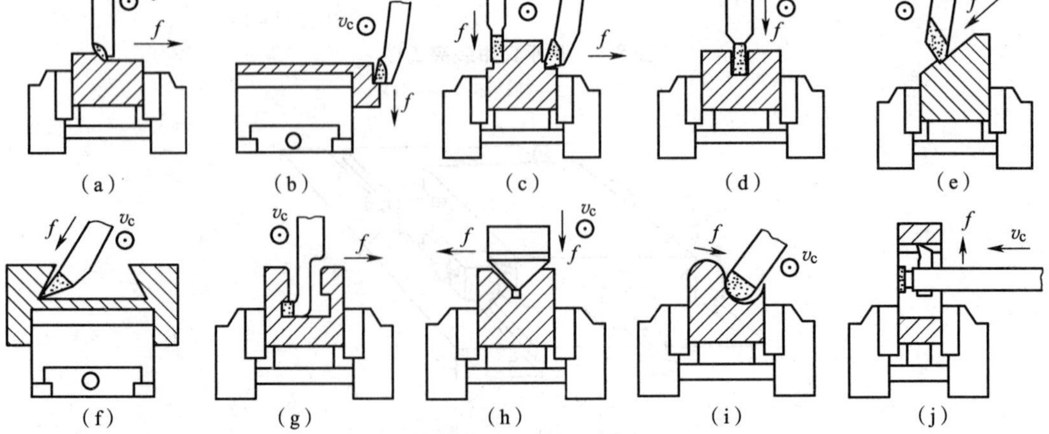

图 8.11　典型的刨削加工

（a）刨平面；（b）刨垂直面；（c）刨阶台；（d）刨垂直沟槽；（e）刨斜面；

（f）刨燕尾槽；（g）刨 T 形槽；（h）刨 V 形槽；（i）刨曲面；（j）刨内孔键槽

· 202 ·

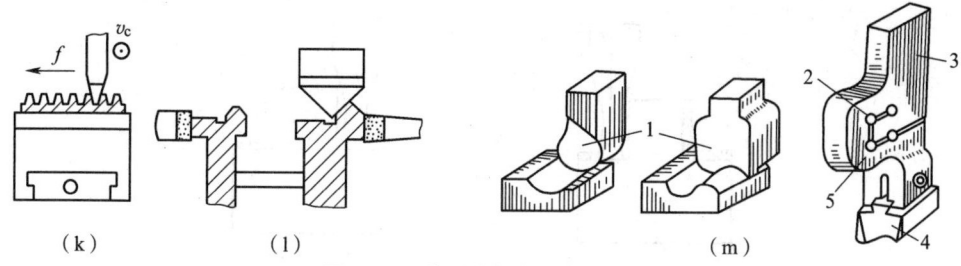

图 8.11 典型的刨削加工（续）

（k）刨齿条；（l）龙门刨刨复合面；（m）刨成形面
1,4—刀头；2—调节螺钉；3—弹簧刀杆；5—鹅颈

（五）刨平面

刨平面是刨削加工最基本的内容。

1. 刨削一般平面

刨削一般平面的方法与步骤如下：

①装夹工件。

②选择和安装刨刀。一般用两侧切削刃对称的尖刀。

③刨刀安装好后，调整刨床，根据刨削速度（一般在 17~50 m/min）来确定滑枕每分钟的往复次数，再根据夹好工件的长度和位置来调整滑枕的行程长度和行程起始位置。

（4）对刀试刨。开车对刀，使刀尖轻轻地擦在加工平面表面上，观察刨削位置是否合适；如不合适，需停车重新调整行程长度和起始位置。刨削背吃刀量为 0.2~2 mm，进给量为 0.33~0.66 mm/str（即棘爪每次摆动拨动棘轮转过一个或两个齿）。

⑤倒角或去毛刺。

⑥检查尺寸。

2. 刨削阶台

阶台是由两个成直角的面连接而成的，其刨削方法是刨水平面和垂直面两种方法的组合。刨削图 8.12 所示阶台形工件的步骤如下：

①先刨出阶台外的 5 个关联面 A、B、C、D、E 面。

②在工件端面上划出加工的阶台线。

③用平口钳以工件底面 A 为基准装夹，并校正工件，将顶面刨至尺寸要求。

④用右偏刀和左偏刀分别粗刨左边和右边阶台。

⑤用两把精刨偏刀精刨两边阶台面，如图 8.13 所示。或者用一把切断刀精刨两边阶台面，如图 8.14 所示，并严格控制阶台表面间的尺寸。

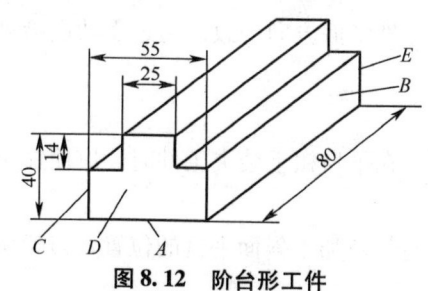

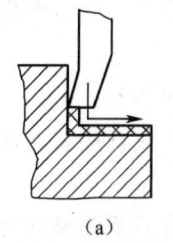

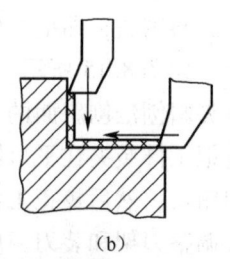

图 8.12 阶台形工件

图 8.13 偏刀精刨阶台的走刀方法

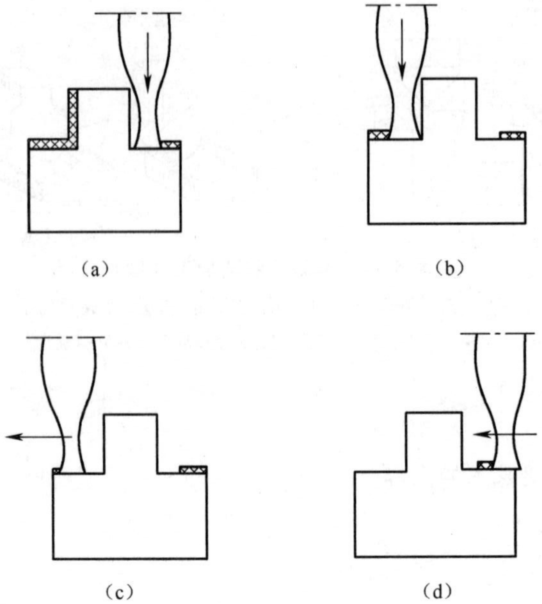

金属工艺实训

（a）　　　　　　　　　　　（b）

（c）　　　　　　　　　　　（d）

图 8.14　切断刀精刨阶台的走刀方法

3. 刨削斜面

刨削斜面工件，一般应先将互相垂直的几个平面刨好，然后划出斜面的加工线，最后刨斜面。斜面的刨削方法有多种，刨削时应根据工件形状、加工要求、数量等具体情况来选用。常用的刨斜面方法有正夹斜刨法和斜夹平刨、转动钳口垂直刨、用成形刨刀（样板刨刀）刨斜面法等，分别如图 8.15 和图 8.16 所示。这里主要介绍正夹斜刨法刨斜面。

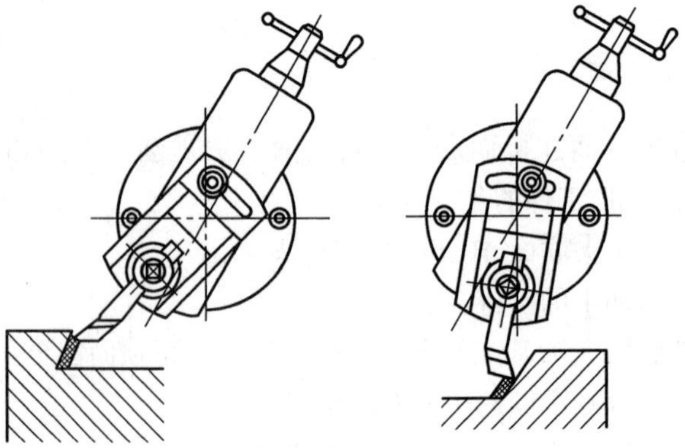

图 8.15　正夹斜刨法刨斜面

正夹斜刨法，即把刀架倾斜，使溜板移动方向与工件斜面方向一致，通过手动进给来刨削斜面，如图 8.15 所示。

正夹斜刨法刨斜面的步骤如下：

①把工件装夹在平口钳上或直接装夹在工作台上。在平口钳上装夹工件时，应使加工部分露出钳口，然后校正工件。

②调整刀架和装刀。应将刀架调整到使进刀的方向与被加工斜面平行的位置，刀架调整

· 204 ·

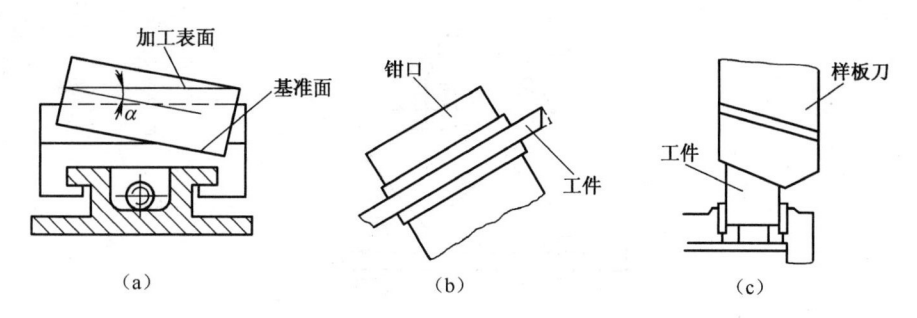

图 8.16　刨斜面的其他方法
(a) 斜夹平刨；(b) 转动钳口的垂直刨；(c) 用成形刀刨

好后，还要旋转拍板座，拍板座调整到位后再将刨刀装到刀架上。

③粗刨斜面，留 0.3～0.5 mm 的余量。

④精刨斜面，刨内斜面时切削速度和进给量都要小一些。

⑤用样板或万能角度尺检验工件。

(六) 刨 V 形槽与 T 形槽

1. 刨 V 形槽

V 形槽是零件上常见的槽形，多用于导轨结合面。刨削 V 形槽，是综合刨斜面和刨沟槽两种方法进行的。其加工步骤如下：

①在工件上划出 V 形槽的加工线。

②用水平走刀法粗刨去大部分加工余量，如图 8.17 (a) 所示。

③用切槽刀在工件中央位置刨直槽，以利于斜面的刨削，如图 8.17 (b) 所示。

④选用左角度偏刀刨左侧斜面及底面左半部，如图 8.17 (c) 所示。

⑤选用右角度偏刀刨右侧斜面及底面右半部，如图 8.17 (d) 所示。

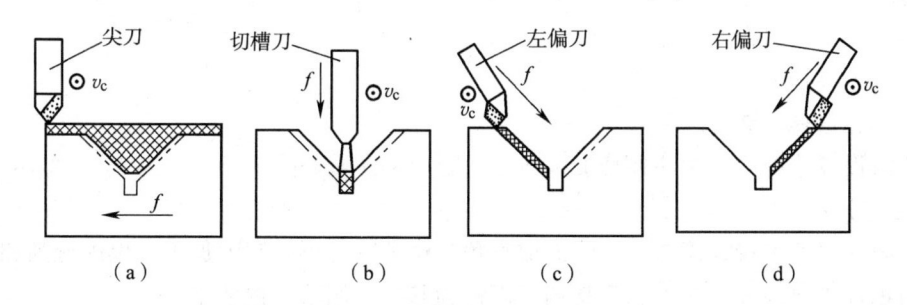

图 8.17　V 形槽的刨削方法

在刨 90°夹角的 V 形槽时，也可将工件倾斜装夹，使 T 形槽中的一个斜面处于垂直位置，而另一个斜面处于水平位置，然后按刨削阶台面的方法进行刨削，如图 8.18 所示。

2. 刨 T 形槽

刨 T 形槽的加工步骤如图 8.19 所示。在刨削过程中，先刨直槽，再用弯切刀刨左、右两侧。用弯切刀刨左、右两侧时，要适当加长刨刀两端的越程长度，以保证刨刀有抬起和放下的时间。

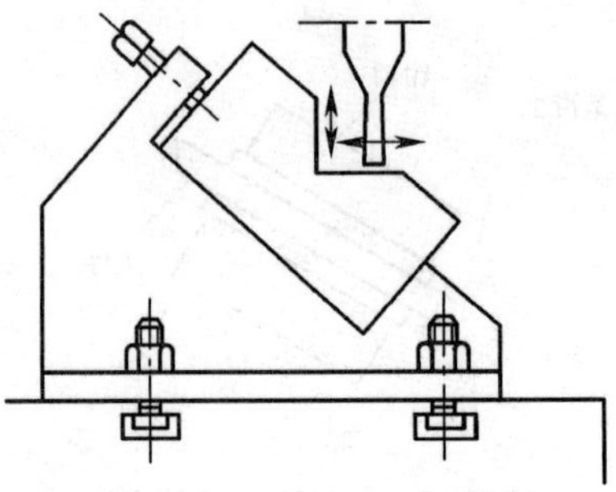

图 8.18　90°V 形槽的刨削方法

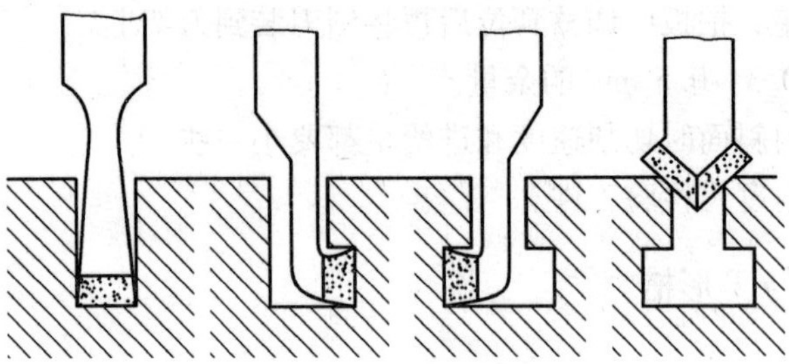

图 8.19　刨 T 形槽的步骤

三、项 目 实 施

（一）实训准备

1. 工艺准备
①熟悉图纸（见图 8.1）。
②检查毛坯是否与图纸相符合。
③工具、量具、夹具准备。
④所需设备检查（如牛头刨床）。

2. 工艺分析
零件要求对面平行，还要求相邻面成直角。这类零件可以刨削加工，也可铣削加工。
①根据加工要求选择较大和平整的平面作为基准，用平口钳装夹。
②将平面刨刀装夹在刀架上，调整刨床后刨削平面。
③换偏刀刨削垂直面，检验工件垂直度要求。
④用已刨出的平面为基准装夹，分别刨出另外两个平面（注意：要保证对应面的平行度要求）。

3. 准备要求
①材料准备。
材料：45 钢锻件。
规格：85 mm×55 mm×65 mm。

数量：1件。

②设备准备。牛头刨床、垫铁、圆棒、平口钳及机床附件等。

③工、量、刀具准备。游标高度尺、游标卡尺、75°刨刀等。

(二) 操作步骤

刨削六面体一般采用图8.20所示的加工程序。

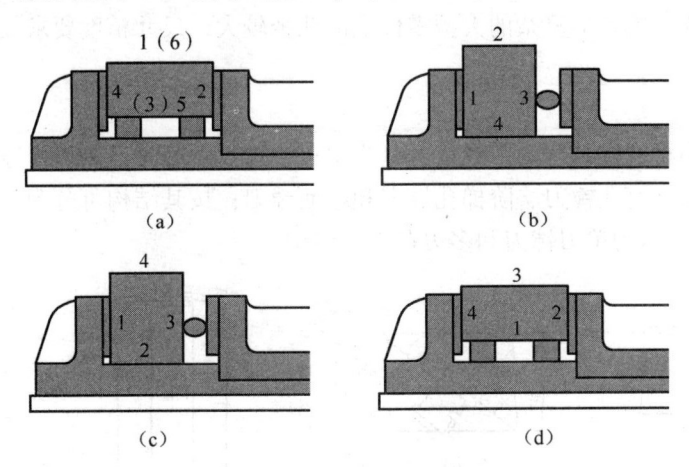

图8.20 保证4个面垂直度的加工程序

①一般是先刨出大面1，作为精基面，如图8.20（a）所示。

②将已加工的大面1作为基准面贴紧固定钳口。在活动钳口与工件之间的中部垫一个圆棒后夹紧，然后加工相邻的面2，如图8.20（b）所示。面2对面1的垂直度取决于固定钳口与水平走刀的垂直度。在活动钳口与工件之间垫一个圆棒，是为了使夹紧力集中在钳口中部，以利于面1与固定钳口可靠地贴紧。

③把加工过的面2朝下，同样按上述方法，使基面1紧贴固定钳口。夹紧时，用手锤轻轻敲打工件，使面2贴紧平口钳，就可以加工面4，如图8.20（c）所示。

④把面1放在平行垫铁上，工件直接夹在两个钳口之间，然后加工面3，如图8.20（d）所示。夹紧时要求用手锤轻轻敲打，使面1与垫铁贴实。

⑤加工面5、6，校正加工面的垂直度，使面1贴紧平口钳，就可以加工面5；调头同样的方法加工面6。

(三) 注意事项

①刨削垂直面时，刀架下部不要与工件碰撞，以免碰坏刀架和工件。

②工件不要伸出钳口太长。刨垂直面时，横向自动进给手柄必须放在空挡位置上。

四、知识扩展

(一) 镗削加工

镗孔是用镗刀在已有孔的工件上使孔径扩大并达到精度和表面粗糙度要求的加工方法。

镗孔是常用的孔加工方法之一，其加工范围广泛。一般镗孔的精度可达 IT8 ~ IT7，表面粗糙度 Ra 值可达 1.6 ~ 0.8 μm；精细镗时，精度可达 IT7 ~ IT6，表面粗糙度 Ra 值为 0.8 ~ 0.1 μm。根据工件的尺寸形状、技术要求及生产批量的不同，镗孔可以在镗床、车床、铣床、数控机床和组合机床上进行。一般回旋体零件上的孔多用车床加工，而箱体类零件上的孔或孔系（即要求相互平行或垂直的若干孔）则可以在镗床上加工。

镗孔不但能校正原有孔轴线的偏斜，而且能保证孔的位置精度，所以镗削加工适用于加工机座、箱体、支架等外形复杂的大型零件上的孔径较大、尺寸精度要求较高、有位置要求的孔和孔系。

1. 镗刀

镗刀有多种类型，按其切削刃数量可分为单刃镗刀、双刃镗刀和多刃镗刀；按其加工表面可分为通孔镗刀、盲孔镗刀、阶梯孔镗刀和端面镗刀；按其结构可分为整体式、装配式和可调式。图 8.21 所示为单刃镗刀和多刃镗刀的结构。

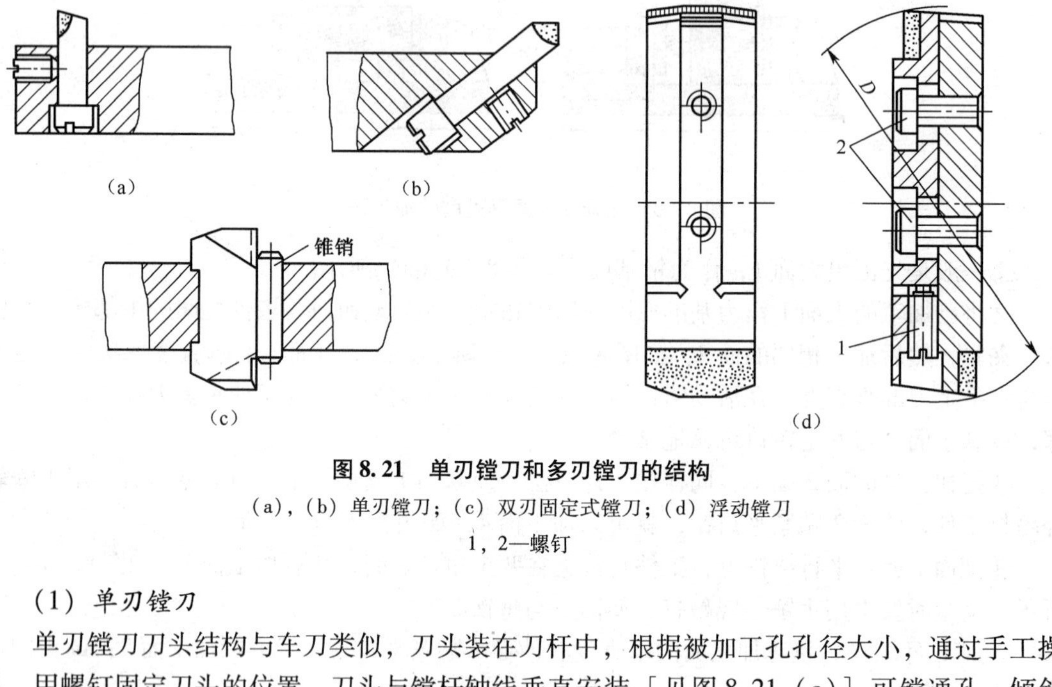

图 8.21　单刃镗刀和多刃镗刀的结构

(a)，(b) 单刃镗刀；(c) 双刃固定式镗刀；(d) 浮动镗刀

1，2—螺钉

（1）单刃镗刀

单刃镗刀刀头结构与车刀类似，刀头装在刀杆中，根据被加工孔孔径大小，通过手工操纵，用螺钉固定刀头的位置。刀头与镗杆轴线垂直安装 ［见图 8.21 （a）］ 可镗通孔，倾斜安装 ［见图 8.21 （b）］ 可镗盲孔。

单刃镗刀结构简单，可以校正原有孔轴线偏斜和小的位置偏差，适应性较广，可用来进行粗加工、半精加工或精加工。但是，所镗孔径尺寸的大小要靠人工调整刀头的悬伸长度来保证，较为麻烦，加之仅有一个主切削刃参加工作，故生产效率较低，多用于单件小批量生产。

（2）双刃镗刀

双刃镗刀有两个对称的切削刃，切削时径向力可以相互抵消，工件孔径的尺寸和精度由镗刀径向尺寸保证。

图 8.21 （c）所示为双刃固定式镗刀。工作时，镗刀块可通过斜楔、锥销或螺钉装夹在镗杆上，镗刀块相对于轴线的位置偏差会造成孔径误差。双刃固定式镗刀是定尺寸刀具，适

用于粗镗或半精镗直径较大的孔。

图 8.21（d）所示为可调节浮动镗刀，调节时，先松开螺钉 2，转动螺钉 1，改变刀片的径向位置至两切削刃之间尺寸等于所要加工孔径尺寸，最后拧紧螺钉 2。工作时，镗刀块在镗杆的径向槽中不紧固，能在径向自由滑动，刀块在切削力的作用下保持平衡对中，可以减少镗刀块安装误差及镗杆径向跳动所引起的加工误差，而获得较高的加工精度。但它不能校正原有孔轴线的偏斜或位置误差，其使用应在单刃镗削之后进行。浮动镗削适于精加工批量较大、孔径较大的孔。

2. 镗床

镗床主要用于加工尺寸较大且精度要求较高的孔，特别是分布在不同表面上、孔距和位置精度要求很严格的孔系，如箱体、汽车发动机缸体等零件上的孔系加工。镗床工作时，由刀具做旋转主运动，进给运动则根据机床类型和加工条件的不同或者由刀具完成，或者由工件完成。镗床主要类型有卧式镗床、坐标镗床以及金刚镗床等。

（1）卧式镗床

卧式镗床的外形如图 8.22 所示。它主要由床身 10、主轴箱 8、工作台 3、平旋盘 5 和前后立柱 7、2 等组成。主轴箱中装有镗轴 6、平旋盘 5 及主运动和进给运动的变速、操纵机构。加工时，镗轴 6 带动镗刀旋转形成主运动，并可沿其轴线移动实现轴向进给运动；平旋盘 5 只做旋转运动，装在平旋盘端面燕尾导轨中的径向刀架 4 除了随平旋盘一起旋转外，还可带动刀具沿燕尾导轨做径向进给运动；主轴箱 8 可沿前立柱 7 的垂直导轨做上下移动，以实现垂直进给运动。工件装夹在工作台 3 上，工作台下面装有下滑座 11 和上滑座 12，下滑座可沿床身 10 的水平导轨做纵向移动，实现纵向进给运动；工作台还可在上滑座的环形导轨上绕垂直轴回转，进行转位；以及上滑座沿下滑座的导轨做横向移动，实现横向进给。再利用主轴箱上、下位置调节，可使工件在一次装夹中，对工件上相互平行或成一定角度的平面或孔进行加工。后立柱 2 可沿床身导轨做纵向移动，支架 1 可在后立柱垂直导轨上进行上下移动，用以支承悬伸较长的镗杆，以增加其刚性。

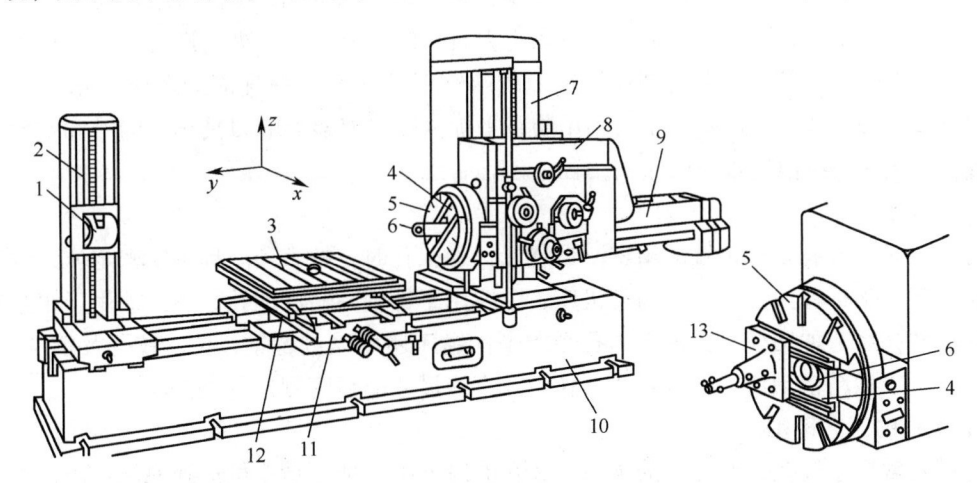

图 8.22 卧式镗床

1—支架；2—后立柱；3—工作台；4—径向刀架；5—平旋盘；6—镗轴；7—前立柱；
8—主轴箱；9—后尾筒；10—床身；11—下滑座；12—上滑座；13—刀座

金属工艺实训

综上所述，卧式镗床的主运动有：镗轴和平旋盘的旋转运动（二者是独立的，分别由不同的传动机构驱动）；进给运动有：镗轴的轴向进给运动，平旋盘上径向刀架的径向进给运动，主轴箱的垂直进给运动，工作台的纵向、横向进给运动；此外，辅助运动有：工作台转位，后立柱纵向调位，后立柱支架的垂直方向调位，以及主轴箱沿垂直方向和工作台沿纵、横方向的快速调位运动。

卧式镗床结构复杂，通用性较强，除可进行镗孔外，还可进行钻孔、加工各种形状沟槽、铣平面、车削端面和螺纹等。卧式镗床的主参数是镗轴直径。它广泛用于机修和工具车间，适用于单件小批量生产。图8.23所示为卧式镗床的典型加工方法。

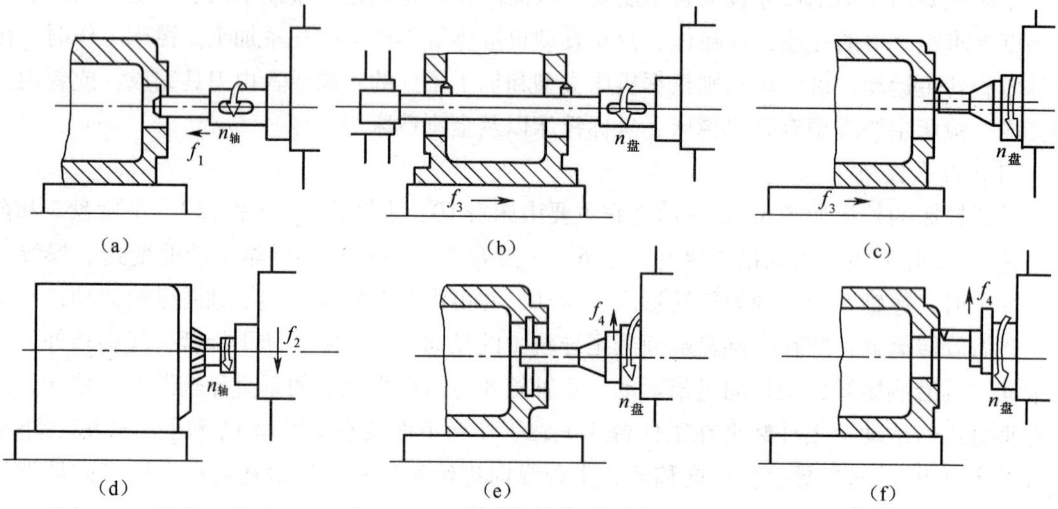

图8.23 卧式镗床的典型加工方法

其中，图8.23（a）所示为利用装在镗轴上的镗刀镗孔，纵向进给运动 f_1 由镗轴移动完成；图8.23（b）所示为利用后立柱支架支承长镗杆镗削同轴孔，纵向进给运动 f_3 由工作台移动完成；图8.23（c）所示为利用平旋盘上刀具镗削大直径孔，纵向进给运动 f_3 由工作台完成；图8.23（d）所示为利用装在镗轴上的端铣刀铣平面，垂直进给运动 f_2 由主轴箱完成；图8.23（e）、8.23（f）所示为利用装在平旋盘径向刀架上的刀具车内沟槽和端面，径向进给运动 f_4 由径向刀架完成。

（2）坐标镗床

该类机床上具有坐标位置的精密测量装置，加工孔时，按直角坐标来精密定位，所以称为坐标镗床。坐标镗床是一种高精度机床，主要用于镗削高精度的孔，特别适用于相互位置精度很高的孔系，如钻模、镗模等的孔系。坐标镗床还可以进行钻、扩、铰孔及精铣加工。此外，还可以做精密刻线、样板划线、孔距及直线尺寸的精密测量等工作。

3. 镗孔的工艺范围

①镗孔常用于铰孔、磨孔前的预加工和孔的终加工。加工精度可达到IT8～IT6，表面粗糙度 Ra 值达6.3～0.8 μm。

②适合于加工大直径孔，特别对于大于100 mm的较大直径孔，镗孔几乎是唯一的加工方法。

· 210 ·

③镗孔具有较强的误差修正能力。镗孔不但能修正上道工序所造成的孔中心线偏斜误差，而且能够保证被加工孔和其他表面（或中心要素）保持一定的位置精度，所以非常适合平行孔系、同轴孔系和垂直孔系的加工。但镗轴采用浮动连接时，孔的尺寸精度和位置精度则由镗模来保证。

（二）拉削加工

在拉床上用拉刀加工工件的工艺过程称为拉削加工。拉削工艺范围广，不但可以加工各种形状的通孔，还可以拉削平面及各种组合成形表面。图 8.24 所示为适用于拉削加工的典型工件截面形状。由于受拉刀制造工艺以及拉床动力的限制，过小或过大尺寸的孔均不适宜拉削加工（拉削孔径一般为 10~100 mm，孔的深径比一般不超过5），盲孔、台阶孔和薄壁孔也不适宜拉削加工。

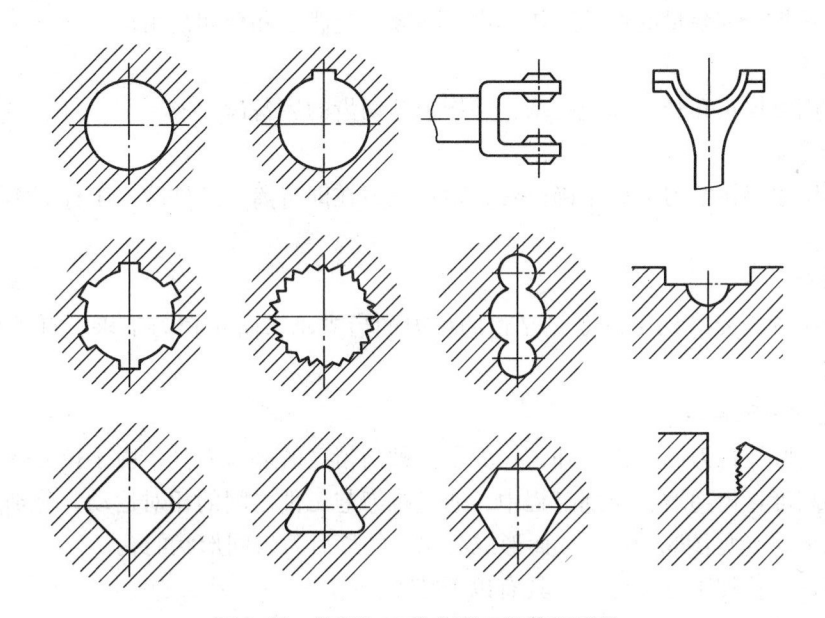

图 8.24 拉削加工的典型工件截面形状

1. 拉刀

根据工件加工面及截面形状不同，拉刀有多种形式。常用的圆孔拉刀结构如图 8.25 所示。

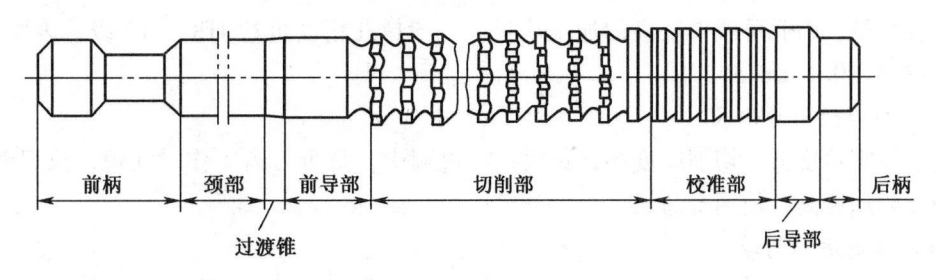

图 8.25 圆孔拉刀的结构

圆孔拉刀的结构组成包括以下几部分：

（1）前柄

前柄用以拉床夹头夹持拉刀，带动拉刀进行拉削。

（2）颈部

颈部是前柄与过渡锥的连接部分，可在此处打标记。

（3）过渡锥

过渡锥起对准中心的作用，使拉刀顺利进入工件预制孔中。

（4）前导部

前导部起导向和定心作用，防止拉孔歪斜，并可检查拉削前的孔径尺寸是否过小，以免拉刀第一个切削齿载荷太重而损坏。

（5）切削部

切削部承担全部余量的切除工作，由粗切齿、过渡齿和精切齿组成。

（6）校准部

校准部用以校正孔径，修光孔壁，并作为精切齿的后备齿。

（7）后导部

后导部用以保持拉刀最后正确位置，防止拉刀在即将离开工件时，工件下垂而损坏已加工表面或刀齿。

（8）后柄

后柄用作直径大于 60 mm 既长又重的拉刀的后支承，防止拉刀下垂。直径较小的拉刀可不设后柄。

2. 拉孔的工艺特点

分析前述圆孔拉刀的结构可知，拉刀是一种高精度的多齿刀具，由于拉刀从头部向尾部方向其刀齿高度逐齿递增，拉削过程中，通过拉刀与工件之间的相对运动，分别逐层从工件孔壁上切除金属（见图 8.26），从而形成与拉刀的最后刀齿同形状的孔。

拉孔与其他孔加工方法比较，具有以下特点：

（1）生产率高

拉削时，拉刀同时工作的刀齿数多、切削刃总长度长，在一次工作行程中就能完成粗、半精及精加工，机动时间短，因此生产率很高。

（2）可以获得较高的加工质量

拉刀为定尺寸刀具，有校准齿对孔壁进行校准、修光；拉孔切削速度低（$v_e = 2 \sim 8$ m/min），拉削过程平稳，因此可获得较高的加工质量。一般拉孔精度可达 IT8 ~ IT7 级，表面粗糙度 Ra 值为 $1.6 \sim 0.1$ μm。

（3）拉刀使用寿命长

由于拉削速度低、切削厚度小，每次拉削过程中，每个刀齿工作时间短，拉刀磨损慢，因此拉刀耐用度高，使用寿命长。

（4）拉削运动简单

拉削的主运动是拉刀的轴向移动，而进给运动是由拉刀各刀齿的齿升量 a_f（见图 8.26）来完成的。因此，拉床只有主运动，没有进给运动，拉床结构简单，操作方便。但拉刀结构较复杂，制造成本高。拉削多用于大批大量或成批生产中。

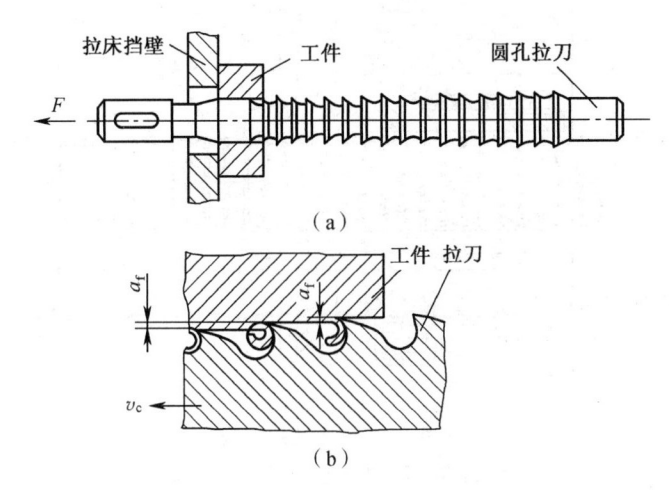

图 8.26 拉刀拉孔过程
(a) 拉削主运动；(b) 拉削进给运动

3. 拉床

拉床按用途可分为内拉床及外拉床，按机床布局可分为卧式和立式。其中，以卧式内拉床应用普遍。

图 8.27 所示为卧式内拉床的外形结构。液压缸 1 固定于床身内，工作时，液压泵供给压力油驱动活塞，活塞带动拉刀 4，连同拉刀尾部活动支承 5 一起沿水平方向左移，装在固定支承上的工件 3 即被拉制出符合精度要求的内孔。其拉力通过压力表 2 显示。

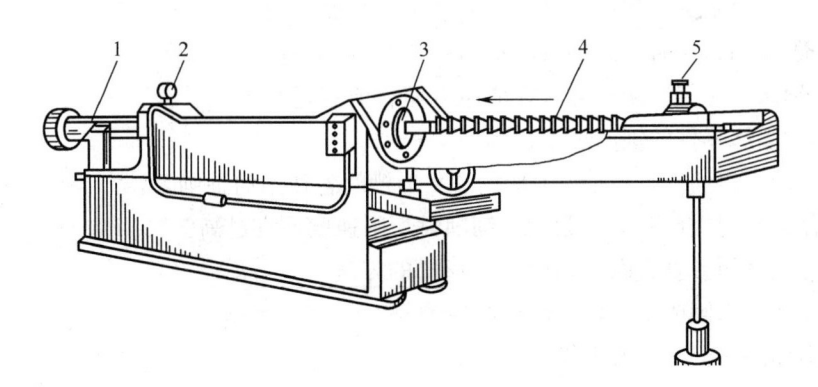

图 8.27 卧式内拉床
1—液压缸；2—压力表；3—工件；4—拉刀；5—活动支承

拉削圆孔时，工件一般不需夹紧，只以工件端面支承，因此，工件孔的轴线与端面之间应有一定的垂直度要求。当孔的轴线与端面不垂直时，则需将工件的端面紧贴在一个球面垫板上，如图 8.28 所示。在拉削力作用下，工件 3 连同球面垫板 2 在固定支承架 1 上做微量转动，以使工件轴线自动调到与拉刀轴线一致的方向。

· 213 ·

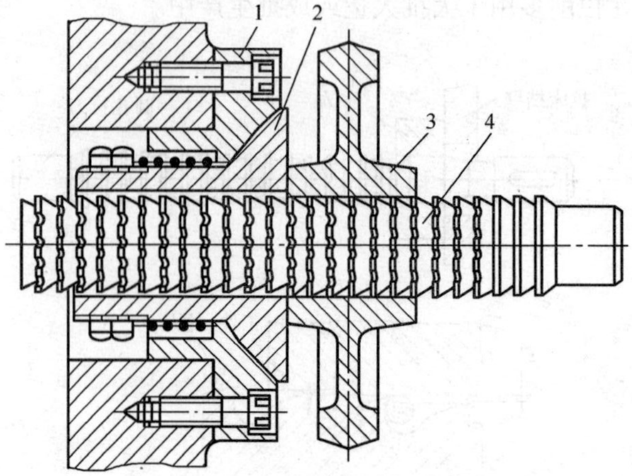

图 8.28 拉圆孔的方法

1—固定支承架；2—球面垫板；3—工件；4—拉刀

思考与实训

1. 刨床的主运动和进给运动是什么？刨削运动有何特点？

2. 牛头刨床主要由哪几部分组成？各部分都有何作用？

3. 刨刀与车刀相比有何异同点？

4. 为什么刨刀往往做成弯头？

5. 刨垂直面时，为什么刀架要偏转一定的角度？如何偏转？

6. 刨削前，牛头刨床需进行哪几方面的调整？如何调整？

7. 刨垂直面和斜面时，应如何调整刀架的各个部分？

8. 牛头刨床、龙门刨床和插床在应用方面有何不同？

9. 试述六面体零件的刨削加工过程。

10. 刨平面、斜面、垂直面、T形槽、V形槽时各选用何种刨刀？

11. 为什么刨削生产率低？为什么刨削时切削速度不宜过高？

12. 试述刨平面、垂直面、斜面和 T 形槽的方法。

13. 为什么牛头刨床很少使用硬质合金刀具？

14. 刨削如图 8.1 所示的工件。

项目九 磨 削 加 工

项目目标

- 了解磨削的基本知识。
- 掌握外圆磨削的基本操作技能。
- 掌握平面磨削的基本操作技能。
- 掌握内圆磨削的基本操作技能。

一、项目导入

磨削如图 9.1 所示的零件。

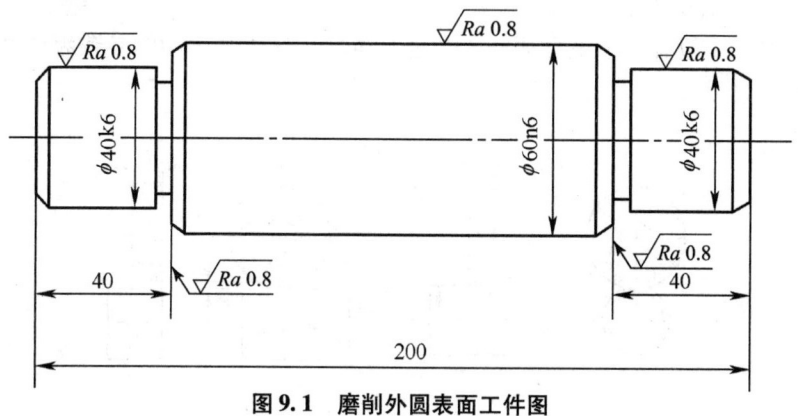

图 9.1 磨削外圆表面工件图

二、相关知识

以砂轮为刀具,以磨床为主要设备,对工件的表面进行精加工,使其在精度和表面粗糙度等方面达到设计要求的工艺过程叫作磨削加工,简称磨工。磨削加工的实质是用砂轮上的磨料自工件表面层切除细微切屑的过程。磨削是金属切削加工中常用的精加工方法。磨削时,砂轮高速旋转的运动为主运动,进给运动由工件和砂轮完成。磨削精度一般可达 IT6 ~ IT5,表面粗糙度 Ra 值一般为 0.8 ~ 0.08 μm。

(一)磨削运动及磨削用量

1. 磨削的过程及特点

(1) 磨削的过程

磨削过程如图 9.2 所示。

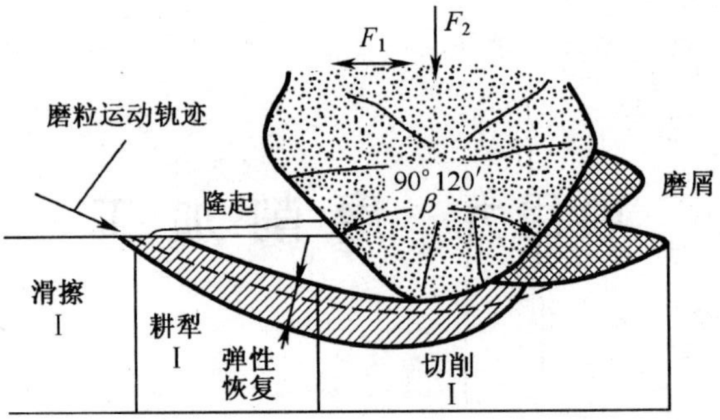

金属工艺实训

图 9.2 磨削过程

（2）磨削的特点

①磨削精度高，表面粗糙度小。

②磨削加工范围广。

③磨削速度高、耗能多、切削效率低，磨削温度高，会使工件表面产生烧伤、残余应力等缺陷。

④砂轮有一定的自锐性。

2. 磨削运动和磨削用量

磨削加工时，一般有 1 个主运动和 3 个进给运动，这 4 个运动的参数组成磨削用量，如图 9.3 所示。

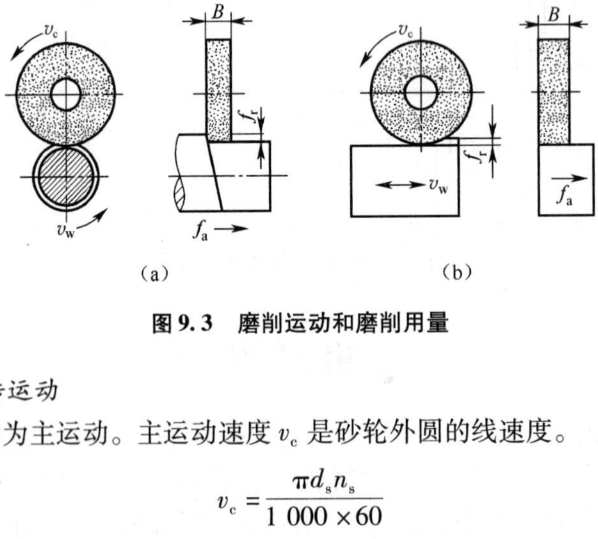

（a）   （b）

图 9.3 磨削运动和磨削用量

（1）砂轮的旋转运动

砂轮的旋转运动为主运动。主运动速度 v_c 是砂轮外圆的线速度。

$$v_c = \frac{\pi d_s n_s}{1\,000 \times 60}$$

(9.1)

式中 v_c——砂轮线速度，即磨削速度，m/s；

  d_s——砂轮直径，mm；

  n_s——砂轮转速，r/min。

砂轮的线速度很高，外圆磨削与平面磨削时一般为 30～35 m/s；内圆磨削时一般为 18～30 m/s。每个砂轮上都标注有允许的最大线速度。为防止机床震动和发生砂轮碎裂事故，使用时不得超过砂轮允许的最大线速度。

· 216 ·

(2) 工件的旋转运动

工件速度 v_w 是指工件圆周进给运动的线速度或者工作台直线进给运动的速度。

外（内）圆磨削时

$$v_w = \frac{\pi d_w n_w}{1\,000 \times 60} \tag{9.2}$$

平面磨削时

$$v_w = \frac{2Lm}{1\,000} \tag{9.3}$$

式中 v_w——工件速度，m/s；
d_w——工件直径，mm；
n_w——工件转速，r/min；
L——工作台行程，mm；
m——工作台往复频率，s^{-1}。

工件旋转运动的线速度要比砂轮线速度小得多，两者的比例大致为 v_w = （1/180 ~ 1/160）。一般粗磨外圆时，v_w 取 0.5 ~ 1 m/s；精磨外圆时，v_w 取 0.05 ~ 0.1 m/s。

(3) 砂轮的横向进给运动

每次磨削行程终了时，砂轮在垂直于工件表面方向切入工件的运动称为横向进给运动，又叫吃刀运动。横向进给量 f_r 在粗磨时为 0.01 ~ 0.07 mm/str，精磨时为 0.002 5 ~ 0.02 mm/str，镜面磨削时为 0.000 5 ~ 0.001 5 mm/str。

(4) 工件的轴向进给运动

轴向进给运动即工件相对于砂轮的轴向运动。工件轴向进给量 f_a 在粗磨时为 （0.3 ~ 0.85）B，精磨时为 （0.1 ~ 0.3）B，其中 B 为砂轮宽度（mm）。f_a 的单位：圆磨是 mm/r，平磨是 mm/str。

3. 磨削加工的应用范围

由于磨削加工容易得到高的加工精度和好的表面质量，所以磨削主要应用于零件精加工。它不仅能加工一般材料（如碳钢、铸铁和有色金属等），还可以加工一般金属刀具难以加工的硬材料（如淬火钢、硬质合金等）。

（二）砂轮

1. 砂轮的特性及种类

砂轮是磨削的主要工具，它是由磨料和结合剂构成的多孔物体。其中磨料、结合剂和孔隙是砂轮的 3 个基本组成要素。随着磨料、结合剂及砂轮制造工艺等的不同，砂轮特性可能差别很大，对磨削加工的粗糙度、精度和生产效率有着重要的影响。因此，必须根据具体条件选用合适的砂轮。

砂轮的特性由磨料、粒度、硬度、结合剂、形状及尺寸等因素来决定，分别介绍如下。

(1) 磨料及其选择

磨料是制造砂轮的主要原料，它担负着切削工作。因此，磨料必须锋利，并具备高的硬度、良好的耐热性和一定的韧性。常用磨料的名称、代号、特性和用途见表 9.1。

表 9.1　常用磨料的名称、代号、特性和用途

类别	名称	代号	特　性	用　途
氧化物系	棕刚玉	A（GZ）	含 91% ~ 96% 氧化铝。棕色，硬度高，韧性好，价格便宜	磨削碳钢、合金钢、可锻铸铁、硬青铜等
	白刚玉	WA（GB）	含 97% ~ 99% 的氧化铝。白色，比棕刚玉硬度高、韧性低，自锐性好，磨削时发热少	精磨淬火钢、高碳钢、高速钢及薄壁零件
碳化物系	黑色碳化硅	C（TH）	含 95% 以上的碳化硅。呈黑色或深蓝色，有光泽。硬度比白刚玉高，性脆而锋利，导热性和导电性良好	磨削铸铁、黄铜、铝、耐火材料及非金属材料
	绿色碳化硅	GC（TL）	含 97% 以上的碳化硅。呈绿色，硬度和脆性比黑色碳化硅更高，导热性和导电性好	磨削硬质合金、光学玻璃、宝石、玉石、陶瓷，珩磨发动机气缸套等
高硬磨料系	人造金刚石	D（JR）	无色透明或淡黄色、黄绿色、黑色。硬度高，比天然金刚石性脆。价格比其他磨料贵好多倍	磨削硬质合金、宝石等高硬度材料
	立方氮化硼	CBN（JLD）	立方晶体结构，硬度略低于金刚石，强度较高，导热性能好	磨削、研磨、珩磨各种既硬又韧的淬火钢和高钼、高矾、高钴钢、不锈钢

注：括号内的代号是旧标准代号。

（2）粒度及其选择

粒度指磨料颗粒的大小。粒度分磨粒与微粉两组。磨粒用筛选法分类，它的粒度号以筛网上 1 英寸①长度内的孔眼数来表示。例如，60# 粒度的磨粒，说明能通过每英寸 60 个孔眼的筛网，而不能通过每英寸 70 个孔眼的筛网。微粉用显微测量法分类，它的粒度号以磨料的实际尺寸来表示。各种磨料粒度号及其颗粒尺寸见表 9.2。

表 9.2　各种磨料粒度号及其颗粒尺寸

磨粒		磨粒		微粉	
粒度号	颗粒尺寸/mm	粒度号	颗粒尺寸/mm	粒度号	颗粒尺寸/mm
14#	1 600 ~ 1 250	70#	250 ~ 200	W40	40 ~ 28
16#	1 250 ~ 1 000	80#	200 ~ 160	W28	28 ~ 20
20#	1 000 ~ 800	100#	160 ~ 125	W20	20 ~ 14
24#	800 ~ 630	120#	125 ~ 100	W14	14 ~ 10
30#	630 ~ 500	150#	100 ~ 80	W10	10 ~ 7
36#	500 ~ 400	180#	80 ~ 63	W7	7 ~ 5
46#	400 ~ 315	240#	63 ~ 50	W5	5 ~ 3.5
60#	315 ~ 250	280#	50 ~ 40	W3.5	3.5 ~ 2.5

注：比 14# 粗的磨粒及比 W3.5 细的微粉很少使用，表中未列出。

---

① 1 英寸 = 2.54 厘米。

磨料粒度的选择，主要与加工表面粗糙度和生产率有关。

粗磨时，磨削余量大，要求的表面粗糙度值较大，应选用较粗的磨粒。因为磨粒粗、气孔大，磨削深度可较大，砂轮不易堵塞和发热。精磨时，余量较小，要求粗糙度值较低，可选取较细磨粒。一般来说，磨粒越细，磨削表面粗糙度越好。

不同粒度砂轮的一般使用范围见表9.3。

表9.3 不同粒度砂轮的一般使用范围

砂轮粒度	一般使用范围	砂轮粒度	一般使用范围
14#～24#	磨钢锭、切断钢坯，打磨铸件毛刺等	120#～W20	精磨、珩磨和螺纹磨
36#～60#	一般磨平面、外圆、内圆以及无心磨等	W20以下	镜面磨、精细珩磨
60#～100#	精磨和刀具刃磨等		

（3）结合剂及其选择

砂轮中用以黏结磨料的物质称为结合剂。砂轮的强度、抗冲击性、耐热性及抗腐蚀能力主要决定于结合剂的性能。常用结合剂的种类、性能及用途见表9.4。

表9.4 常用结合剂的种类、性能及用途

种　类	代　号	性　能	用　途
陶瓷结合剂	V（A）	耐水、耐油、耐酸、耐碱的腐蚀，能保持正确的几何形状。气孔率大，磨削率高，强度较大，韧性、弹性、抗振性差，不能承受侧向力	$v_{轮} < 35$ m/s 的磨削，这种结合剂应用最广，能制成各种磨具，适用于成形磨削和磨螺纹、齿轮、曲轴等
树脂结合剂	B（S）	强度大并富有弹性，不怕冲击，能在高速下工作。有摩擦抛光作用，但坚固性和耐热性比陶瓷结合剂差，不耐酸、碱，气孔率小，易堵塞	$v_{轮} > 50$ m/s 的高速磨削，能制成薄片砂轮磨槽，刃磨刀具前刀面，高精度磨削。湿磨时切削液中含碱量应小于1.5%
橡胶结合剂	R（X）	弹性比树脂结合剂大，强度也大。气孔率小，磨粒容易脱落，耐热性差，不耐油，不耐酸，而且还有臭味	制造磨削轴承沟道的砂轮和无芯磨削砂轮、导轮以及各种开槽和切割用的薄片砂轮，制成柔软抛光砂轮等
金属结合剂（青铜、电镀镍）	J	韧性、成形性好，强度大，自锐性能差	制造各种金刚石磨具，使用寿命长

注：括号内的代号是旧标准代号。

（4）硬度及其选择

砂轮的硬度是指砂轮表面上的磨粒在磨削力作用下脱落的难易程度。砂轮的硬度软，表示砂轮的磨粒容易脱落；砂轮的硬度硬，表示砂轮的磨粒较难脱落。砂轮的硬度和磨料的硬度是两个不同的概念。同一种磨料可以做成不同硬度的砂轮，它主要取决于结合剂的性能、

金属工艺实训

数量以及砂轮制造的工艺。磨削与切削的显著差别是砂轮具有"自锐性"，选择砂轮的硬度，实际上就是选择砂轮的自锐性。希望还锋利的磨粒不要太早脱落，也不要磨钝了还不脱落。

根据规定，常用砂轮的硬度等级见表9.5。

表9.5 常用砂轮的硬度等级

硬度等级	大级	软			中软		中		中硬			硬	
	小级	软1	软2	软3	中软1	中软2	中1	中2	中硬1	中硬2	中硬3	硬1	硬2
代　号		G (R1)	H (R2)	J (R3)	K (ZR1)	L (ZR2)	M (Z1)	N (Z2)	P (ZY1)	Q (ZY2)	R (ZY3)	S (Y1)	T (Y2)

注：括号内的代号是旧标准代号；超软、超硬未列入；表中1、2、3表示硬度递增的顺序。

选择砂轮硬度的一般原则是：加工软金属时，为了使磨粒不致过早脱落，则选用硬砂轮；加工硬金属时，为了能及时地使磨钝的磨粒脱落，从而露出具有尖锐棱角的新磨粒（即自锐性），应选用软砂轮。前者是因为在磨削软材料时，砂轮的工作磨粒磨损很慢，不需要太早脱离；后者是因为在磨削硬材料时，砂轮的工作磨粒磨损较快，需要较快地更新。

精磨时，为了保证磨削精度和粗糙度，应选用稍硬的砂轮。工件材料的导热性差，易产生烧伤和裂纹时（如磨硬质合金等），选用的砂轮应软一些。

（5）形状和尺寸及其选择

根据机床结构与磨削加工的需要，将砂轮制成各种形状与尺寸。表9.6是常用的几种砂轮的形状、尺寸、代号及用途。

砂轮的外径应尽可能选得大些，以提高砂轮的圆周速度，这样对提高磨削加工生产率与表面粗糙度有利。此外，在机床刚度及功率许可的条件下，如选用宽度较大的砂轮，同样能收到提高生产率和降低粗糙度的效果，但是在磨削热敏性高的材料时，为避免工件表面的烧伤和产生裂纹，砂轮宽度应适当减小。

表9.6 常用的几种砂轮的形状、尺寸、代号及用途

砂轮名称	简图	代号	尺寸表示法	主要用途
平形砂轮		P	P $D \times H \times d$	用于磨外圆、内圆、平面和无芯磨等
双面凹砂轮		PSA	PSA $D \times H \times d - 2 - d_1 \times t_1 \times t_2$	用于磨外圆、无芯磨和刃磨刀具
双斜边砂轮		PSX	PSX $D \times H \times d$	用于磨削齿轮和螺纹

· 220 ·

续表

砂轮名称	简图	代号	尺寸表示法	主要用途
筒形砂轮	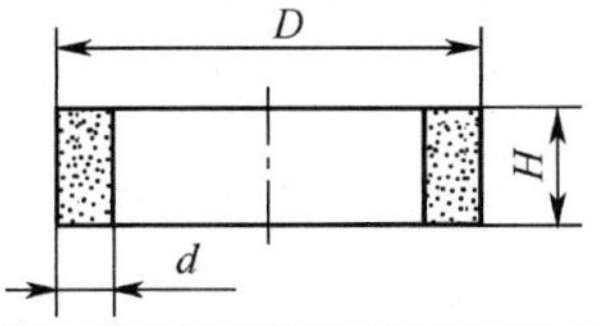	N	N $D \times H \times d$	用于立轴端磨平面
碟形砂轮	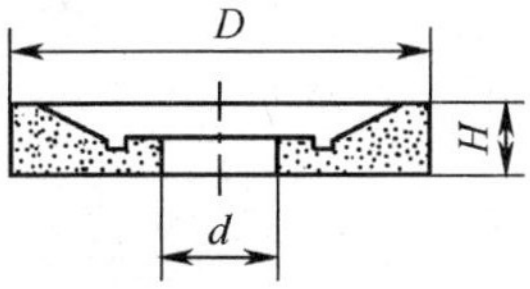	D	D $D \times H \times d$	用于刃磨刀具前面
碗形砂轮	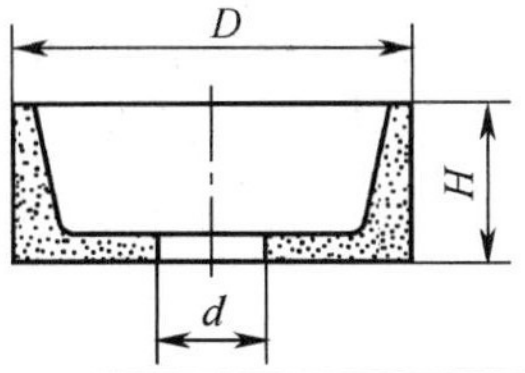	BW	BW $D \times H \times d$	用于导轨磨及刃磨刀具

在砂轮的端面上一般都印有标志，例如，砂轮上的标志为 WA60LVP400×40×127，它的含义是：

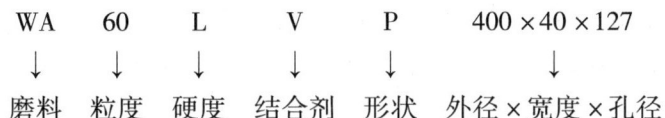

WA   60   L   V   P   400×40×127
↓   ↓   ↓   ↓   ↓   ↓
磨料   粒度   硬度   结合剂   形状   外径×宽度×孔径

由于更换一次砂轮很麻烦，因此，除了重要的工件和生产批量较大时，需要按照以上所述的原则选用砂轮外，一般只要机床上现有的砂轮大致符合磨削要求，就不必重新选择，而是通过适当地修整砂轮，选用合适的磨削用量来满足加工要求。

2. 砂轮的安装、平衡与修整

（1）砂轮的安装

在磨床上安装砂轮应特别注意。因为砂轮在高速旋转条件下工作，使用前应仔细检查，不允许有裂纹。安装必须牢靠，并应经过静平衡调整，以免造成人身和质量事故。

砂轮内孔与砂轮轴或法兰盘外圆之间，不能过紧，否则磨削时受热膨胀，易将砂轮胀裂，也不能过松，否则砂轮容易发生偏心，失去平衡，以致引起振动。一般配合间隙为 0.1～0.8 mm，高速砂轮间隙要小些。用法兰盘装夹砂轮时，两个法兰盘直径应相等，其外径应不小于砂轮外径的 1/3。在法兰盘与砂轮端面间应用厚纸板或耐油橡皮等做衬垫，使压力均匀分布，螺母的拧紧力不能过大，否则砂轮会破裂。注意紧固螺纹的旋向，应与砂轮的旋向相反，即当砂轮逆时针旋转时，用右旋螺纹，这样砂轮在磨削力的作用下，将带动螺母越旋越紧。

（2）砂轮的平衡

一般直径大于 125 mm 的砂轮都要进行平衡，使砂轮的重心与其旋转轴线重合。

由于几何形状的不对称、外圆与内孔的不同轴、砂轮各部分松紧程度的不一致，以及安装时的偏心等原因，砂轮重心往往不在旋转轴线上，致使产生不平衡现象。不平衡的砂轮易使砂轮主轴产生振动或摆动，因此使工件表面产生振痕，使主轴与轴承迅速磨损，甚至造成砂轮破裂事故。一般砂轮直径越大，圆周速度越高，工件表面粗糙度要求越高，砂轮的平衡就越有必要。

平衡砂轮的方法，就是在砂轮法兰盘的环形槽内装入几块平衡块，通过调整平衡块的位置使砂轮重心与它的回转轴线重合。

（3）砂轮的修整

在磨削过程中砂轮的磨粒在摩擦、挤压作用下，它的棱角逐渐磨圆变钝，或者在磨韧性材料时，磨屑常常嵌塞在砂轮表面的孔隙中，使砂轮表面堵塞，最后使砂轮丧失切削能力。这时，砂轮与工件之间会产生打滑现象，并可能引起振动和出现噪声，使磨削效率下降，表面粗糙度变差。同时由于磨削力及磨削热的增加，会引起工件变形和影响磨削精度，严重时还会使磨削表面出现烧伤和细小裂纹。此外，砂轮硬度的不均匀及磨粒工作条件的不同，使砂轮工作表面磨损不均匀，各部位磨粒脱落的多少不等，砂轮丧失外形精度，从而影响工件表面的形状精度及粗糙度。凡遇到上述情况，砂轮就必须进行修整，即切去表面上一层磨料，使砂轮表面重新露出光整锋利磨粒，以恢复砂轮的切削能力与外形精度。

砂轮常用金刚石进行修整，金刚石具有很高的硬度和耐磨性，是修整砂轮的主要工具。

（三）平面磨削加工

对于精度要求高的平面以及淬火零件的平面加工，需要采用平面磨削方法。平面磨削主要在平面磨床上进行。平面磨削时，对于形状简单的铁磁性材料工件，采用电磁吸盘装夹工件，操作简单方便，能同时装夹多个工件，而且能保证定位面与加工面的平行度要求。对于形状复杂或非铁磁性材料的工件，可采用精密平口虎钳或专用夹具装夹，然后用电磁吸盘或真空吸盘吸牢。

1. 平面磨削方式

根据砂轮工作面的不同，平面磨削分为周磨和端磨两类。

（1）周磨

如图9.4（a）、（b）所示，它是采用砂轮的圆周面对工件平面进行磨削。这种磨削方式，砂轮与工件的接触面积小，磨削力小，磨削热小，冷却和排屑条件较好，而且砂轮磨损均匀。

（2）端磨

如图9.4（c）、（d）所示，它是采用砂轮的端面对工件平面进行磨削。这种磨削方式，砂轮与工件的接触面积大，磨削力大，磨削热多，冷却和排屑条件差，工件受热变形大。此外，由于砂轮的端面径向各点的圆周速度不相等，砂轮磨损不均匀。

根据平面磨床工作台的形状和砂轮工作面的不同，普通平面磨床可分为4种类型：卧轴矩台式平面磨床［见图9.4（a）］、卧轴圆台式平面磨床［见图9.4（b）］、立轴圆台式平面磨床［见图9.4（c）］和立轴矩台式平面磨床［见图9.4（d）］。

上述4种平面磨床中，用砂轮端面磨削的平面磨床与用砂轮圆周面磨削的平面磨床相比，由于端面磨削的砂轮直径往往比较大，能同时磨削出工件的宽度和面积大，同时砂轮悬伸长度短，刚性好，可采用较大的磨削用量，生产率较高；但砂轮散热、冷却、排屑条件差，所以加工精度和表面质量不高，一般用于粗磨。而用圆周面磨削的平面磨床，加工质量较高，但这种平面磨床生产效率低，适合于精磨。圆台式平面磨床和矩台式平面磨床相比，由于圆台式是连续进给，生产效率高，适用于磨削小零件和大直径的环形零件端面，不能磨削长零件。矩台式平面磨床，可方便磨削各种常用零件，包括直径小于工作台面宽度的环形零件。

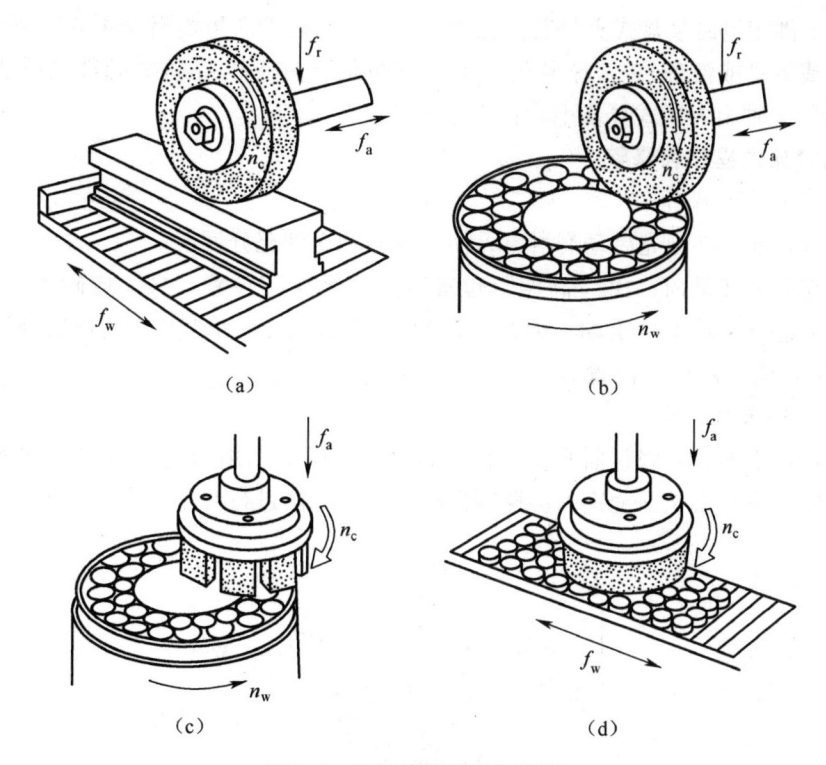

图 9.4 平面磨床加工示意图
(a) 卧轴矩台式平面磨削；(b) 卧轴圆台式平面磨削；
(c) 立轴圆台式平面磨削；(d) 立轴矩台式平面磨削

生产中常用的是卧轴矩台式平面磨床和立轴圆台式平面磨床。图 9.5 所示为卧轴矩台式平面磨床的外形。工作台 2 沿床身 1 的纵向导轨的往复直线进给运动由液压传动，也可手动

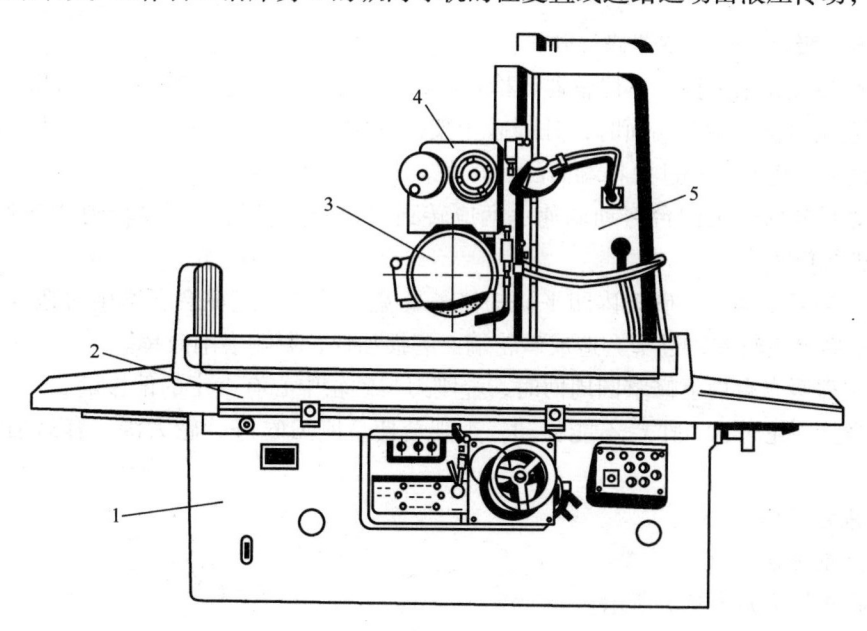

图 9.5 卧轴矩台式平面磨床的外形
1—床身；2—工作台；3—砂轮架；4—滑座；5—立柱

· 223 ·

进行调整。工件用电磁吸盘式夹具装夹在工作台上。砂轮架 3 可沿滑座 4 的燕尾导轨做横向间歇进给（或手动或液动）。滑座和砂轮架一起可沿立柱 5 的导轨做间歇的垂直切入运动（手动）。砂轮主轴由内装式异步电动机直接驱动。

2. 平面磨床的操作和修整

（1）平面磨床的操作

①启动砂轮前，必须先启动润滑泵，使砂轮主轴得到充分润滑。

②砂轮在高速转动时，由"高速"位置转至"低速"位置，会造成砂轮"制动"，并使砂轮及法兰盘与主轴连接松动。因此，在操作结束时，转动砂轮"调速启动"按钮应由"高速"直接转至"停止"位置。

（2）平面磨床的修整

①用滑板体上的砂轮修整器修整砂轮，如图 9.6 所示。用砂轮修整器修整砂轮时，金刚刀伸出长度要合适，太长了金钢刀会碰到砂轮端面，无法进行修整，太短了金刚刀又无法接触砂轮。

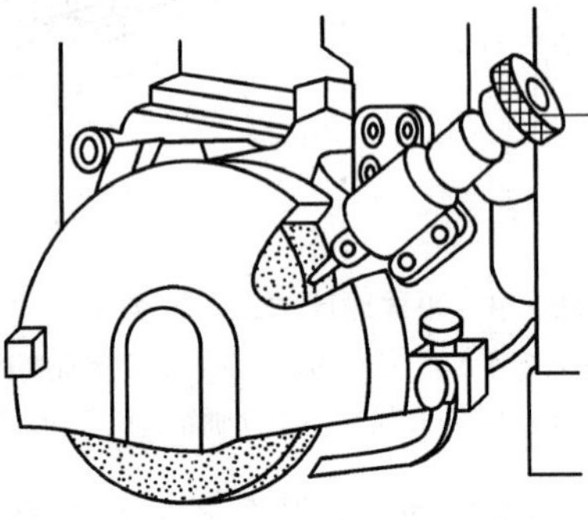

图 9.6　用滑板体上的砂轮修整器修整砂轮

②在电磁吸盘上用修整器修整砂轮。

a. 修整前应先用手拉一下修整器，检查砂轮修整器是否吸牢，然后再进行修整。

b. 用金刚刀修整砂轮端面时，升降砂轮架过程中要注意换向距离，不要使砂轮修整器撞到法兰盘上，也不要升过头将端面凸台修去。

c. 修整砂轮时，工作台启动调速手柄应转到"停止"位置，不要转到"卸负"位置，否则无法进行修整。

d. 修整砂轮端面时，砂轮内凹平面的修整要宽窄适度。过宽会在磨削时造成工件发热烧伤，且平面度也较差；过窄会造成砂轮端面磨损加快，影响磨削效率。

e. 在电磁吸盘台面上修整圆周面时，金刚刀与砂轮中心有一定的偏移量。

f. 在修整砂轮时，工作台不能移动，否则会使金刚刀吃进砂轮太深，容易损坏金刚刀和砂轮。

3. 磨削水平面

（1）磨削方法

①横向磨削法如图 9.7 所示。

②深度磨削法如图 9.8 所示。

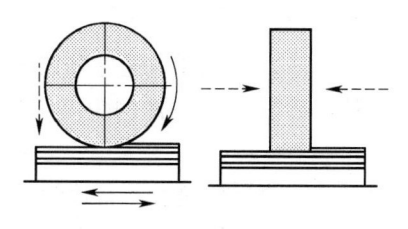

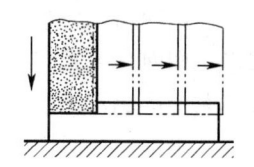

图9.7 横向磨削　　　　　　　　　图9.8 深度磨削

(2) 工件的装夹

平面磨床一般是用电磁吸盘来装夹工件。电磁吸盘利用电磁效应吸牢工件，装卸工件迅速方便，可同时装夹多个工件，并且装夹稳固可靠，工件的定位基准面被均匀吸紧在台面上，能很好地保证工件的平行度。

(3) 基准面的选择原则

①选择表面粗糙度较小的面为基准面。

②选择大平面为基准面，使装夹稳固并有利于磨去较少的余量以及达到平行度要求。

③当平行面之间有形位公差要求时，应选择工件形位公差较小的面或者有利于达到形位公差要求的面为基准面。

④根据工件的技术要求和前道工序的加工情况来选择基准面。

(4) 水平面磨削的主要操作程序

①检查和修整砂轮，使砂轮适应水平面磨削。

②检查工件余量并清理毛刺。

③检查和修磨电磁吸盘工作台。

④粗磨平面，检查平行度，留 0.03~0.04 mm 的余量。

⑤修整砂轮，清理砂轮表面、工件和工作台，不得有磨屑存在。

⑥精磨水平面，光磨（不进给）达到尺寸要求。

(5) 水平面零件的精度检测

①平面度可用透光法和着色法来检测。

②平行度可用千分尺测量法（见图9.9）和打表法（见图9.10）进行测量。

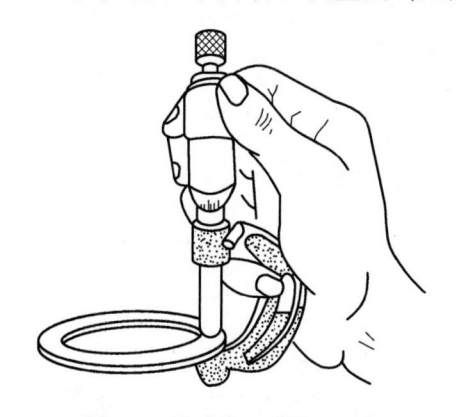

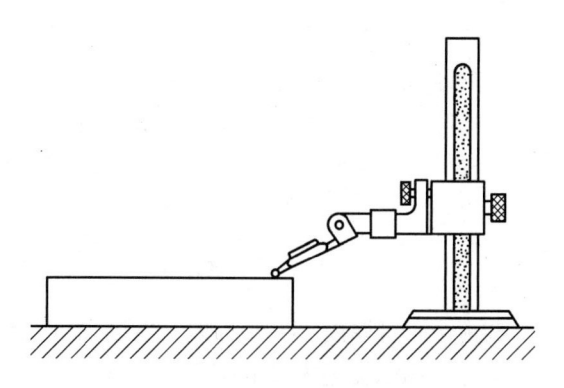

图9.9 用千分尺测量平行度　　　　　　　　　图9.10 用杠杆表测量平行度

（6）水平面磨削的注意事项

①工件装夹时，应将定位面、台面的毛刺清理干净，避免产生误差和划伤工件表面。

②在磨削水平面时，砂轮横向应选择断续进给，砂轮越出工件的距离约 $0.5B$ 时应立即换向，如果等砂轮全部越出后换向，则易产生塌角。

③粗磨两个水平面后应测量平行度，以便及时了解磨床精度和平行度误差。

④加工中应经常测量尺寸，测量完尺寸后的工件重新放回台面上原位置时，要将台面和基准面擦干净。

⑤精磨时要注意防止磨屑、砂粒划伤工件表面。

4. 用平口钳装夹磨削垂直面

①平口钳的放置如图 9.11 所示，要定期检查平口钳的垂直精度，如有超差应予以修复，在使用前应去除平口钳底面、侧面及钳口的毛刺并将钳口擦拭干净。

②在平行面磨好后，准备磨削垂直面时，应用油石除去平行面上的毛刺，以消除定位误差，保证垂直度。

用平口钳装夹磨削垂直面的方法如图 9.12 所示。

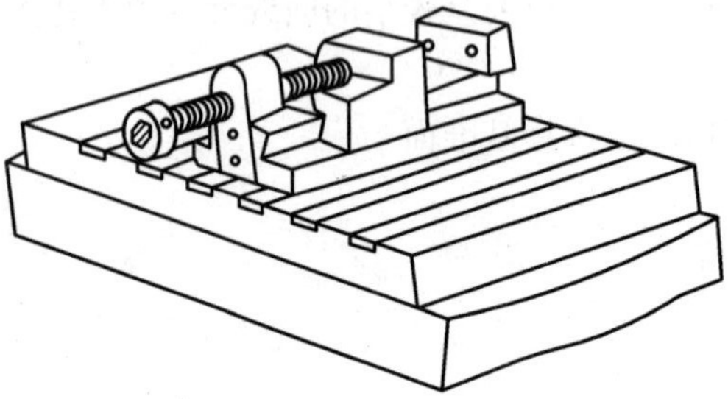

图 9.11　平口钳的放置

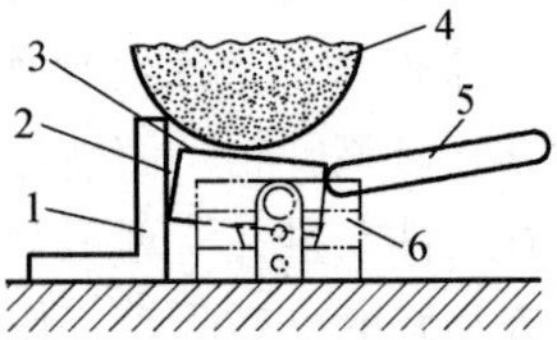

图 9.12　用平口钳装夹磨削垂直面
1—直角尺；2—透光；3—工件；
4—砂轮；5—铜棒；6—平口钳

5. 磨削薄片工件

（1）薄片工件磨削的特点

①薄片工件在磨削时，很容易因受力或受热而变形，如图 9.13（a）所示。发生不均匀线性膨胀的工件，易被磨成凹面形状，如图 9.13（b）所示。

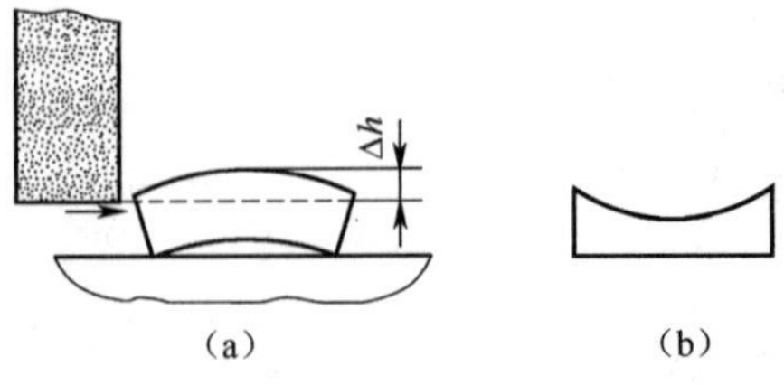

（a）　　　　　　　　　　　（b）

图 9.13　工件因变形而被磨成凹面形状

②由于工件厚度小，刚性差，磨削前会有翘曲变形，如图 9.14（a）所示。磨削时在吸紧力作用下翘曲会消失，如图 9.14（b）所示。但工件经磨削去除吸紧力后呈自然状态，弹性变形消失，又恢复成原来的翘曲形状，如图 9.14（c）所示。

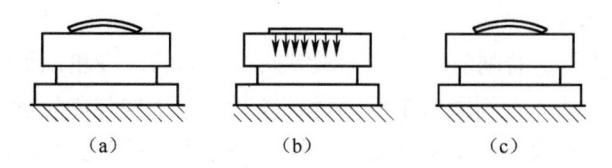

图 9.14 薄片工件加工过程
(a) 磨削前；(b) 磨削时；(c) 磨削后

(2) 减小工件变形的方法
①选用较软的砂轮，并保持锋利。
②采用较小的背吃刀量和较高的工作台纵向进给速度。
③加注充足的切削液改善磨削条件以减小变形。
④从工艺和装夹两个方面采取措施，以减小工件的受力变形。

（四）外圆磨削

1. 外圆磨床上常用的磨削方法

（1）纵磨法

如图 9.15（a）所示，砂轮高速旋转起切削作用，工件旋转做圆周进给运动，并和工作台一起做纵向往复直线进给运动。工作台每往复一次，砂轮沿磨削深度方向完成一次横向进给，每次进给（吃刀深度）都很小，全部磨削余量是在多次往复行程中完成的。当工件磨削接近最终尺寸时（尚有余量 0.005～0.010 mm），应横向进给光磨几次，直到火花消失为止。纵磨法加工精度和表面质量较高，适应性强，用同一砂轮可磨削直径和长度不同的工件，但生产率低。在单件、小批量生产及精磨中，应用广泛，特别适用于磨削细长轴等刚性差的工件。

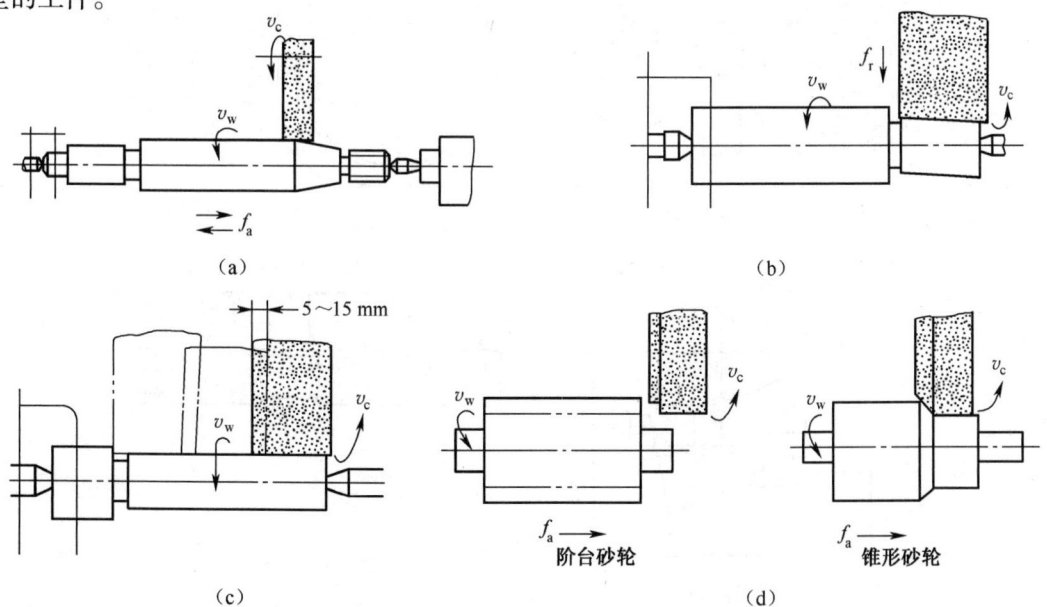

图 9.15 外圆磨床的磨削方法
(a) 纵磨法；(b) 横磨法；(c) 综合磨法；(d) 深磨法

（2）横磨法（切入法）

如图9.15（b）所示，磨削时，工件不做纵向往复运动，砂轮以缓慢的速度连续或间断地向工件做横向进给运动，直到磨去全部余量。横磨时，工件与砂轮的接触面积大，磨削力大，发热量大而集中，所以易发生工件变形、烧刀和退火。横磨法生产效率高，适用于成批或大量生产中，磨削长度短、刚性好、精度低的外圆表面及两侧都有台肩的轴颈。若将砂轮修整成形，也可直接磨削成形面。

（3）综合磨法

如图9.15（c）所示，先用横磨法将工件分段进行粗磨，相邻之间有5～15 mm的搭接，每段上留有0.01～0.03 mm的精磨余量，精磨时采用纵磨法。这种磨削方法综合了纵磨法和横磨法的优点，适用于磨削余量较大（余量0.6～0.7 mm）的工件。

（4）深磨法

如图9.15（d）所示，磨削时，采用较小的纵向进给量（1～2 mm/r）和较大的吃刀深度（0.2～0.6 mm）在一次走刀中磨去全部余量。为避免切削负荷集中和砂轮外圆棱角迅速磨钝，应将砂轮修整成锥形或阶台形，外径小的阶台起粗磨作用，可修粗些；外径大的起精磨作用，修细些。深磨法可获得较高的精度和生产率，表面粗糙度值较小，适用于大批大量生产中加工刚性好的短轴。

2. 无芯外圆磨床的磨削方法

在无芯磨床磨削工件外圆时，工件不用顶尖来定芯和支承，而是直接将工件放在砂轮和导轮（使用橡胶结合剂的粒度较粗的砂轮）之间，由托板支承，工件被磨削的外圆面做定位面，如图9.16（a）所示。无芯外圆磨床有两种磨削方式。

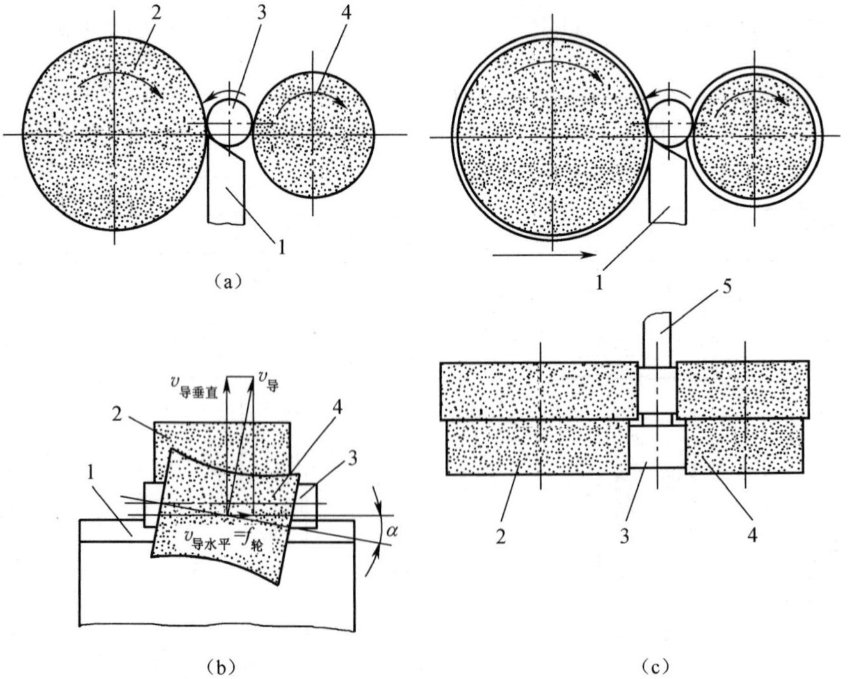

图9.16 无芯外圆磨削的加工示意图

1—托板；2—磨削砂轮；3—工件；4—导轮；5—挡板

(1) 贯穿磨削法（纵磨法）

如图 9.16（b）所示，磨削时将工件从机床前面放到托板上，推入磨削区，由于导轮的轴线在垂直平面内倾斜 α 角（α = 1°~6°），导轮与工件接触处的线速度 $v_导$ 可以分解成水平和垂直两个方向的分速度 $v_{导水平}$ 和 $v_{导垂直}$，$v_{导垂直}$ 控制工件的圆周进给运动；$v_{导水平}$ 使工件做纵向进给。

(2) 切入磨削法（横磨法）

先将工件放在托板和导轮之间，然后由工件（连同导轮）或磨削砂轮横向切入进给，磨削工件表面。这时导轮的中心线仅倾斜很小角度（约 30′），以便对工件产生一微小的轴向推力，使它靠住挡板，得到可靠的轴向定位，如图 9.16（c）所示。切入磨法适用于磨削有阶梯或成形回转表面的工件，但磨削表面长度不能大于磨削砂轮宽度。

在磨床上磨削外圆表面时，应采用充足的切削液，一般磨钢件多用苏打水或乳化液；铝件采用加少量矿物油的煤油；铸铁、青铜件一般不用切削液，而用吸尘器清除尘屑。

3. M1432A 型万能外圆磨床

M1432A 型万能外圆磨床主要用于磨削内外圆柱面、内外圆锥面、阶梯轴轴肩以及端面和简单的成形回转表面等。它属于普遍精度级机床，磨削精度可达 IT7~IT6 级，表面粗糙度 Ra 值为 1.25~0.08 μm。这种机床万能性强，但自动化程度较低，磨削效率不高，适用于工具车间、维修车间和单件小批生产类型。其主参数最大磨削直径为 320 mm。

图 9.17 所示为 M1432A 型万能外圆磨床外形图。由图可见，在床身 1 的纵向导轨上装有工作台 3，台面上装有头架 2 和尾座 7，用以夹持不同长度的工件，头架带动工件旋转。工作台由液压传动沿床身导轨往复移动，使工件实现纵向进给运动。工作台由上、下两层组成，其上部可相对下部在水平面内偏转一定的角度（一般不大于 ±10°），以便磨削锥度不大的圆锥面。砂轮架 5 安装在滑鞍 6 上，转动横向进给手轮 9，通过横向进给机构带动滑鞍 6 及砂轮架 5 做快速进退或周期性自动切入进给。内圆磨具 4 放下时用以磨削内圆（图示处于抬起状态）。

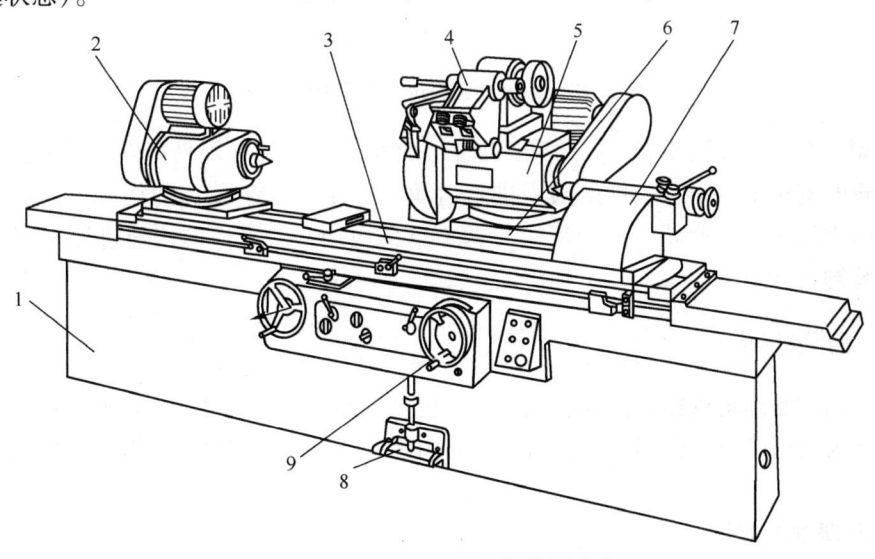

图 9.17 M1432A 型万能外圆磨床

1—床身；2—头架；3—工作台；4—内圆磨具；5—砂轮架；6—滑鞍；7—尾座；8—脚踏操纵板；9—横向进给手轮

金属工艺实训

图 9.18 所示为万能外圆磨床的典型加工方法。图 9.18（a）所示为用纵磨法磨削外圆柱面，图 9.18（b）所示为扳转工作台用纵磨法磨削长圆锥面，图 9.18（c）所示为扳动砂轮架用切入法磨削短圆锥面，图 9.18（d）所示为扳动头架用纵磨法磨削圆锥面，图 9.18（e）所示为用内圆磨具磨削圆柱孔。

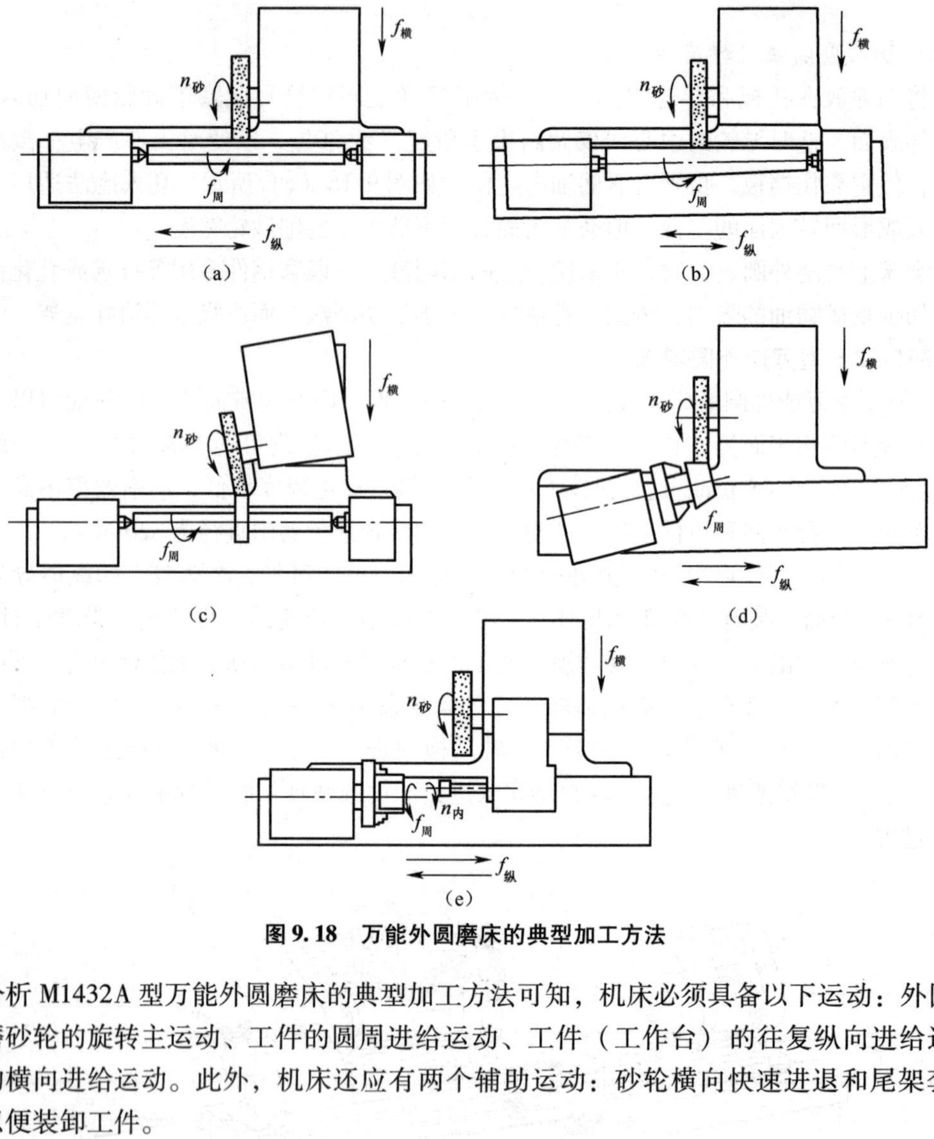

图 9.18　万能外圆磨床的典型加工方法

分析 M1432A 型万能外圆磨床的典型加工方法可知，机床必须具备以下运动：外圆磨和内圆磨砂轮的旋转主运动、工件的圆周进给运动、工件（工作台）的往复纵向进给运动和砂轮的横向进给运动。此外，机床还应有两个辅助运动：砂轮横向快速进退和尾架套筒缩回，以便装卸工件。

（五）内圆磨削

内圆表面的磨削可以在内圆磨床上进行，也可以在万能外圆磨床上进行。内圆磨床的主要类型有普通内圆磨床、无芯内圆磨床和行星内圆磨床。不同类型的内圆磨床的磨削方法是不同的。

1. 内圆磨削的方法

（1）普通内圆磨床的磨削方法

普通内圆磨床是生产中应用最广的一种，图 9.19 所示为普通内圆磨床的磨削方法。磨

· 230 ·

削时，根据工件的形状和尺寸不同，可采用纵磨法［见图9.19（a）］、横磨法［见图9.19（b）］，有些普通内圆磨床上备有专门的端磨装置，可在一次装夹中磨削内孔和端面［见图9.19（c）］，这样不仅容易保证内孔和端面的垂直度，而且生产效率也较高。

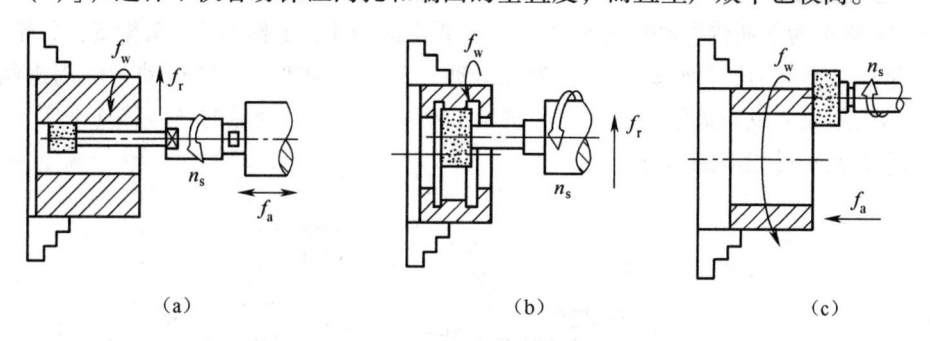

图9.19　普通内圆磨床的磨削方法

如图9.19（a）所示，纵磨法机床的运动有：砂轮的高速旋转主运动n_s，头架带动工件旋转圆周进给运动f_w，砂轮或工件沿其轴线往复纵向进给运动f_a，在每次（或几次）往复行程后，工件沿其径向做一次横向进给运动f_r。这种磨削方法适用于形状规则、便于旋转的工件。

横磨法无须做纵向进给运动f_a，如图9.19（b）所示，横磨法适用于磨削带有沟槽表面的孔。

（2）无芯内圆磨床磨削方法

图9.20所示为无芯内圆磨床的磨削方法。磨削时，工件4支承在滚轮1和导轮3上，压紧轮2使工件紧靠导轮3，工件即由导轮3带动旋转，实现圆周进给运动f_w。砂轮除了完成主运动n_s外，还做纵向进给运动f_a和周期性横向进给运动f_r。加工结束时，压紧轮沿箭头A方向摆开，以便装卸工件。这种磨削方法适用于大批大量生产中外圆表面已精加工的薄壁工件，如轴承套等。

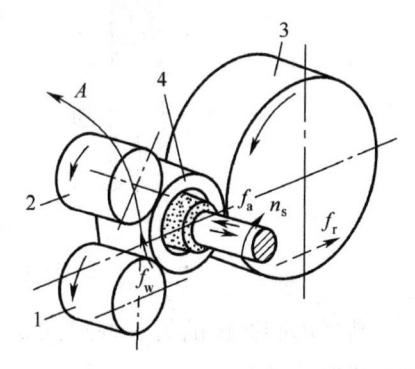

图9.20　无芯内圆磨床的磨削方法
1—滚轮；2—压紧轮；3—导轮；4—工件

2. 内圆磨削的工艺特点及应用范围

内圆磨削与外圆磨削相比，加工条件比较差，内圆磨削有以下特点：

①砂轮直径受到被加工孔径的限制，直径较小。砂轮很容易磨钝，需要经常修整和更换，增加了辅助时间，降低了生产率。

②砂轮直径小，即使砂轮转速高达每分钟几万转，要达到砂轮圆周速度25~30 m/s也是十分困难的。由于磨削速度低，因此内圆磨削比外圆磨削效率低。

③砂轮轴的直径尺寸较小，而且悬伸较长，刚性差，磨削时容易发生弯曲和振动，从而影响加工精度和表面粗糙度。内圆磨削精度可达IT8~IT6，表面粗糙度Ra值可达0.8~0.2 μm。

④切削液不易进入磨削区，磨屑排除较外圆磨削困难。虽然内圆磨削比外圆磨削加工条件差，但仍然是一种常用的精加工孔的方法。特别适用于淬硬的孔、断续表面的孔（带键槽或花键槽的孔）和长度较短的精密孔加工。磨孔不仅能保证孔本身的尺寸精度和表面质

金属工艺实训

量，还能提高孔的位置精度和轴线的直线度，用同一砂轮，可以磨削不同直径的孔，灵活性大。内圆磨削可以磨削圆柱孔（通孔、盲孔、阶梯孔）、圆锥孔及孔端面等。

3. 普通内圆磨床

图 9.21 所示为普通内圆磨床外形图。它主要由床身 1、工作台 2、头架 3、砂轮架 4 和滑鞍 5 等组成。磨削时，砂轮轴的旋转为主运动，头架带动工件旋转运动为圆周进给运动，工作台带动头架完成纵向进给运动，横向进给运动由砂轮架沿滑鞍的横向移动来实现。磨锥孔时，需将头架转过相应的角度。

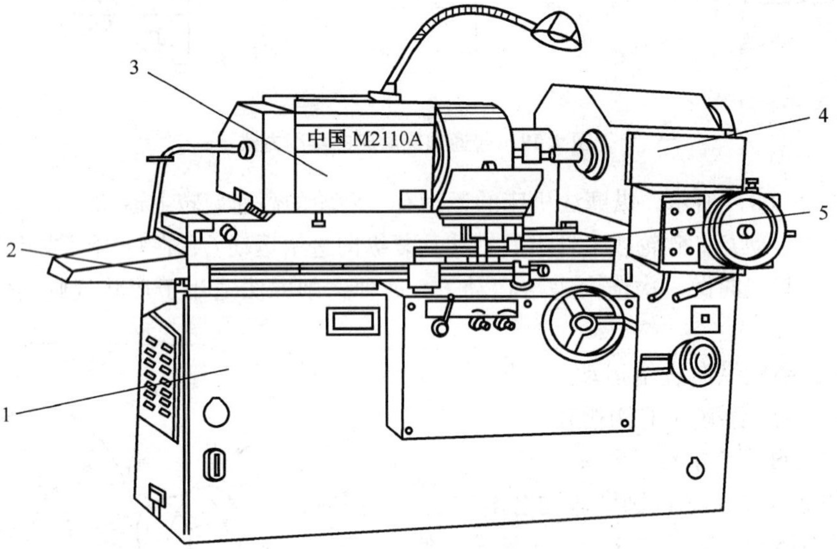

图 9.21　普通内圆磨床

1—床身；2—工作台；3—头架；4—砂轮架；5—滑鞍

普通内圆磨床的另一种形式为砂轮架安装在工作台上，做纵向进给运动。

①内圆磨具的安装。内圆磨具的主轴由电动机经平带直接带动旋转，调换带轮可变换内圆磨具的转速，以适应不同直径工件的磨削要求。

②砂轮接长轴的装卸如图 9.22 所示。

③砂轮的固定形式如图 9.23 所示。

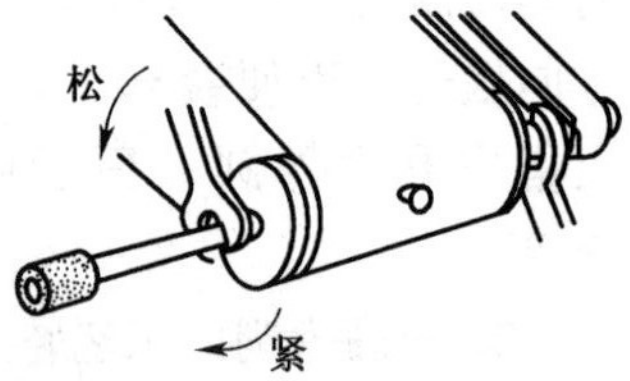

图 9.22　砂轮接长轴的装卸

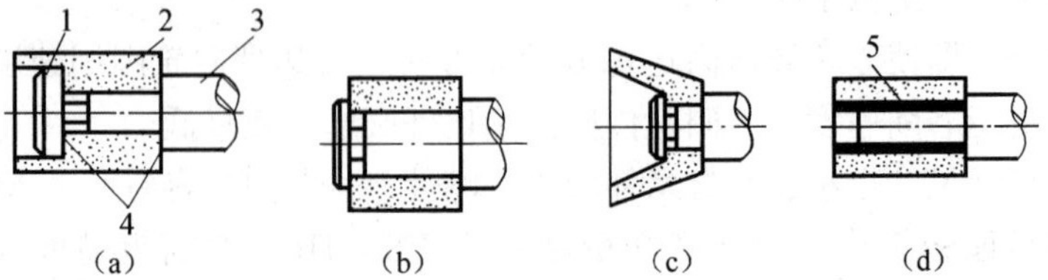

图 9.23　砂轮的固定形式

1—螺钉；2—砂轮；3—砂轮轴；4—纸垫；5—黏结剂

④卡盘的安装如图 9.24 和图 9.25 所示。

· 232 ·

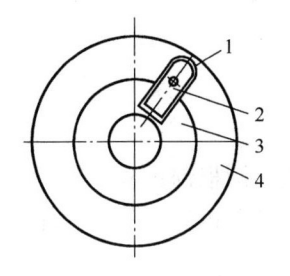

图 9.24 拨盘与主轴的连接
1—凹槽；2—过渡块；3—主轴；4—拨盘

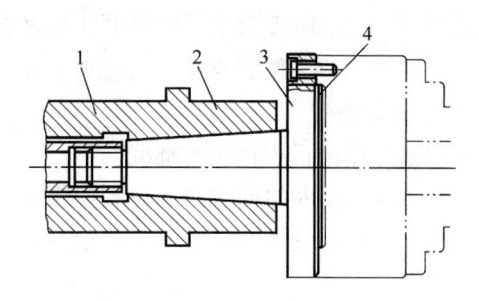

图 9.25 三爪自定心卡盘在主轴上的安装
1—拉杆；2—主轴；3—法兰盘；4—定心圆柱

4. 孔的磨削

孔的磨削可以在内圆磨床上进行，也可以在万能外圆磨床上进行。目前应用的内圆磨床多是卡盘式的，它可以加工圆柱孔、圆锥孔和成形内圆面等。纵磨圆柱孔时，工件安装在卡盘上（见图9.26），在其旋转的同时，沿轴向做往复直线运动（即纵向进给运动）。装在砂轮架上的砂轮高速旋转，并在工件往复行程终了时，做周期性的横向进给。若磨圆锥孔，只需将磨床的头架在水平方向偏转半个锥角，砂轮直径应小于锥孔的最小直径，一般只要砂轮经过修整能进入圆锥孔小端，有 2～3 mm 退刀距离即可。

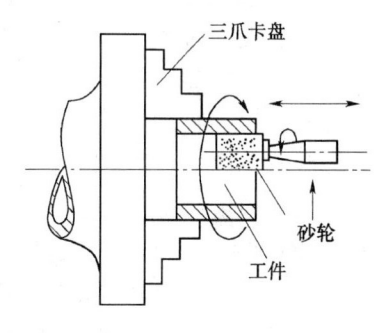

图 9.26 磨圆柱孔

与外圆磨削类似，内圆磨削也可以分为纵磨法和横磨法。鉴于砂轮轴的刚性较差，横磨法仅适用于磨削短孔及内成形面。更难以采用深磨法，所以，多数情况下是采用纵磨法。

三、项目实施

（一）实训准备

1. 工艺准备
①熟悉图纸（见图 9.1）。
②检查毛坯是否与图纸相符合。
③工具、量具、夹具准备。
④所需设备检查（如外圆磨床）。

2. 工艺分析
（1）砂轮端面的修整
为了保证工件的基本要求，砂轮端面应修成内凹形，使砂轮只留下极窄的一圈参加磨削。

（2）磨削顺序
①根据工件形状，先磨削最长的阶台外圆以便矫正圆柱度。
②轴类零件应先粗磨，再精磨；先磨圆柱面，再磨圆端面；先磨直径大的外圆，后磨直

径小的外圆；先磨精度要求低的外圆，后磨精度要求高的外圆。

③圆锥面的粗、精磨要在一次装夹中完成。

（3）磨削要领

①调整工作台行程挡块要准确。

②阶台轴磨削时横向进给的位置要精确，要确保阶台处外圆根部尺寸准确。

③要保证阶台处外圆能清根。磨削到阶台处时，应让工作台稍停片刻，并保持砂轮端面尖角锋利。

④端面的磨削。磨好外圆后，砂轮横向稍微退出约 0.1 mm，用手轻轻敲击纵向进给手轮，使工件缓慢接触砂轮，观察磨削火花，控制磨削进给量。为了保证端面质量，要光磨一次再退出。

3. 准备要求

（1）材料准备

材料：45 钢。

数量：1 件。

状态：按工艺要求留有一定的磨量。

（2）设备准备

M6020A 型万能磨床及机床附件等。

（3）工具、量具、刃具准备

拨盘、千分尺、顶尖、砂轮等。

（二）操作步骤

1. 磨削准备

①接通电源开关，机床指示灯亮。

②头架的调整。

③尾座的调整。

④工作台及行程挡块的调整及操作。

⑤砂轮架的操作。

⑥电气按钮的操作。

2. 磨削步骤

①磨削 $\phi60$ mm 外圆。

②磨削右端 $\phi40$ mm 外圆。

③磨削右端轴肩。

④磨削左端 $\phi40$ mm 外圆。

⑤磨削左端轴肩。

思考与实训

1. 什么叫磨削加工？它可以加工的表面主要有哪些？

2. 砂轮的特性包括哪些内容？受哪些因素的影响？

3. 磨削加工可达到的表面粗糙度是多少？
4. 磨削外圆时，磨削速度、纵向进给量、圆周进给速度和磨削深度的含义是什么？
5. 砂轮的硬度与磨粒的硬度有何不同？
6. 磨料的粒度说明什么？应如何选择？
7. 常用的磨床有哪几种？（至少举出3种）
8. 说明万能外圆磨床的主要部件及作用。
9. 磨外圆的方法有哪几种？具体过程有何不同？
10. 说明平面磨床的几种主要类型及其运动特点。
11. 说明磨削的工艺特点。
12. 平面端磨法和周磨法各有何优缺点？
13. 万能外圆磨床的前顶尖在工作时是否转动？为什么？
14. 磨削如图9.1所示的零件。

参 考 文 献

[1] 魏永涛，刘兴芝. 金工实训教程［M］. 北京：清华大学出版社，2013.

[2] 王章忠. 机械工程材料［M］. 北京：机械工业出版社，2001.

[3] 李作全，魏德印. 金工实训［M］. 第3版. 武汉：华中科技大学出版社，2015.

[4] 杜丽娟. 工程材料成形技术基础［M］. 北京：电子工业出版社，2003.

[5] 罗大金. 材料工程基础［M］. 北京：化学工业出版社，2007.

[6] 刘会霞. 金属工艺学［M］. 北京：机械工业出版社，2001.

[7] 宋金虎. 金属工艺基础［M］. 北京：清华大学出版社，北京交通大学出版社，2016.

[8] 谭雪松，漆向军. 机械制造基础［M］. 北京：人民邮电出版社，2008.

[9] 徐从清，肖珑. 机械制造基础［M］. 北京：北京大学出版社，2008.

[10] 周旭光. 特种加工技术［M］. 西安：西安电子科技大学出版社，2004.

[11] 南京工学院，无锡轻工学院. 金属切削原理［M］. 福州：福建科学技术出版社，1984.

[12] 王庆祝. 机械工程材料［M］. 西安：西安出版社，1995.

[13] 卢志文. 工程材料及成形工艺［M］. 北京：机械工业出版社，2005.

[14] 韩建民. 材料成型工艺技术基础［M］. 北京：中国铁道出版社，2002.

[15] 宋金虎，胡凤菊. 材料成型基础［M］. 北京：人民邮电出版社，2009.

[16] 鲁昌国，黄宏伟. 机械制造技术［M］. 第2版. 大连：大连理工大学出版社，2007.

[17] 胡黄卿. 金属切削原理与机床［M］. 北京：化学工业出版社，2004.

[18] 杜可可. 机械制造技术基础［M］. 北京：人民邮电出版社，2007.

[19] 吴圣庄. 金属切削机床概论［M］. 第2版. 北京：机械工业出版社，1985.

[20] 张普礼. 机械加工设备［M］. 北京：机械工业出版社，1999.

[21] 陈立德. 机械设计基础［M］. 北京：高等教育出版社，2004.